U0310165

湖北省水利志丛书

洈水水库志（续）

一九九六年—二〇一六年

湖北省荆州市洈水工程管理局
湖北洈水投资发展集团有限公司
《洈水水库志（续）》编纂委员会　编

中国水利水电出版社
www.waterpub.com.cn
·北京·

内 容 提 要

本书重点聚焦 20 世纪 90 年代中期以来洈水水库的建设、管理、改革与发展历程，主要包括工程运行管理、水库防汛抗旱、水库工程建设、企业经营管理、财务管理体制及经济效益、水库法制管理、水库旅游发展及体制变更、组织机构、党建工作与精神文明建设等内容。

本书旨在总结水库发展历史，并以此更好地指导以后的发展和建设。

图书在版编目（C I P）数据

洈水水库志：续：一九九六年—二〇一六年 / 湖北省荆州市洈水工程管理局，湖北洈水投资发展集团有限公司，《洈水水库志（续）》编纂委员会编. -- 北京：中国水利水电出版社，2019.5
ISBN 978-7-5170-7753-4

Ⅰ. ①洈… Ⅱ. ①湖… ②湖… ③洈… Ⅲ. ①水库—水利史—荆州—1996-2016 Ⅳ. ①TV632.633

中国版本图书馆CIP数据核字(2019)第111617号

书 名	湖北省水利志丛书 **洈水水库志（续）** 一九九六年—二〇一六年 WEISHUI SHUIKU ZHI（XU）
作 者	湖北省荆州市洈水工程管理局 湖北洈水投资发展集团有限公司　编 《洈水水库志（续）》编纂委员会
出 版 发 行	中国水利水电出版社 （北京市海淀区玉渊潭南路 1 号 D 座　100038） 网址：www.waterpub.com.cn E - mail：sales@waterpub.com.cn 电话：(010) 68367658（营销中心）
经 售	北京科水图书销售中心（零售） 电话：(010) 88383994、63202643、68545874 全国各地新华书店和相关出版物销售网点
排 版	中国水利水电出版社微机排版中心
印 刷	北京印匠彩色印刷有限公司
规 格	184mm×260mm　16 开本　17.75 印张　367 千字　16 插页
版 次	2019 年 5 月第 1 版　2019 年 5 月第 1 次印刷
定 价	**88.00 元**

凡购买我社图书，如有缺页、倒页、脱页的，本社营销中心负责调换

版权所有·侵权必究

大坝雄姿

碧水蓝天

渔歌唱晚

源 头
活 水

南 山 观 岛

生 态 乐 园

百岛画廊

大 山 深 处

水利工程

浼水水库除险加固工程

水库泄洪

洈水灌区续建配套与节水改造工程

洛河渡槽

台山渡槽

西斋水电站

西斋供电所

沧水水利建设公司

养殖场

南 闸 水 厂

浯 水 宾 馆

2002 年 10 月，全国政协副主席张思卿（左四）视察浣水

1996 年 3 月，荆沙市委书记
卢孝云（左一）视察浣水

1998 年 11 月，湖北省水利厅副
厅长万汉华（左二）视察浣水

1999 年 7 月，湖北省委书记贾志杰（左一）检查浠水防汛工作

2000 年 1 月，湖北省水利厅副厅长吴克刚（左一）视察浠水

2000 年 3 月，湖北省水利厅厅长段安华（左二）检查浠水防汛工作

2005 年 6 月，湖北省省长
罗清泉（左四）视察涢水

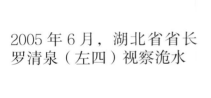

2007 年 6 月，湖北省水利厅副厅长
周汉奎（中）检查涢水防汛工作

2012 年 4 月，水利部副部长
胡四一（左四）检查西斋水电
站增效扩容工作

2015 年 10 月，荆州市市长杨智（左
五）调研涢水工作

洈水水库防汛抗旱
指挥部全体会议

局领导班子第二轮聘
任选任动员暨民主推
荐大会

专业技术和工勤技能
岗位竞聘大会

学习实践科学发展观动员会

"治庸问责"行动动员大会

群众路线教育实践活动
动员大会

"我看社会主义荣辱观"
演讲比赛

《依法治理概论》
专题讲座

《水法规》
知识竞赛

水行政执法资格考试

庆祝中国共产党成立九十周年大会

迎春长跑比赛

"湖北诗人咏浠水"诗会

管理局与水利局篮球赛

团员青年参加"爱我
浼水　呵护生态"环
保志愿行动

义 务 献 血

职工娱乐中心

1996—1998年，管理局被湖北省委、省政府授予文明单位称号；

1999—2000年，荆州市委、市政府授予管理局文明单位称号；

1999—2012年，管理局连续七届被湖北省委、省政府授予最佳文明单位称号；

2013—2014年，湖北省精神文明建设委员会授予管理局文明单位称号；

2013—2014年，管理局被荆州市委、市政府表彰为文明单位；

2013年11月，水利部授予管理局全国大型灌区精神文明建设先进单位称号

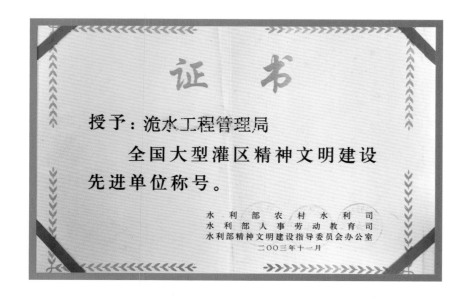

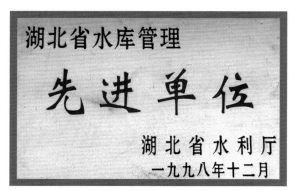

1998 年 12 月，湖北省水利厅授予管理局先进单位荣誉称号

2004 年 5 月，湖北省水利厅授予管理局先进单位荣誉称号

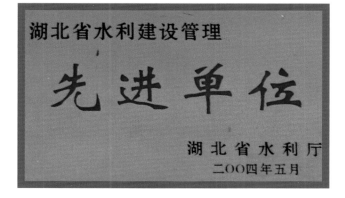

2012 年 11 月，荆州市委市政府授予管理局防汛抗灾先进单位荣誉称号

2015 年 1 月，湖北省人社厅、水利厅授予管理局水利工作先进集体荣誉称号

1996 年以来，管理局多次被水利部授予全国水利系统水利管理、水电先进集体等荣誉称号，并通过水利工程管理考核验收

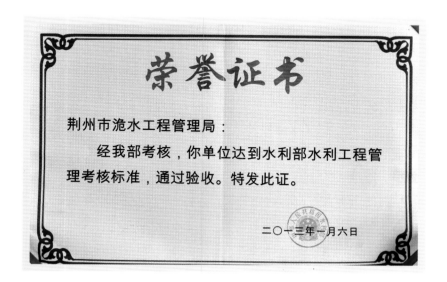

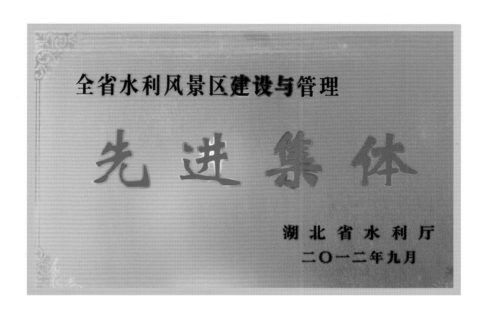

2012 年 9 月，管理局被湖北省水利厅授予
省水利风景区建设与管理先进集体荣誉称号

2007 年 9 月，沮水水利风景区被水利部评为国家水利风景区

1996 年，管理局被湖北省绿化委员会评为湖北省部门绿化百佳单位

1998 年，管理局被全国绿化委员会评为全国部门造林绿化 400 佳单位

1999 年，湖北省水利厅授予管理局花园式单位和园林式工程荣誉称号

管理局被湖北省人事厅、档案局授予档案系统先进集体荣誉称号，并被评为机关档案工作目标管理省一级

管理局被湖北省水利厅授予水利系统"五五""六五"普法先进集体，并多次受到荆州市和松滋市表彰

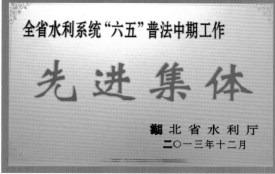

全省水利系统人事工作

先 进 集 体

湖北省水利厅
二〇一〇年十二月

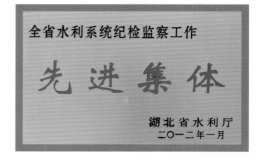

全省水利系统纪检监察工作

先 进 集 体

湖北省水利厅
二〇一二年一月

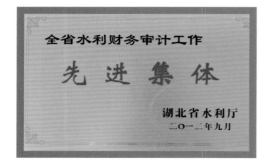

全省水利财务审计工作

先 进 集 体

湖北省水利厅
二〇一二年九月

2013年度全市安全生产

先 进 单 位

荆州市人民政府
二〇一四年三月

二〇一六年度

优 秀 团 组 织

共青团鄂旅投公司委员会
二〇一七年五月

2016年度

优 秀 平 安 单 位

授予：湖北漳水投资发展集团有限公司

2016年度重大项目推进先进奖

湖北省鄂西生态文化旅游圈投资有限公司
二〇一七年三月

涴水工程位置示意图

洈水灌区工程示意图

《洈水水库志（续）》编纂委员会

主　　任：廖光耀

副 主 任：石　萍　郭培华　庹少东　曾　平　肖习猛
　　　　　陈卫东　陈明红

顾　　问：廖新权　雷正立　裴德华　王联芳

委　　员：（以姓氏笔画为序）

　　　　　王　平　韦德雄　吕德巨　朱　峰　伍发元
　　　　　向　敏　孙青桥　李　华　李海东　杨　蒙
　　　　　肖元国　吴林松　吴春霞　余志斌　张　虎
　　　　　张天峰　张圣东　张维保　陈文军　陈华明
　　　　　陈祖明　陈隆斌　胡兴武　胡守超　骆光军
　　　　　夏训道　黄少华　黄自力　揭勇军

主　　编：肖元国

副 主 编：陈隆斌　张圣东

特约评审：（以姓氏笔画为序）

　　　　　王　晓　湖北省水利厅宣传中心副主任
　　　　　王绍良　武汉大学教授
　　　　　华　平　湖北省湖泊局总工程师
　　　　　吴炳章　湖北省松滋市史志办副主任
　　　　　张　青　湖北省松滋市水利局党组书记、局长、防办
　　　　　　　　　主任
　　　　　张玉峰　湖北省荆州市防办原主任
　　　　　陈章华　湖北省地方志办公室副巡视员
　　　　　易光曙　《荆州水利志》顾问
　　　　　郭奉毅　湖北省荆州市水利局党组书记、局长、防办
　　　　　　　　　主任
　　　　　熊　渤　湖北省水利厅宣传中心主任

序 一

在湘鄂边，在鄂西南，层峦叠嶂，林壑优美，其连绵起伏处，一巨大湖泊安然而卧，宛如一颗璀璨明珠镶嵌在群山之间。她，北枕长江浩渺，南及武岭逶迤，西临巫山险峻，东望洞庭潇湘。她，青山浮绿水，仙泉泻奇洞。她，点点白帆飘逸，层层薄雾缭绕。她，就是湖北省荆州市洈水水库。

作为大型水利工程，水库也是一方有着顶级旅游资源的风水宝地，既具江南秀色，又兼北国壮美，山、水、林、泉融于一体，洞、湖、岛、坝集于一身，是镶嵌在"长江三峡—荆州古城—湖南张家界"黄金旅游线路上的璀璨明珠。2007年，洈水水利风景区被水利部评为国家水利风景区。2009年，湖北省人民政府划转到鄂旅投公司的"三库五场"中，洈水水库旅游资源最好。基于此，鄂旅投成立洈水旅游开发公司，高起点编制洈水旅游发展总规划，将洈水风景区整体报批入选鄂西圈十大核心旅游区，建设李家河生态岛、南山观岛等核心吸引物和洈水假日酒店，完善停车场、码头等基础设施，并整合水上客运资源，以全面提速洈水旅游。

然而，洈水工程管理局隶属于地方，洈水旅游开发公司隶属于鄂旅投，经营、管理两张皮的现象较为突出，制约了洈水旅游可持续发展。为此，湖北省人民政府高度重视，在省国资委、省水利厅等省直部门和荆州市委、市政府的大力支持下，确立了"司局一体、以司为主""两块牌子、一套班子"的管理体制，即将洈水水库整体移交到鄂旅投，使洈水旅游轻装上阵、阔步前行。

又是一年春风起，正是洈水扬帆时。自此，鄂旅投和新组建的湖北洈水投资发展集团有限公司着力打造一个"体制更优、规模更大、效益更好、竞争力更强"的市场主体，在继续承担好公益职能的同时，抢抓机遇，加大投资力度，做大做强浠水旅游，即围绕文化旅游、金融服务、商贸物流、新型城镇建设四大产业板块，精心布局39个重点项目。同时，从提高旅游产品的有效供给出发，充分挖掘浠水特色旅游资源，投资10亿元以上，加快推进旅游码头、游客中心、水上运动休闲、汽车营地、汽车影院、特色小镇和研学基地等项目，进一步完善配套设施，丰富旅游产品，提升经营效益，将浠水逐步打造成国内一流的户外运动休闲目的地。

新体制激发新动能，新时代呼唤新作为。值浠水水库60华诞并《浠水水库志（续）》付梓之际，谨致贺忱！衷心祝愿浠水水库彰显旅游资源优势，擦亮浠水旅游优质品牌，奋力抒写浠水旅游崭新篇章，为湖北旅游强省建设作出新贡献。

刘俊刚
2019年1月

作者　现任湖北省文化旅游投资集团有限公司董事长、总经理。

序　二

　　浪水水库建库 60 周年了，这是浪水人额手称庆的喜事、大事和盛事。

　　凝聚力，责任制，好氛围。团结奋进，改革创新，科学管理，实干兴库。建库 60 年尤其是近 20 年来，我们全面继承优良传统，大力弘扬浪水精神；我们不忘初心，牢记使命，砥砺前行；我们励精图治，承前启后，继往开来；我们多次荣获全国水利系统先进集体、水库管理先进单位、全国部门造林绿化 400 佳单位、全国先进灌区和连续七届湖北省最佳文明单位等荣誉称号。

　　20 年来，我们以水利工程为重点，抓好工程建设管理。我们发扬"功在平日、贵在坚持"的精神，在全省率先实行工程目标管理考核评比，特别是大坝管理在全国居于领先地位，并一次性通过水利部验收，成为国家一级水管单位。

　　20 年来，我们以水利经济为中心，努力提高经营效益。我们不等不靠不要，潜力挖掘自身，利用水、土、电资源优势，形成以发供电为支柱，以建筑安装为重点，以供水和成品油销售为补充的产业格局，保证防洪安全和正常运行。

　　20 年来，我们以生态保护为底线，全力守护青山绿水。我们认真贯彻《中华人民共和国水法》《中华人民共和国防洪法》《湖北省水库管理办法》，依法管水、依法治库；加大水质保护力度，加强监管检测，使水质一直保持在Ⅱ类或Ⅱ类以上水平。

　　20 年来，我们以人才培养为重心，持续激发内生动力。我们加强传统教育，保持浪水人自力更生、艰苦创业的革命本色；采取多种方式，改善人才队伍结构，全面提升综合素质，不断增强单位生产力和整体战斗力。

20 年来，我们以党的建设为根本，推进全面从严治党。我们把党建放在心上，扛在肩上，抓在手上，落实在行动上；加强和改善党的领导，注重班子自身建设；坚持党委集体领导、个人分工负责的管理体制，实行民主决策。

回首顾，悠悠青史。20 年辛苦不寻常。我们要认真总结，深刻反思，努力吸取经验和教训，并以此更好指导水库今后的管理、开发和建设，不断推进水库事业大发展大进步。而且，2016 年 3 月，水库整体上收鄂旅投，管理体制发生了重大变化，我们需要对此前的历史做个阶段性总结，画个圆满的句号。正是因此，才有了《浠水水库志（续）》的编撰成书。

抬眼望，道道关山。现在的浠水，迎来了前所未有的发展机遇——体制顺了，舞台大了，投资资金有保障了，媒体关注度高了，旅游基础设施建设及配套日趋完善，五星级汽车露营地声名远扬，特色小镇加紧建设，研学基地呼之欲出。随着运动、休闲、康养理念的确立，浠水逐渐成为一方休闲放松的净土，一座养生康体的乐园，恰如一颗耀眼的明星冉冉升起，并日渐凸显出她的美。

时代潮流，浩浩荡荡；美好蓝图，慷慨激昂。

实现未来的奋斗目标，需要我们浠水人聚精会神，加快发展，视防洪保安全为第一要务，认真履行灌溉、发供电和城乡供水等公益性职能，并贯彻习近平新时期治水思想，确保山水共欢、人水和谐。

实现未来的奋斗目标，需要我们浠水人殚精竭虑，全力以赴，认清形势，增强浠水自信；聚焦主题，肩负浠水使命；把握机遇，展现浠水作为；抢抓优势，增强浠水气场；迎接挑战，提升浠水形象。

实现未来的奋斗目标，需要我们浠水人凝心聚力，真抓实干，以文化旅游、发供电为主体，促进生态农业、建筑工程双翼齐飞，做强文化旅游，做实发电供电，做响生态农业，做大建筑工程。

实现未来的奋斗目标，需要我们浠水人竭诚尽智，不辱使命，以"功成不必在我"的思想境界和"成功必定有我"的责任担当，把浠水建成湖北知名、全国前列、世界有名的五星汽车营地和旅游区。

时代在召唤！

历史在期待！

廖光耀

2019 年 1 月

作者 现任湖北沮水投资发展集团有限公司党委书记、董事长，荆州市沮水工程管理局局长。

凡　例

一、《浧水水库志（续）》以马克思列宁主义、毛泽东思想、邓小平理论、"三个代表"重要思想、科学发展观、习近平新时代中国特色社会主义思想为指导，实事求是记述20世纪90年代中期以来浧水水库建设、管理与发展历程。

二、首部《浧水水库志》上限从事情发端始，至1958年止。续志上限自1996年1月始，下限至2016年3月（管理局整体移交鄂旅投）止。

三、本志采用章节体，逐层统属，按横排纵写、纵横结合的方法编纂。

四、本志文字及数据一般规范：

1. 文体用现代汉语语体文记叙，文字采用国家公布之现行简化字。

2. 计量单位以国家法定计量单位为准。

3. 表述数字一般用阿拉伯数字，少数也采用汉字。

4. 地面高程为黄海高程。

五、凡简称"党"均指中国共产党，称"党中央""省委""市委""县委""党委""党支部"，均指中国共产党各级组织。凡称"政府"均指各级人民政府。凡称"管理处（局）"，均指"浧水工程管理处（局）"。凡称"浧水""水库"均指"浧水水库"。凡称"鄂旅投"，均指湖北省鄂西生态文化旅游圈投资有限公司。

六、本志资料来源主要为局档案室，亦有部分来源于库区、灌区有关县（市）档案馆及水利局档案室，少量源自个人所藏或口碑资料。

目　　录

大 事 记

1996 年

△3月5日，湖北省银鱼移植基地揭牌仪式在洈水举行。湖北省水利厅综经处、华中农业大学、荆沙市水利局及管理局有关负责人参加。

△4月9日，湖北省大型水库负责人培训班在洈水举行，历时5天。

△6月21日，荆沙市委组织部、农工部和市水利局有关负责人来洈水宣布人事任命：原党委书记、局长廖新权退休，雷正立为管理局党委书记，裴德华为局长，李选胜为纪委书记。

△7月1日，荆沙市农林水党组表彰西斋水电站党支部为先进党支部。

△7月21日，管理局全体干部职工响应荆沙市委向灾区捐款的号召，积极捐款21130元。

△11月6日，荆沙市委副书记童水清视察管理局工作，历时2天。

△11月19日，荆沙市政府秘书长杨书伦来洈水检查工作。

1997 年

△5月30日，湖北省农委陶启明副主任率队来洈水进行防汛检查。

△9月2日，湖南省岳阳市水利局、铁山水库管理局一行来洈水考察参观。

△10月6日，湖北省水利厅建设处处长陶启明来洈水视察库区、枢纽工程及电站。

△10月8日，荆州市委副书记柯余双一行来洈水视察。

△12月31日，管理局召开股级以上干部会议，宣布管理局事企分开机构设置及人员调整情况。

1998 年

△1月1日，企事分开、经管分离，洈水水利产业总公司正式运作。

△1月8日，管理局被湖北省水利厅授予"先进集体"荣誉称号，同时被荆州市委、市政府评为"先进单位"。

△1月12日，湖北省水利厅水库处副处长严国璋等一行来洈水检查工作。

△1月22日，荆州市政府副秘书长吴金勇受副市长刘耀清委托，召集松滋市政府及有关部门与管理局就确权、风景区规划、码头和旅游船只管理等问题达成一致意见。

△3月2日，武警水电总队司令员贺毅来洈水视察。

△4月20日，管理局召开灌区管理工作例会，确定水价为0.042元每立方米。

△4月20日，湖北省水利厅以鄂水库〔1998〕90号文正式批准洈水水库汛期恢复93米汛限水位。

△5月4日，经中共荆州市直机关工委批准，"共青团荆州市洈水工程管理局委员会"成立。

△5月9日，水利部办公厅"水利保卫学"编写组工作会议在洈水举行，历时4天。

△5月18日，国家农业部以农渔函〔1998〕22号文《关于公布第二批内陆水域渔港的通知》，公布确认了"荆州市洈水水库渔港"。

△5月25日，管理局被荆州市委、市政府授予1997年度"文明单位"荣誉称号，同时被申报为"省级文明单位"。

△5月26日，荆州市委副书记童水清来洈水检查工作。

△5月30日，荆州市政府副秘书长吴金勇召集市交通局、港监局、水利局、管理局再次协调交通局与洈水之间关于洈水水库水上管理的矛盾，并就有关问题形成一致意见，荆州市政府发了专题会议纪要。

△6月14日，荆州市副市长刘耀清率检查组来洈水检查防汛工作。

△6月20日，管理局被评为"全国部门造林四百佳单位"。

△6月27日，荆州市人大副主任、防汛指挥部副指挥长赵仲涛来洈水检查防汛工作。

△7月14日，荆州市市长王平来洈水检查工作。

△8月6日，全局干部职工近400人向公安县灾区捐款捐物，其中捐款23700元、衣物1110件。

△8月19日，管理局党委委托局长裴德华等一行前往松滋市慰问抗洪军民，慰问松滋干群现金2万元；慰问驻沙道观、涴市的解放军和武警官兵精面粉、食用油，折合2万元。

△8月24日，管理局各单位和个人为养殖场特困户毛盟安之子上大学捐款，共计7400元。

△8月28日，管理局团委组织广大青年团员"向灾区献爱心"活动，共捐款7980元。

△9月4日，管理局第二次向受灾区捐款捐物，个人捐款136096元，衣物410件，单衣100件。

△10月6日，荆州市委、市政府召开抗洪表彰大会，管理局廖光耀被授予"抗洪模范"荣誉称号。

△11月19日，湖北省水库整险加固暨渔政管理工作会议在管理局召开。

△11月19日，湖北省水利厅副厅长万汉华视察洈水。

△12月6日，国务院政策研究室、水利部计划财务司有关领导在湖北省水

利厅有关负责人的陪同下视察洈水。

△12月15日，雷正立同志当选为松滋市第二届人大代表。

△12月28日，管理局纪念水库建库40周年座谈会在宾馆礼堂召开，湖北省水利厅、荆州市人大、荆州市政府、松滋市政府、湖南澧县政府及漳河等兄弟单位有关负责人参加座谈。

△12月28日，管理局被湖北省委、省政府命名为"1996—1998年度文明单位"；湖北省水利厅授予管理局"全省水库管理工作先进单位"。

1999 年

△3月1日，湖北省人事厅、档案局授予管理局"全省档案管理先进集体"。

△4月20日，湖北省水利厅厅长段安华视察洈水。

△4月21日，荆州市农口创建文明单位现场会在管理局召开。

△3月30日，湖北省水利厅授予管理局湖北省水利系统"花园式单位""园林式工程"双达标单位。

△4月30日，管理局被评为"荆州市水利经济先进单位"，西斋水电站被评为"荆州市水利经济先进集体"。

△5月30日，西斋水电站1号机组改造竣工试运行，投资135万元，历时4个月。

△5月30日，管理局被荆州市公安局、荆州市综治委表彰为"安全文明单位"。

△6月10日，荆州市政府助理巡视员韩从银来洈水检查防汛工作。

△7月12日，湖北省水利厅以鄂水电〔1999〕169号文表彰西斋水电站为1997—1998年度湖北省水利系统地方电力行业先进单位。

△7月28日，湖北省委书记贾志杰在荆州市委书记刘克毅的陪同下视察洈水。

△8月7日，湖北省水产局渔政处负责人来洈水宣布洈水渔政站改变管理体制，正式更名为"荆州市洈水水库渔政船检港监管理站"。

△10月15日，长江水利委员会主任黎安田一行视察洈水。

△10月23日，荆州市委书记刘克毅视察洈水。

△10月25日，管理局与松滋市矿业公司签订租赁合同，荆州市洈水结晶硅厂开始生产。

2000 年

△1月6日，湖北省水利厅副厅长吴克刚来洈水检查工作。

△2月23日，管理局与松滋市政府共同召开办公会议，就白马山渡槽被撞、

麻砂滩村水损、水工程用地权属、北干渠拖欠水费等问题进行协商讨论。会后，松滋市政府发布了会议纪要。

△3月7日，湖北省水利厅厅长段安华一行来洈水，检查洈水灌区续建配套与节水改造工程及防汛自动化系统。

△3月17日，湖北省水库灌区续建配套与节水改造工程西北片施工现场会在管理局召开。

△3月21日，洈水供电区农电体制改革协调会在管理局召开。

△4月12日，湖北省计委、省水利厅在武昌组织有关领导、专家和技术人员对《洈水灌区续建配套与节水改造工程应急项目可行性研究报告》进行评审。

△5月12日，国家防汛抗旱总指挥部办公室在管理局主持召开湖北省洈水水库洪水调度系统预验收会，会议认为洈水水库洪水调度系统达到了国家防办要求，通过预验收。

△5月24日，荆州市副市长王贤玖主持召开洈水水库水上交通安全专题会议。

△7月2日，湖北省委办公厅秘书五处调研员彭章宣一行来洈水调查水库水上交通安全情况。

△7月3日，洈水灌区续建配套与节水改造第一期工程竣工，灌区调度自动化系统安装完毕并进行验收。

△8月4日，荆州市水利局在洈水主持召开西斋水电站1号机组增容改造验收会。

△10月18日，由水利部、湖北省水利厅、省有关专家、长沙市水科所、荆州市水利局、荆州市设计院等单位专家和领导组成的评审组对洈水灌区续建配套与节水改造项目进行验收。

△10月19日，洈水灌区续建配套与节水改造工程验收会在洈水召开，该工程被评为优良工程。

△11月5日，洈水灌区续建配套与节水改造工程第二期工程测量启动。

△11月10日，管理局"开展扶贫济困，为灾区送温暖"活动，捐棉衣289件，捐棉被19床，捐款1230元。

2001 年

△2月3日，灌区续建配套与节水改造工程第二期工程开工。

△2月2日，管理局召开农网改造专题会议，农网改造正式启动。

△4月2日，《荆州日报》头版刊登"省级最佳文明单位荆州十二家上榜"，管理局以全省水利系统独家省级最佳文明单位位列其中。

△4月3日，荆州市水利局表彰荆州市洈水供电公司西斋供电所为"全市水

利经济工作先进集体"。

△7月26日，管理局全力抗旱新闻报道在荆州电视台新闻频道播出。

△8月23日，湖北省水利厅在管理局主持召开全省水利规划计划工作会议。湖北省水利厅副厅长万汉华做重要讲话。

△11月15日，由管理局拟稿的《荆州市水库工程管理办法》经荆州市有关部门审议通过。

△12月18日，洈水水库洪水调度系统顺利通过湖北省防办验收组验收，评定为合格。

2002 年

△1月17日，由湖北省水利系统专家组成的评标委员会对洈水灌区续建配套与节水改造工程进行评标，洈水水利建筑安装工程公司中标。

△1月21日，管理局党委书记雷正立同志被选为荆州市党代表。

△2月23日，管理局局长裴德华同志被评为全国水利系统先进工作者，《中国水利报》2月23日第4版发布此消息。

△5月6日，荆州电视台新闻报道了管理局农网改造情况。

△6月30日，荆州市市长李春明来洈水水库进行防汛检查。

△7月2日，湖北省防办副主任、洈水水库防汛监督责任人程启竞来洈水进行水库安全监督检查。

△7月25日，由湖北省水利厅办公室主持召开的全省水利系统（东南片）水利信息研讨班在洈水召开。

△8月15日，水利部农水司副处长阎冠宇等一行来洈水调研工作。

△8月22日，荆州市人大副主任赵仲涛来洈水检查防汛工作。

△8月24日，湖北省委常委、省委秘书长孙志刚来洈水检查防汛工作。

△9月12日，荆州市委组织部副部长罗来英等来洈水，对拟任局长及一名副局长进行公示和考核座谈。

△10月21日，荆州市委组织部宣布局班子成员调整名单：王联芳任局长，裴德华为调研员，李选胜为党委副书记，廖光耀任副局长、党委委员。

△11月12日，湖北省委宣传部、省文明办负责人对管理局申报省级最佳文明单位进行验收。

△12月1日，荆州市副市长黄建宏来洈水检查指导工作。

△12月12日，由湖北省档案局和荆州市档案局组成的考评组对管理局申报档案目标管理晋升国家二级工作进行考评验收。

△12月19日，管理局党委副书记李选胜同志当选为洈水镇人大代表。

2003 年

△2 月至 6 月，管理局认真贯彻执行上级党委、政府关于"严控非典"的有关指示精神，下发相关文件，落实具体措施，严管严控，杜绝了"非典"疫情发生。

△6 月 8 日，荆州市督查办责任人、荆州市军分区副司令员范怀月来洈水督查防汛工作。

△6 月 12 日，洈水水库督查责任人、湖北省防办副主任程启竞来洈水督查防汛工作。

△7 月 12 日，荆州市委副书记马林成、组织部长盛国玉检查指导洈水防汛工作。

△7 月 18 日，湖北省防汛抗旱指挥部指挥长、省长罗清泉电话查岗并做指示，管理局副局长黎孔明在岗接听。

△8 月 21 日，管理局被湖北省委、省政府授予"全省最佳文明单位"荣誉称号。

△8 月 31 日，荆州市洈水水库大坝安全鉴定评审会在管理局召开。水库被鉴定为质量等级 C 级，属于三类坝。

△10 月 15 日，王联芳当选松滋市人大代表，吴夕章为市政协委员。

2004 年

△1 月 6—8 日，长江水利委员会在洈水主持召开洈水水库除险加固初步设计审查会，洈水水库除险加固初步设计方案顺利通过初设评审。

△4 月 17 日，管理局枢纽、灌区信息化建设招投标开标会在洈水举行。湖北省水科所中标，承建洈水枢纽、灌区信息化建设工程。

△6 月 25 日，荆州市市长应代明来洈水检查防汛工作。

△7 月 18 日，荆州市水利局组织对台山渡槽钢板衬砌工程进行分部工程验收。

2005 年

△4 月 18 日，水利部组织专家对洈水灌区节水改造工程进行评估。

△5 月 27 日，荆州市委组织部副部长罗来英等到洈水对局领导班子进行民主考核，管理局为荆州市人事制度改革试点单位，以后局党委成员全部实行选任聘用制度。

△6 月 25 日，荆州市市长应代明、秘书长李江汉来洈水进行防汛检查。

△6月28日，湖北省省长罗清泉来洈水检查防汛工作。

△7月11日，湖北省统战部部长苏晓云来洈水检查防汛工作。

△8月20日，西斋供电所对35千伏变电站进行设备改造，将原来3200千伏安变压器更换为10000千伏安。

△9月7日，荆州市委组织部、市纪委监察局、市水利局在洈水主持召开管理局行政领导竞聘大会和第一届党员大会。

在竞聘大会上，原管理局领导进行了等额选举，对1名行政副职和1名总工程师实行了差额竞聘，竞聘结果：王联芳为局长，廖光耀、郭培华、庹少东为副局长，曾平为总工程师。

在党员大会上，王联芳、李先胜、廖光耀、郭培华、庹少东、曾平、朱峰当选党委委员，选举王联芳为党委书记，李选胜为党委副书记，李选胜当选为纪委书记，肖元国、陈隆斌当选为纪委委员。

△10月1日，洈水水库除险加固工程开工建设，溢洪道工程前期围堰施工正式开始。

△10月12日，洈水水库除险加固工程建设领导小组会议召开。

△10月12日，在湖北省水利厅监察室、建设处、水库堤防处和荆州市水利局等单位的监督下，洈水水库除险加固工程开标、评标工作在武汉进行。

△10月14日，孙家溪溢洪道拆除重建工程围堰合龙。

△10月20日，洈水水库除险加固工程第一次建设与管理工作会议召开。

△10月26日，荆州市水利局局长耿冀威一行对洈水灌区农民用水者协会"两部制水价改革"进行调研。

△11月24日，荆州市政府副秘书长罗会林在洈水主持召开协调会，对洈水水库除险加固工程环保等级标准、地震安全评价进行协调。

2006 年

△2月21日，洈水水库除险加固工程项目建设办公室召开由设计单位、监理单位、大禹公司和中水基础处理公司有关负责人参加的工程建设与管理专题会议。

△3月10日，管理局以荆洈政〔2006〕10号文件印发《管理局人事制度改革方案》，并正式贯彻执行。自此，管理局人事制度改革全面启动。

△3月29日，荆州市政府在洈水主持召开由市编委、水利局等单位负责人参加的松滋洈水北干渠体制及有关问题协调会。

△6月12日，洈水水库防汛责任人、荆州市市长应代明检查水库防汛抗旱工作。

△6月23日，荆州市委副书记王祥喜一行来洈水检查防汛工作并察看水库

除险加固工程。

△11月5—6日，湖北省水利厅、发改委等单位的专家和领导对洈水灌区续建配套与节水改造2000—2003年度工程进行验收，4项年度工程均为合格。

△11月12日，水利部灌排中心组成专家组对洈水水库洈水灌区信息化建设2006年度方案进行评估。

△11月14日，水利部稽查专家组对洈水水库除险加固工程施工情况进行全面稽查。

△11月15日，荆州市副市长刘曾君来洈水检查指导工作并视察水库除险加固工地施工现场。

△11月16日，荆州市委副书记马林成视察洈水水库除险加固工地。

△11月27日，洈水镇人大代表换届选举，王联芳、李选胜分别当选松滋市、洈水镇人大代表。

△12月13日，荆州市水利系统创建文明单位验收检查组对管理局文明创建工作进行验收检查。

△12月24日，荆州市水库工程管理与除险加固工作会议在洈水召开。

△12月26日，荆州市委组织部批准管理局陈祖明为荆州市党代表。

2007 年

△1月12日，荆州市文明办来洈水验收精神文明创建工作。

△1月16日，荆州市财政局对管理局水管体制改革人员编制经费、公益部分维修养护经费等问题进行调研。

△1月20日，水利部农水司处长闫冠宇来洈水调研，为全局中层干部做题为《对不同经济社会发展阶段灌溉排水事业发展的认识》的专题报告。

△3月13日，荆州市委副书记、纪委书记傅立民，市委副秘书长黄明军等一行视察洈水工作。

△3月17日，湖北省水利厅农水处农田水利基本建设督办组一行视察洈水灌区。

△4月21日，国家发改委稽查组一行6人对洈水灌区续建配套与节水改造工程1999—2004年度项目进行全面稽查。

△5月14日，荆州市委书记应代明视察洈水防汛工作。

△5月17日，洈水水库除险加固重点工程建设项目市领导联系人、荆州市委常委、组织部长杨俊苹来洈水进行视察。

△5月31日，松滋市政府授予管理局"社区建设共驻共建先进单位"称号。

△6月6日，荆州市人大常委会副主任孙贤坤来洈水检查《中华人民共和国

防洪法》实施、农村安全饮水和农田水利基本建设情况。

△6月12日，管理局被湖北省委、省政府第四次授予"最佳文明单位"荣誉称号。

△6月17日，洈水水库安全监督责任人、省水利厅副厅长周汉奎一行来洈水检查防汛工作。

△6月28日，洈水水库安全行政责任人、荆州市市长王祥喜来洈水检查水库防汛抗旱工作。

△7月10日，管理局干部职工参加湖北省防汛抗洪知识竞赛。

△9月18日，国家财政部委托浙江省财政厅孙美玲、邱晨鸣两位专家来洈水审查2003—2006年度灌区节水改造资金使用情况。

△9月29日，经水利部水利风景区评审委员会通过，水利部水综合〔2007〕373号文件批准：荆州市洈水水利风景区为"国家水利风景区"。

△11月26日，2006年度洈水灌区续建配套与节水改造工程正式开工。

2008 年

△1月4日，湖北省水利厅在武汉组织专家召开荆州市洈水灌区2007年度续建配套与节水改造工程项目实施方案评审会，顺利通过审查。

△3月13日，荆州市人事局授予管理局"工资福利工作先进单位"。

△3月13日，湖北省审计厅钟树华处长，李辉银、丁建新科长来洈水对洈水水库除险加固工程资金使用情况进行为期一个月的财务审计。

△3月15日，西斋供电所启动西大线路改造工程。

△4月12日，湖北省水利厅党组成员、总工程师陈斌率队来洈水进行防汛备汛检查。

△5月2日，荆州市委书记应代明视察洈水水库对防汛工作及水库除险加固工程建设情况。

△5月9日，管理局工会、团委联合向各单位发出倡议书，为本局职工向阳之女、身患白血病的向方方捐款。共收到捐款23620元。

△5月19日，管理局全体干部职工在宾馆礼堂深切哀悼四川汶川地震遇难同胞并举行爱心捐款，共收到捐款52512元。

△5月20日，湖北省财政厅处长王怡一行调研管理局水管单位体制改革情况，并实地察看水库枢纽工程。

△5月23日，荆州市人大副主任孙贤坤来洈水水库检查防汛备汛情况。

△5月26日，管理局全体党员为四川汶川地震灾区交纳"特殊党费"12800元。

△6月2日，管理局工会、团委组织20人现场观看奥运圣火荆州传递盛况。

△6月11日，荆州市水利局、财政局、编委三部门来洈水，对机关人员编制问题进行调研。

△6月19日，荆州市人大副主任孙贤坤率防汛督办检查组来洈水督办检查。

△7月3日，湖北省水利厅党组成员、省南水北调工程建设管理局局长吴克刚来洈水视察工作。

△8月7日，湖北省水利厅副厅长、洈水水库安全监督责任人周汉奎来洈水督办检查防汛、抗旱工作。

△9月5日上午，松滋北干渠移交管理局的相关工作会议召开。按照"端正思想认识，做好相关工作，确定移交时间，强化工作责任"四大部分各负其责的原则，形成《关于北干渠管理体制变更的备忘录》。

△9月22—24日，纪念洈水水库建库50周年电视专题片拍摄完成，片名《光辉岁月》。

△10月18日，管理局庆祝建库50周年座谈会隆重举行，省市领导及离退休老领导、老专家近百人莅临。

△11月25日，洈水灌区2007年度续建配套与节水改造工程破土动工，工程计划投资800万元。建设内容：一是土建部分干渠防渗护砌8.78千米；二是信息化部分2007年度水利信息化设备及安装工程。

△12月1日，湖北省水利厅副厅长刘烈玉率省水管体制改革验收组对管理局水管体制改革工作全面验收，管理局水管体制改革省级试点单位顺利通过。

2009 年

△1月1日，洈水灌区续建配套与节水改造工程2008年新增项目施工开标及评标会在湖北省综合招投标中心举行。

△2月12日，西斋水电站被荆州市总工会表彰为荆州市"工人先锋号"，并授予证书、奖牌。

△3月22—28日，为纪念第十七届"世界水日"、第二十二届"世界水周"，提高公民水资源节约和保护意识，调动全社会参与节水型社会建设的积极性，管理局开展了以"落实科学发展观，节约保护水资源"为主题的宣传活动。

△6月9日，洈水水库防汛督办责任人、湖北省水利厅副厅长周汉奎在省水利厅水库处处长袁俊光、荆州市水利局局长耿冀威和副局长徐仲平的陪同下，对管理局进行防汛督办检查。

△6月19日，湖北省水利厅、省国资委莅临管理局，对洈水水库纳入湖北省鄂西生态旅游圈有关资产划转情况进行调研。

△7月7日，由松滋市政府、荆州市地方海事局和管理局联合主办的"洈水水库水上搜救联合演习"在南副坝水域举行。管理局副局长郭培华担任现场指

挥，管理局渔政站参与现场搜救行动演习。

△7月23日，北干渠正式移交管理局。荆州市政府副秘书长罗会林出席交接仪式并作重要讲话，市水利局局长耿冀威主持会议，松滋市副市长郑海云、管理局局长王联芳代表交接双方签字，并互换移交书。参加移交仪式的单位有：荆州市政府，荆州市编委、财政局、水利局、人事局、劳动局、国土局，松滋市政府，松滋市编委、财政局、水利局、国土局、劳动局和洈水工程管理局。

△7月29日，水利部安监司司长王爱国率安全生产督察项目稽查调研组一行莅临洈水，实地察看水库主坝，南、北副坝，两座溢洪道工程，并召开安全生产督查及项目稽查绩效调研汇报会。湖北省水利厅党组副书记、副厅长、稽查办主任吴克刚和荆州市水利局局长耿冀威等领导参加。

△8月3日凌晨4时30分，洈水灌区北干渠洛河渡槽第14节槽身在灌溉通水运行时突然纵向破裂，槽身沿渡槽中轴线方向撕开，北干渠灌溉被迫中断，抗旱输水无法继续。险情发生后，管理局领导王联芳、庹少东赶赴现场察看险情，并迅速向省、市有关领导汇报，同时书面向荆州市防指上报险情，市防办随即将险情转呈省防办，请示上级指派有关领导和专家现场勘测实地指导工程抢险。

△9月23日，湖北省委、省政府以省精神文明建设委员会文件（鄂文明2009-11号）《关于确认上届湖北省文明创建先进单位的通知》授予管理局2007—2008年度"省级最佳文明单位"荣誉称号。这是管理局连续第五次获此殊荣。

△10月17日，荆州市委组织部、市水利局在洈水主持召开管理局领导班子成员竞聘大会，选举产生了新一届行政领导。王联芳当选为局长，廖光耀、郭培华、庹少东当选为副局长，曾平当选为总工程师，增选肖习猛为工会主席。

△12月17—19日，湖北省水利厅水库处、省发改委邀请计划、工程、财务、质量管理等领导和专家对洈水灌区续建配套与节水改造工程2006年、2007年及2008年度新增投资项目进行了验收。验收组在听取工程设计、建设、施工、监理、运行管理、质量监督等单位汇报后，结合资料查阅和现场查看情况，会议审议通过了验收报告。湖北省水利厅副厅长周汉奎到会作重要讲话。

△12月30日，李选胜获得由湖北省政府颁发的"全省水利工程管理体制改革工作先进个人"荣誉称号；陈祖明获得由省人力资源和社会保障厅、省水利厅联合颁发的"全省水利系统先进工作者"荣誉称号。

2010 年

△5月27—31日，洈水供电公司西斋水电站1号主变8000千伏安变压器更换为10000千伏安。

△6月26日，洈水水库防汛抗旱指挥部2010年全体成员会议在管理局召

开。荆州市委副书记、代理市长、市防汛抗旱指挥部指挥长李建明到会做重要讲话，荆州市副市长、市防汛抗旱指挥部副指挥长刘曾君主持会议，洈水水库防汛抗旱指挥部全体成员出席。

△根据荆州市委组织部和深入学习实践科学发展观领导小组办公室关于开展"万名干部进万家、结对共建送温暖"活动的通知要求，管理局正科级以上 20 名党员干部与松滋市斯家场镇旗林村结成帮扶对象，扶持帮助该村发展。

2011 年

△1 月 8 日，湖北省鄂西生态文化旅游圈投资有限公司党委书记、董事长马清明、荆州市副市长刘曾君共同为湖北洈水旅游发展有限公司揭牌。省鄂西圈投公司、省国资委、省水利厅、省旅游局、荆州市政府等部门领导出席揭牌仪式。

△5 月 5 日，荆州市委常委杨俊苹、市委副秘书长彭贤荣、市农业局副局长黄孝荣、市水利局局长郝永耀、市防办副主任肖正华、市委办公室科长王焱群等来洈水检查指导防汛抗旱工作。杨俊苹充分肯定管理局前阶段的防汛抗旱工作，要求宣传发动再深入，调度再科学，统筹协调力度再加大，进一步抓好防汛抗旱工作。管理局局长、党委书记王联芳陪同检查并汇报有关情况。

△8 月 28 日，湖北省水利厅、省财政厅在武汉共同主持召开荆州市洈水电站增效扩容改造项目初步设计报告（以下简称《报告》）审查会。与会专家和代表听取了宜昌市水利水电勘察设计院的汇报，进行了认真讨论，基本同意该《报告》。参加会议的有水利部农村水电及电气化发展局、湖北省水利水电规划勘测设计院、荆州市水利局和管理局的专家及代表。

△8 月 28 日，管理局被湖北省文明委确认为 2009—2010 年度"省级最佳文明单位"。迄今为止，管理局已连续六届被湖北省委、省政府和省文明委授予"省级最佳文明单位"荣誉称号。

△9 月 25 日，王联芳当选为松滋市第五届人大代表，陈祖民当选为洈水镇第三届人大代表；陈卫东当选为洈水镇第三届人大代表，陈义明当选为杨林市镇人大代表。

△10 月 25 日，管理局局长、党委书记王联芳主持召开洈水电站增效扩容施工方案审查工作会。会议对电站提交的施工方案进行了认真讨论审定，会议要求：一是要对施工方案进一步优化，在施工方案中添加升压站改造、行车维修、灌区信息化设备、业主监理施工三方配合和施工期间例会制度等内容；二是电站要拟定安全生产方案，报局审定，安全生产方案审议通过后，方可开工；三是抓紧完成招标，选定厂家，完成设计方案和人员培训等工作。

2012 年

△4 月 10 日，荆州市委组织部副部长贺广标、荆州市水利局局长郝永耀、纪委书记邓爱荆到洈水宣布：王联芳调鄂旅投工作，副局长廖光耀主持管理局工作。

△4 月 20 日，荆州市委组织部副部长贺广标、荆州市水利局局长郝永耀、纪委书记邓爱荆到洈水召开中层干部会议，推荐单位主要负责人，并进行座谈。

△4 月 24 日，水利部副部长胡四一莅临洈水，指导洈水电站增效扩容工作。

△5 月 2 日，荆州市委组织部副部长贺广标、荆州市水利局局长郝永耀、纪委书记邓爱荆来洈水宣布：廖光耀为管理局局长、党委书记。

△年底，电站增效扩容工程开始。

2013 年

△2 月，电站增效扩容工程竣工，实际完成投资 3897 万元。改造后，电站装机容量由 1.24 万千瓦增至 1.42 万千瓦，电站员工由 50 人减至 32 人。

△5 月 10 日，荆州市委组织部副部长贺广标、委员熊庭健、市水利局局长郝永耀、纪委书记邓爱荆等在洈水主持召开管理局领导班子成员第三轮聘任选任大会，选举产生新一届领导班子成员和党委委员、纪委委员。

廖光耀任局长、党委书记，郭培华任党委副书记、纪委书记，庹少东任副局长、党委委员，曾平任总工程师、党委委员，肖习猛任工会主席、党委委员，陈卫东任副局长、党委委员，陈明红任副局长、党委委员，陈隆斌、肖元国任纪委委员。

△5 月 20 日，管理局局长、党委书记廖光耀到湖北省委党校经济班学习，时间 2 个月。

△5 月 20 日上午，湖北省水利厅党组副书记、副厅长冯仲凯来洈水检查防汛工作，副局长庹少东陪同并汇报工作。

△5 月 20 日，湖北省水利厅副厅长、洈水水库防汛督办责任人周汉奎来洈水督办防汛工作。

△7 月 12 日，管理局被湖北省文明委确认为 2011—2012 年度"省级最佳文明单位"。至此，管理局已连续七届被授予"省级最佳文明单位"荣誉称号。

△12 月 17 日，管理局与洈水水库大水面承包商包祥中就提前解除 2004 年 4 月 2 日双方签订的《承包经营合同》及《水面承包补充协议》达成一致意见，并签字盖章。至此，管理局完全收回洈水水库大水面及欧家峪、洞马口以及李家河库汉的经营管理权。

2014 年

△1 月 9 日，鄂旅投总经理刘俊刚与松滋市人民政府主要领导签订《2014 年度洈水旅游开发投资项目协议书》。

△4 月 22 日，由黄河水利委员会安监局副局长石玉金带队的水利部 2013 年度安全生产监督管理工作考核组来洈水进行考核。

考核组采取听汇报、查资料、检查现场等方式，先后对洈水水库溢洪道启闭闸、大坝、南副坝输水闸进行考核。考核组对管理局 2013 年度水利安全生产监督管理工作予以肯定，认为管理局在安全生产责任制落实和职工安全教育等方面工作突出。同时，考核组就安全应急预案、规范制度体系、标准化达标等方面的工作提出了意见和建议。

△5 月 24 日上午，为响应松滋市委开展"爱山护水生态行"活动的号召，由洈水旅游风景区管委会、共青团松滋市委主办的以"爱我洈水　呵护生态"为主题的洈水水库环保志愿行动启动仪式在洈水大坝拉开序幕。管理局团委、渔政站参加了启动仪式相关活动。

△7 月 31 日上午，管理局组织召开了专业技术和工勤技能竞聘大会。荆州市人社局工会主席曾令国、市水利局纪委书记邓爱荆、市水利局人事科科长黄运杰、管理局全体局领导出席了竞聘大会。管理局党委副书记、纪委书记郭培华主持会议。

△8 月 15—16 日，《湖北日报》"千湖新记"栏目组对洈水水库进行实地采访调研，局总工程师曾平陪同采访。

△8 月 15 日，湖北省水利厅副厅长周汉奎检查指导洈水水库防汛抗旱工作，管理局党委书记、局长廖光耀陪同检查。

△12 月 16 日，荆州市水利系统"十三五"规划编制工作座谈会在洈水召开。会议由荆州市水利局助理调研员索绪昊主持，市水利局工会主席熊衍彪出席。

△12 月 29 日，管理局局长、党委书记廖光耀主持召开全局干部职工代表座谈会，通报洈水水库体制划转有关情况，并广泛征求干群意见。参会人员积极讨论发言，形成综合意见（详见第七章）。

2015 年

△1 月 16 日上午 10 时，局供电所开关站将新更换的 2 号主变安全吊装到位，新主变容量为 16000 千伏安。

△3 月 3 日，荆州市委常委万卫东来洈水水库调研工程运行和防汛抗旱工作。

△3 月 25 日，长江水利委员会副主任杨淳率检查组赴洈水视察水库备汛情况，管理局党委书记、局长廖光耀陪同。

△4月11日，管理局团委开展以"热爱洈水、保护生态、禁投禁钓"为宣传主题的生态环保骑行活动。

△5月20日上午，洈水水库举办以"生态洈水，美丽家园"为主题的渔业资源增殖放流活动。

△6月16—17日，湖北省水利厅副厅长周汉奎带队检查指导洈水水库防汛备汛工作，管理局党委书记、局长廖光耀陪同检查，局领导庹少东介绍有关情况。

△6月23日上午，湖北省水利厅在武汉组织相关处室、专家对洈水水库水源地达标建设项目2015年方案进行审查。

△6月29日上午，洈水旅游发展有限公司联合松滋市海事部门、管理局渔政站和养殖场在洈水水库开展水上消防救生演习。

△7月16日上午，荆州市委副书记、代市长杨智来管理局调研。

△7月27日，荆州市政风督查员熊家斌、李荣林、宛玲来洈水，对管理局履职尽责督促检查工作进行督办检查。荆州市水利局纪检组长、党组成员邓爱荆陪同检查。

△9月3日下午，管理局团委组织干部职工、团员青年代表开展纪念抗日战争暨世界反法西斯战争胜利70周年骑行活动，以此缅怀革命先烈，回顾我军光辉历程。

△10月1—2日，荆州市委副书记、代市长杨智来洈水，检查水库枢纽工程、水环境治理及防汛抗旱工作。

△12月2—4日，管理局副局长庹少东、陈卫东率队赴长江水利委员会陆水试验枢纽管理局、宜昌市东风渠灌区管理局考察学习水利工程管理与维修养护、信息化建设等经验，借鉴两地在水利工程管理与发展中的好做法。管理局工管科、计财科、信息中心及工程管理单位负责人共13人参加。

△12月5日，荆州市档案局评审组对管理局档案工作目标管理晋升省一级工作进行考评验收。经评定，管理局以94分顺利通过。

2016 年

△3月3日上午，管理局自供区升级改造启动工作会议在局二楼会议室召开。党委书记、局长廖光耀宣布成立以工会主席肖习猛为组长、副局长陈卫东为常务副组长，经管办、办公室、计财科、供电所负责人为副组长的升级改造领导小组，并就升级改造工作进行安排和部署。

△3月9日，荆州市副市长袁德芳视察洈水，检查指导水库防汛备汛工作。

△3月24日，湖北省水利厅副巡视员刘纲来洈水检查指导防汛备汛工作。

△3月29日上午，管理局整体移交鄂旅投签约仪式在洈水假日酒店举行，

标志着管理局正式成为鄂旅投公司一员。这为加快推进洈水旅游开发，打造水文化品牌，推进湖北省知名滨湖生态休闲旅游度假区建设创造了有利条件。

鄂旅投董事长马清明、荆州市市长杨智、湖北省国资委副主任胡铁军、鄂旅投总经理刘俊刚出席签约仪式。签约仪式由荆州市委副书记施政主持，杨智和刘俊刚分别代表荆州市与鄂旅投在协议上签字。

概　　述

　　洈水水库是湖北松滋、公安和湖南澧县三县（市）人民勤劳和智慧的结晶。自建库之日起，历代建设者、管理者励精图治、实干兴库，尤其是 20 世纪 90 年代中期以来，水库管理承前启后，继往开来，砥砺前行，管理、建设、改革与发展等各项事业取得傲人的成绩。

一

　　工程管理是重点。虽然时代变迁，但洈水人"功在平日、贵在坚持"的优良传统从未改变。作为水管单位，管理局不仅制定了包括《工程检查报告制度》等在内的一系列管理办法，而且不断探索、完善了《工程目标管理考核评比制度》，形成以工程目标管理与个人承包相结合的责任制，实行按岗定员、以岗定责、按劳分配、奖勤罚懒。在此基础上，为实施有效监督，年初工管科与枢纽、灌区各工管单位和职工层层签订《工程目标管理责任书》，将目标管理逐层落实到人，明晰责任，并在月讲评、月检、半年考评及年终考评中严格兑现。

　　经过多年建设，至 20 世纪 90 年代中期，洈水灌区形成以水库为骨干，小型水利设施为基础，提灌站为补充的灌溉网络，有力促进了灌区社会经济发展。随着灌区续建配套与节水改造、大坝除险加固工程的相继实施，不仅灌区工程面貌焕然一新，而且枢纽工程常修常新，尤其是大坝管理在全国居于领先地位，成为洈水河畔一道靓丽的风景。继 2011 年水库通过国家一级水管单位省级初验，2012 年年底又一次性通过水利部组织的国家一级水管单位专家评审，成为湖北省内第三家获此殊荣的管理单位。

　　防洪是水库的主要功能之一。为不断增强其调蓄作用，兼顾防洪与兴利，更好地服务地方经济社会发展，经湖北省水利厅专家评审，1998 年 4 月 22 日以鄂水库〔1998〕90 号文批复洈水水库恢复主汛期汛限水位 93.0 米（5 月 1 日—7 月 31 日），后汛期汛限水位为 93.5 米（8 月 1—31 日）。水库防洪设计标准 500 年一遇，校核洪水标准 5000 年一遇。水库正常蓄水位 94.0 米，设计洪水位 95.16 米，校核洪水位 95.77 米，下游河道防洪标准为 20 年一遇。1996—2016 年，水库共泄洪 59 次，累计泄洪量 16.08 亿立方米，其中最大年泄洪量 2.89 亿立方米。尤其是 1998 年长江全流域大洪水中，水库主动承担风险，共拦蓄洪水 1.49 亿立方米，且抓住时机避开江河洪峰，适时小流量泄洪，8 次泄洪 2.05 亿立方米，通过发电、灌溉调洪 2.13 亿立方米，超汛限水位蓄水运行 202 小时，为长江抗洪胜利做出了重大贡献。

　　灌溉服从防洪，发电服从灌溉。在确保工程安全的前提下，管理局坚持"城镇用水优先于灌溉用水，灌溉用水优先于发电用水"，坚持灌区一盘棋，先下游后上游，按需供水，定量供水，统一调度，分级管理，实行计划用水、节约用水、科学用水。与此同时，充分发挥灌区内中小型水利设施和电灌站作用，提倡先启用灌区电灌站，向周边塘堰、河流、湖泊提水，再用中小型水库水，最后使用水库水灌溉，且限制生产用水，保障生活用水，保障水资源合理利用。

管理局在确保枢纽工程安全的基础上，采取"低水迎汛、中水保灌、高水越冬"的调度方式，正确处理防洪与灌溉矛盾，做到洪水来时有序应对，大旱之年力保丰收。1996—2016年间，放水灌溉6.73亿立方米。农业节水灌溉既满足了灌区农业生产需要，保证了农业增产增收，减轻了农民负担，又增加了水库经济效益。

为做好调度运用，1999年3月，管理局在1990年初建遥测系统的基础上，续建完成水雨情遥测系统。2009年，又对全流域站点进行重新规划和建设，建成由1个中心站、3个中继站、22个遥测站以及大屏幕显示组成的系统，站点覆盖水库上游、下游河道及灌区。自建成以来，系统运行稳定，为水库预报调度、防汛抗旱提供了准确及时的水情数据和信息，极大满足了水库防洪调度的需要。

以生态保护为底线，全力守护青山绿水。管理局认真贯彻习近平总书记"绿水青山就是金山银山"理念，坚持依法治库，加大《中华人民共和国水法》（以下简称《水法》）、《中华人民共和国防洪法》（以下简称《防洪法》）、《湖北省水库管理办法》等法律法规的宣传力度，提高洈水人依法管水、依法治水的自觉性和执法能力，增强群众爱护水利设施的意识，并依法打击和查处破坏水利设施及建筑物的违法违纪行为，同时加强水资源管理，依法保护和合理利用水资源，确保工程正常运行。由于水行政执法措施得当，水土保持、水环境保护等工作扎实有效，水库工程管理和保护范围内无违章建筑，没有挖洞、爆破、打井、开矿、弃渣等危害工程安全的活动。平时加大水库水质保护力度，每年定期或不定期进行检测，使水质达到GB 3838—2002《地表水环境质量标准》Ⅱ类水质标准。

为依法确认水库工程用地的所有权、使用权，保障运行安全，根据国家土地管理局、水利部〔1992〕国土（籍）字11号文《关于水利工程用地确权有关问题的通知》和荆州市政府《关于洈水水库运行管理有关问题协调会议纪要》精神，管理局组建洈水水利工程用地确权划界领导小组，依法对工程管理范围组织确权划界。经过3年艰辛努力，圆满完成库区、坝区、南干渠松滋段、澧干渠湖北段及北干渠确权划界工作，共办证33本，登记面积45294136.8平方米，并依据《国有土地使用证》对工程管理范围和保护范围设置明显的界桩及引人注目的标志和警示标牌。

二

水库初建、续建及加固时期，因限于当时的经济状况和施工技术水平，大坝存在安全隐患，在以后的运用过程中险情不断、渗漏严重，北副坝，主坝，孙家溪溢洪道，南、北、澧3座输水管均存在不同程度的问题。鉴于此，管理局于

2003 年 7 月委托湖北省水利水电勘测设计院承担水库大坝安全评价工作，形成《湖北省荆州市洈水水库大坝安全评价报告》。其中地勘工作由荆州华迪工程勘察院（资质为工程勘察专业类岩土工程甲级劳务类）完成，并形成《湖北省荆州市洈水水库大坝工程地质勘察报告》。2003 年 8 月，湖北省水利厅组织专家，鉴定水库大坝为三类坝，工程地质条件复杂，技术难度大。2004 年 2 月，长江水利委员会审查并通过《洈水水库除险加固工程初步设计报告》，以长建管〔2004〕95 号文做了批复，工程总投资 12032.34 万元。主要建设内容为挡水建筑物加固、泄水建筑物加固和输水建筑物加固以及南、北、澧干输水管与发电引水隧洞加固、更换闸门及启闭机等金属结构。

2005 年 10 月 1 日，水库除险加固工程开工建设，2010 年 10 月 10 日完工。工程建设严格执行项目法人制、招标投标制、项目监理制和合同管理制，始终坚持确保质量、工期和安全。工程实际到位资金 9625 万元，完成投资 9624.71 万元，土石方 15.8295 万立方米，混凝土 2.0044 万立方米，砌石 1.0362 万立方米，混凝土防渗墙 4.8355 万平方米，水泥土防渗墙 1.1319 万平方米，帷幕灌浆 0.7228 万米，钢材 589.03 吨。该项目的顺利实施，使水库防洪功能进一步增强，防洪、灌溉和发电等兴利效益全面发挥。

洈水灌区是在"文化大革命"期间边勘测、边设计、边施工的"三边"工程，资金投入少，设计标准低，施工质量差，建筑物普遍不配套，且建设年限长，严重老化损坏。尤其是土渠跑冒滴漏恶化，或严重淤塞水流不畅，导致灌溉水利用率低，损耗高。鉴于此，管理局紧紧抓住国家发展和改革委员会、水利部大型灌区老损调查的有利时机，自 1999 年起分步实施洈水灌区续建配套前期可研工程、续建配套应急可研工程、续建配套与节水改造一期、二期、三期和四期工程。截至 2016 年 3 月，共下达批复资金 21239 万元，实际完成资金 16434.19 万元，完成渠道防渗护砌 131.323 千米，泄洪闸改造 15 处；机耕桥及人行桥 81 座；改造分水口 389 处。实施渠道整险加固 17 处。完成南闸支渠、八角祠支渠、紫松支渠、王家祠支渠、纸河支渠等支渠配套建设。

国家投资，民生水利。该项目的成功实施，有效改善了洈水灌区干渠和部分支渠、斗渠的过流条件，使灌区工程严重老损和不配套的状况得到了一定改善，逐步显示出节水效果，为灌区农业丰产丰收进一步夯实了基础。

2003 年，洈水灌区被列入全国 22 个大型灌区信息化试点单位，先后建成办公局域网络、水库防洪调度、闸门远程控制和大坝安全监测等系统，达到了以信息化促进管理现代化，由传统管理向现代管理转变，基本实现水利信息化的目标。十几年的信息化建设，办公自动化系统集微机办公、数据库系统、行政事务管理系统为一体，以及后期水库信息化平台、灌区信息化平台等系统开发运用，OA 系统网页供全局各部门和全体用户用于信息及文件输入、修改和流转、阅览操作；并根据各单位和部门职能分配其各自权限，分别进行水库信息化系统中共享数据的查询，且通过局域网络实现信息发布、文件共享、数据库共享等服务以及网站建设，极大提高了办公效率，节约了人力资源。

　　洈水水库建立信息化管理平台，将建设的闸门监控系统、视频监控系统、水雨情自动遥测系统、大坝安全监测系统和洪水预报调度系统的监测数据、业务应用进行集成，统一管理。同时，平台可通过水库计算机网络实现自动化远程控制，为管理部门提供科学支持和可视化表现，为防汛期间防险、抢险提供强大信息支持。

　　洈水供电营业区运行近 20 年来，用电量不断增加，但由于资金不足等原因，导致电网无安全保障、用电质量差、电损大、电价高，阻碍了农村经济健康发展，同时农村用电管理体制也不适应农村电力发展的需要。为此，管理局党委遵照国务院〔1999〕2 号文件精神，针对供区现状，在国家农改贷款无法争取到位、可用资金不足的情况下，节省各方开支，挤出资金，并向职工集资用于农网改造。历经 3 年艰苦奋斗，2 个乡镇电管站体制改革和 33 个村的低压电网改造及部分中压线路整改工作宣告完成，以此实现了电力企业销售到户、抄表到户、收费到户、服务到户的"四到户"目标，使营销管理上的人情电、权力电、关系电逐步被电量公开、电价公开、电费公开所取代。

　　电站运行 40 余年，主厂房、升压站等土建工程破损，一次设备、二次设备及辅助设备不同程度老化，严重影响发供电灵敏性、稳定性、可靠性和安全性，且机组设备设施老化导致水能利用率降低，造成了水资源浪费。鉴于此，按照湖北省水利厅鄂水利函〔2011〕465 号《关于做好农村水电增效扩容改造试点项目前期工作的通知》要求，管理局积极申报电站增效扩容改造项目，终获通过。经过近 2 年施工，使电站装机容量由 12400 千瓦提高到 14200 千瓦，设计年发电量、水能利用率、机组综合效率均有大幅提升，而运行人员减少 31.2%，年均产值却增加 520 万元，真正达到了减员增效的预期目的。

三

　　洈水水库水、土、电资源丰富，管理局本着"经济建设是中心"的指导思想，发挥资源优势，适应市场需求，拓展经营范围，巩固发展发供电、建筑安装等支柱产业，兼顾租赁、承包经营、旅游等多种经营管理模式。

　　水力发电、供电是水库功能的重要组成部分，也是水利经济的基础产业。洈水供电营业区始建于 1971 年，由于人民生活迫切需要电力，在国家大电网尚未形成的情况下，以小水电"自发自供，余电上网"的运行格局，架设电站至西斋 6.3 千伏 5.5 千米直配线路，组建了西斋供电所。1984 年，供电所改造升压为 35 千伏变电站，形成洈水供电营业区，并得到湖北省经贸委、工商局的认可，以"荆州市洈水供电公司"企业名称获发了《供电营业许可证》。2007年，华中电监局向洈水供电营业区颁发了永久性营业许可证。水库发电、供电不仅有力地支持了地方经济发展，也增强了自身经济活力。1996—2016年，累计发电88573.75万千瓦时，供电70477.35万千瓦时，上网45741.32万千瓦时，累计收入近38293.44万元，上缴税金3576.01万元。

建筑安装源于20世纪90年代初水库内部机构改革时组建的荆州市洈水水利建筑安装工程公司，现已发展为全民所有制水利水电总承包二级、房屋建筑总承包二级企业。多年来，无论建筑市场风云如何变幻，公司始终稳打稳扎，对内搞好经营基础工作，完善企业基础资源，打造优秀职工团队；对外严格施工管理，追求诚信经营，讲究质量为本。尤其是近年来，公司大胆创新内部管理机制，优化薪酬激励办法，并抢抓国家加大水利基础设施投入的良好机遇，踊跃参与市场竞争，不仅省内业务得到巩固，而且积极向湖南、安徽和江西等地拓展业务，年中标金额过亿元。2016年经济收入2.04亿元，累计上缴利税近4300万元。随着水库整体并入鄂旅投，公司业务范围进一步拓宽，建筑安装工程收入正在成为洈水经济发展的新引擎。

渔业养殖生产是水库综合经营的主要项目之一。1996—2003年水库大水面渔业生产采取"库群联营"方式，并组建渔政管理机构，兴建渔港，得到荆州市人民政府的确认和农业部的公布。从2004年起，水库以私营租赁方式进行大水面集约化养殖经营。2015年大水面承包经营提前终止，再次由养殖场管理和经营，完全实现绿色保水养殖，逐步恢复洈水鱼品牌，商品鱼远销省内及北方省区，深受消费者欢迎。2016年投放鱼种13万千克，实现成鱼销售收入560万元。

柑橘是水库种植业的主要项目。1996年共有种植面积400亩，随着旅游业发展，水电站、李家河和大坝部分柑橘地被征用，种植业大大萎缩，近年来种植面积不足250亩，柑橘产量不到20万千克。1996年以来，种植业采取内部职工承包经营方式。

水库的生活供水企业主要有两家，即荆州市洈水供电公司南闸水厂和松滋市自来水公司（厂）。其中，南闸水厂为管理局自建自营的自来水厂，源于1994年成立的供水站。2003年，供水站并入新成立的供电公司。2010年以后纳入农村安全饮水建设项目。2014年改为现名，供水规模和范围不断扩大。松滋市自来水公司从水库抽取天然水供应松滋城区及沿途8个乡镇近40万人，其名为"引洈济城"工程。2015年年底项目完工，2016年3月通水。

四

1996年，水库管理机构名称沿用1994年荆沙市政府荆沙政发〔1994〕41号文批准的"荆沙市洈水工程管理局"，一年后，随着荆沙市更名荆州市，单位更名为"荆州市洈水工程管理局"。1998年，荆州市事业单位机构改革，市编委以《关于印发〈荆州市洈水工程管理局机构改革方案〉的通知》（荆机编〔1998〕187号）文件规定，管理局为正县级事业单位，隶属荆州市水利局领导，核定事业编制450名，所需人员经费自收自支。

多年来，管理局把党建放在心上，扛在肩上，抓在手上，落实在行动上，推进全面从严治党，坚持党委集体领导、个人分工负责的管理体制，实行重大事项广泛征求意见、民主决策。加强和改善党的领导，注重领导班子自身建设，并广泛团结和带领全局干部职工认真学习贯彻马克思列宁主义、毛泽东思想、邓小平理论、"三个代表"重要思想、科学发展观、习近平新时代中国特色社会主义思想，深入持续开展党的先进性教育、党的群众路线教育、政风行风评议和"两学一做"等活动，使党建工作内化于心、外化于行、固化于制、强化于果。

队伍建设是根本。通过多年建设与管理实践，管理局党委总结提炼并向全局干部职工倡导"团结奋进，改革创新，科学管理，实干兴库"的洈水精神，保持洈水人自力更生、艰苦创业的革命本色，以推动洈水事业走向一个又一个胜利。管理局还以人才培养为重心，持续激发内生动力，采取"送出去、请进来"的方式，有计划组织职工业务学习与培训，不断改善职工队伍知识结构，提高科技文化水平和业务技能。2016年局班子成员7名，中层干部50名，专业技术人员71名（其中高级2名、中级24名、初级45名），工人技师37名，工人持证率100％，基本形成一支门类齐全，有较高政治思想素质和业务技术水平的干群队伍。

建库以来，管理局始终坚持以人为本，以制度管人育人，大力建章建制、立约立规，不仅建立健全包括工程管理、水利水电、建筑安装等在内的行业操作规程、劳动纪律及道德规范等计130余种，还修订整理《职工必读》《规章制度汇编》，使干群言行有章可循、有据可依，有效保证了全局安全稳定运行。

历经天华成此景，人间万事皆艰辛。精神文明建设是一项长期的系统工程，管理局党委坚持"两手抓、两手都要硬"，在加强工程管理、努力发展经济的基础上，大力实施民心工程，改善职工福利，兴建职工住宅楼18栋，并优化生活水平，打造宜居环境，在住宅小区添置健身器材和体育设施，创办花园式单位和园林式工程。管理局适应形势发展，不断满足职工日益增长的生活需要，坚持开源节流、增收节支，不仅让全员进入社会基本养老保险和医疗保险，还解决住房公积金待遇，切实维护职工根本利益。

在文明创建活动中，管理局工会、团委充分发挥桥梁纽带和助手作用，组织带领广大职工、团员青年以及离退休老同志积极参加社会主义荣辱观、社会公德、家庭美德、职业道德、爱国主义、集体主义、社会主义和形势教育以及元旦迎春长跑、"三八"妇女节、"五四"青年节、国庆文艺演出和职工知识竞赛、演讲比赛、门球、乒乓球、羽毛球赛等群体活动，增强单位凝聚力，营造文明和谐氛围。长此以往，沮水人办沮水事，局兴我荣，局衰我耻，在全局蔚然成风；知荣辱，讲文明，促和谐，更成为沮水人的自觉行为。

五

改革才有出路，发展是硬道理。改革开放以来，管理局党委一直高举改革大旗，积极投身改革洪流，并以改革为抓手，不断探索事业单位发展新模式，大力促进管理水平提高、经济效益提速、社会效能提升。

1998 年事企分开改革：1998 年，管理局在 1993 年内部改革基础上对管理体制进行较大调整，成立荆州市沮水水利产业总公司，实行"两块牌子、一套班子"管理模式。总公司下设综合部、财务部、业务部，管理电站、供电所、建安公司、养殖场、特养场、沮水宾馆、培训中心、物业中心、供水站和加油站共 10 个生产经营单位。1999 年，根据运行实际，沮水水利产业总公司科室与管理局科室整合。2000 年，总公司更名为荆州市沮水供电公司。

水管体制改革：2003 年，管理局启动《水利工程管理单位岗位设置标准》，对枢纽和灌区工程管理岗位进行人员测算。2005 年，按照《国务院办公厅转发国务院体改办关于水利工程管理体制改革实施意见的通知》精神，荆州市编委明确管理局为准公益性事业单位，核定事业编制 260 人，人员经费纳入财政预算，近期实行财政监管、以收抵支。

管理局领导班子聘任选任：为加快推进事业单位人事制度改革，2005 年，荆州市委组织部根据《荆州市市直事业单位领导人员聘任选任管理暂行办法》（荆组〔2004〕1 号）进行管理局领导班子聘任选任试点。本次聘任选任打破以往上级党委和组织部门直接任命班子成员的惯例，以聘任选任大会为重心，采取民主测评、民主推荐、组织考察、集体审查、竞聘演讲、投票、宣布结果、签订聘书的程序进行，对班子成员、党委委员和纪委委员进行选举投票，空缺职位实行差额，其他职位实行等额。2009 年 10 月和 2013 年 5 月，管理局党委班子、行政领导班子和纪委班子也按此模式产生，效果良好。

中层干部竞聘：在局领导班子聘任选任的基础上，管理局党委积极推进事业单位人员聘用制度改革，打破身份与待遇界限，形成人员能进能出、职务能上能下、待遇能升能降、优秀人才脱颖而出、充满生机与活力的用人机制。2006 年 3 月和 4 月，管理局中层干部和中层以下职工分别按竞争上岗产生，全局第一次全员签订事业单位聘用合同。2009 年 12 月和 2013 年 12 月，管理局也按此模式实行中层干部和中层以下职工竞聘上岗，逐渐形成较好的人才选拔机制。

专业技术和工勤技能岗位竞聘：2010 年事业单位实行岗位设置审核制，至

2016 年，管理局设置领导班子成员、正科、副科、专业技术和工勤技能等岗位。岗位设置后，用人单位不得突破设置上限。为提高一线技术工人待遇，激发职工学技术、争一流的积极性，管理局积极向上级人事部门和主管部门反映问题，经荆州市人社局同意实施《管理局专业技术和工勤技能岗位竞聘实施方案》。2014 年 7 月，竞聘大会通过竞聘演讲、现场打分、公布结果等程序，竞聘专业技术岗位和工勤技能岗位人员。从竞聘及竞聘后几年的工作实际看，此举达到预期效果，得到干群一致肯定。

六

水库旅游资源得天独厚，建成伊始就吸引了无数文人墨客的目光，群众也经常三五成群，结伴观赏游玩。改革开放以后，特别是 20 世纪 90 年代中期以来，松滋市委、市政府大力开发洈水旅游，水库适时兴起宾馆旅游业，并参照二星级宾馆标准，不断改善硬件设施，提升服务质量。进入 21 世纪，继被水利部批准为国家级水利风景区后，水库又被鄂西生态文化旅游圈投资有限公司纳入发展规划，注册成立"湖北洈水旅游发展有限公司"，并在规划编制、项目开发和旅游管理等方面做了大量工作，使洈水旅游呈现出快速发展的良好态势。

为充实鄂旅投国有资本金，壮大资产规模，使其更好地履行投融资平台职能，湖北省政府下发了《省人民政府办公厅关于印发三库五场两宾馆国有资产资本划转方案的通知》（鄂政办函〔2009〕91 号），将洈水水库资产整体划转到鄂旅投。随即，湖北省国资委会同省水利厅专程到洈水开展调研，摸清水库运行管理、资产结构和人力资源等基本情况。2014 年，湖北省国资委决定将洈水水库整体上收到鄂旅投。管理局党委一方面积极到各有关部门摆明问题、争取职工权益，一方面广泛征求全局干部职工意见。由于领导重视、充分民主，管理局上下最后形成"整体上收鄂旅投"的一致意见。

2016 年 3 月，鄂旅投与荆州市政府签订协议，标志着洈水水库正式整体划转到鄂旅投。移交后，管理局与鄂旅投全资子公司——湖北洈水投资发展集团有限公司合署办公，实行"局司一体""两块牌子、一套班子"的管理模式，这必将有利于整合洈水旅游资源，实现洈水旅游统一开发，不仅有力促进洈水旅游事业大发展，而且为水库自身建设与管理带来前所未有的良好契机。

七

"为有牺牲多壮志，敢教日月换新天。"60 年栉风沐雨，60 年励精图治，洈水水库各项事业取得长足进步，《中国水利报》多次报道水库抗旱、水环境治理等工作。管理局先后被水利部评为先进管理单位、部一级管理单位、全国先进灌区、先进集体和全国大型灌区精神文明建设先进单位，被评为湖北省农业先进单位、湖北省农口系统先进水电站和荆州市综合经营先进单位、文明单位和抗旱工作先进单位、全国绿化造林四百佳、湖北省绿化造林百佳和全省造林灭荒先进单位，被授予国家水利风景区荣誉称号等，连续 7 届荣获湖北省最佳文明单位称号，被松滋市委、市政府授予社会治安综合治理先进单位。

水库自身发展态势良好。库区山清水秀，气候宜人，优越的小气候，恬静的环境和辽阔的水面，奇特的溶洞群，自然、人文景观融为一体，吸引不少中外游客考察、参观旅游。水库灌区人民在各级党委和政府的领导与关怀下，经过自己的努力，根本改变贫困落后面貌，正在由温饱生活向全面建设小康社会的道路上阔步前进。

洈水日夜流，慷慨歌未央。开启新征程，铸造新辉煌。洈水人定当不忘初心，牢记使命，深入贯彻"防洪与兴利兼顾，管理与开发并举"的思路，继续弘扬洈水精神，适时转变发展观念，与时俱进，开拓创新；水库必将肩负洈水担当，展现洈水作为，发挥更好的经济效益、生态效益和综合效益，在新时代中国特色社会主义道路上谱写更加恢弘壮丽的篇章。

第一章

工程运行管理

工程管理一直是洈水水库的重中之重，20 世纪 90 年代，管理局就荣获水利部一级水管单位称号。虽然时代变迁，但洈水"功在平日、贵在坚持"的优良传统没有变，并在此基础上，不断探索、完善工程目标管理模式，取得良好效果。自 1999 年以来，相继实施灌区续建配套与节水改造及水库除险加固工程，不仅工程面貌焕然一新，而且逐步发挥显著的社会效益和经济效益。

第一节 枢 纽 工 程 管 理

一、工程总体概况

洈水水库位于湖北省松滋市西南部洈水镇，距松滋市城区约 37 千米。坝址位于洈水河中游，控制流域面积 1142 平方千米。水库加固复核总库容 5.12 亿立方米，是一座以灌溉为主，兼有防洪、发电、养殖、航运、供水等综合效益的大（2）型水库。复核防洪标准为 500 年一遇洪水设计，5000 年一遇洪水校核；水库正常蓄水位 94.0 米，设计洪水位 95.16 米，校核洪水位 95.77 米。防洪库容 0.504 亿立方米，调洪库容 1.056 亿立方米，兴利库容 3.09 亿立方米，死库容 1.33 亿立方米。工程分枢纽和灌区两大部分：枢纽工程由 1640 米主坝，14 座全长 7328 米南、北副坝，木匠湾、孙家溪两座正常溢洪道，装机 4 台、总容量 14200 千瓦水电站和南、北、澧输水管等九大建筑物组成；灌区工程由总长 263 千米的南、北、澧 3 条干渠组成，灌溉湖北松滋市、公安县和湖南澧县，设计灌溉面积 52 万亩，有效灌溉面积 50 万亩。

1. 大坝

洈水水库大坝呈 S 形，全长 1640 米，坝顶宽 9.00 米，坝顶高程 98.25 米，防浪墙顶高程 99.5 米，最大坝高 42.95 米。坝顶设有块石混凝土防浪墙，墙顶高程 99.5 米，墙厚 0.6 米。大坝由上至下迎水面坡比为 1:2.5、1:3.0、1:3.5、1:4.0，在高程 79.0 米处设 2.5 米宽平台一道；背水面坡比为 1:2.5、1:2.75、1:3.0、1:3.5、1:3.9，高程 77.0 米处设 7.00 米宽的平台兼交通道路；大坝迎水面为干砌块石护坡，背水坡为草皮护坡。大坝下游河床部分设有堆石反滤坝，反滤坝坝顶高程为 69.0 米。其在河滩部分（高程 67.0 米以上）为平铺反滤层，其他部位作堆石反滤管导入反滤坝内；高程 69.0 米以上、高程 77.0 米以下设有表层排水。

1960 年，大坝按经济断面完成拦洪后，当年就出现了 4 处渗漏，1970 年库水位达 93.23 米时，主、副坝均出现较严重的渗漏，其中主坝 42 处、南副坝 13 处、北副坝 6 处。1975—1976 年对大坝进行了除险加固，但限于当时的经济状况和施工技术水平，仅加固严重渗漏地段，大坝渗漏问题并未彻底根治。

2005 年，洈水水库除险加固工程对大坝 0＋038—1＋450 共 1412 米采用 60

厘米厚混凝土防渗墙防渗处理，最大防渗墙深44米，完成浇注墙体4.78万平方米；主坝南坝端0＋000—0＋038、北坝端1＋450—1＋640采用帷幕灌浆防渗处理；主坝1＋450—1＋640按照浸润线出溢高程高于地面部分增加干砌石贴坡排水；重新修建坝顶及坝下防汛公路等。经除险加固后，水库工程面貌得到明显改善。原有渗漏、散浸等隐患得到根治、坝坡散浸消失、坝基各渗漏点每日观测渗漏量数值较加固前明显减小，加固效果明显。

2. 南副坝

位于主坝东南端大岩嘴至南大山脚一带比较平缓的丘陵地带，由4座黏土均质坝组成。坝顶高程98.0米，坝址地面高程一般为90.0米，最低为89.0米，最大坝高9.00米；坝顶总长为2268.00米，坝顶宽7.50～8.50米；坝顶设有块石混凝土防浪墙，墙顶高程99.50米，墙厚0.60米；南副坝迎水面坡比为1：2.75～1：3.03，背水面坡比为1：2.0～1：2.47；南副坝迎水面砌有0.4米厚的干砌块石护坡，背水面为草皮护坡。

2001年5月，南1号副坝水位在90.00米以上有110米的散浸；南2号副坝有集中渗漏，在1＋250断面（高程91～91.5米）处发现有直径2米、深度1.5米的跌窝；另外，南副坝下游无坡面排水及反滤设施，安全监测设施不完善及防汛公路路况差等情况。

水库除险加固工程对南1号副坝、南2号副坝采用水泥土深搅防渗墙防渗处理，共完成防渗面积9185平方米。在南1号副坝埋设5个断面20个渗压计。

3. 溢洪道

水库泄水建筑物由孙家溪、木匠湾两座正常溢洪道组成。

（1）孙家溪溢洪道：位于主坝北端500米处，1965年动工兴建，1968年投入运行，为3孔3扇钢质弧形闸门控制的实用堰型溢洪道。1968年7月6日，即当年第五次泄洪时，启闭机中孔主轴因质量低劣折断，于1971年将3台启闭机全部更换；1970年，中孔闸门上部扭曲后移位23厘米，于1975年更换闸门。

因其质量先天不足，虽经多次维修仍存在较多安全隐患。如：左、右边墩、支座牛腿处、溢流堰和公路桥左、右引桥拱圈存在多处裂缝，其中有贯通性裂缝和深层裂缝；溢流堰与左、右边墩存在较大面积的蜂窝麻面和露筋现象；闸门主要构件单薄，闸门及侧轨底部局部锈蚀严重、焊缝质量较差；支座底板上的螺帽只栓入2/3左右，弧门启闭机启闭力不够且在启门有振动现象，威胁弧门的安全运行。

为彻底消除安全隐患，水库除险加固工程对孙家溪溢洪道进行了拆除重建，工程于2005年10月开工，至2006年12月结束。建成后，堰顶高程仍为84.00米，1.5米厚混凝土护面浆砌块石实用堰，每孔净宽12米，中、边墩宽1.70米。在距堰顶下游2.923米设有3扇12米×11.20米（宽×高）钢质弧形闸门，用 3 台 2×40 吨的弧门卷扬机启闭。溢洪道设计泄洪流量 2432 立方米每秒；校核泄洪流量 2670.00 立方米每秒。

（2）木匠湾溢洪道：位于主坝以北、电站至孙家溪之间的山垭处，1975 年 11 月动工兴建，1982 年 8 月投入运行。经多年运用，溢流堰存在蜂窝麻面和 3 条裂缝，其中有一条顺水流方向深层裂缝和一条过闸室底槛贯穿至上游的顺水流方向裂缝；闸门及侧轨底部锈蚀严重，焊缝焊高普遍不足且存在严重塞焊情况；中孔弧门支铰转动不灵活，有强烈振动现象及异常响声，右支臂底板与支座上的螺帽只栓入 2/3 左右，威胁弧门的安全运行；启闭机已超过折旧年限，存在较大安全隐患。

木匠湾溢洪道加固工程于 2005 年 10 月开工，至 2009 年 9 月完工。主要内容为闸门预应力锚索加固 18 根、锚杆 215 根、启闭机房主梁碳纤维加固 413 平方米、溢流堰裂缝环氧砂浆填缝、下游泄洪出口山体喷混凝土、启闭机房拆除重建、启闭机及弧形闸门更换等。加固后，木匠湾溢洪道设计泄洪流量 2138 立方米每秒，校核泄洪流量 2373 立方米每秒。

4. 北副坝

北副坝全长 5060 米，由 10 座心墙代料均质坝组成，坝顶高程 98.00 米，坝顶宽 4.00～5.70 米，最大坝高陷马池副坝 14.00 米，坝顶未设防浪墙。原茅屋湾、学屋湾副坝坝体欠高 0.583 米，当水位达 91.0 米以上时，学屋湾副坝药室漏水严重。

水库除险加固按 5000 年一遇洪水校核，取消茅屋湾、学屋湾非常溢洪道，将两座副坝药室混凝土封堵；对副坝坝体进行加高培厚，坝顶加高至 98.0 米，宽 5.0 米，完成土方回填 9540 立方米。北陷马池、肖家岭副坝因渗漏严重采用水泥土深搅防渗墙防渗处理，完成防渗面积 2133 平方米；另外，主坝 1＋640 向外山体延伸 100 米，发电洞、野鸡洼副坝采用帷幕灌浆防渗处理。

二、管理机构

根据其管理范围，枢纽工程管理机构设置南副坝管理所、大坝管理所、溢洪道管理所、北副坝管理所四个工程管理单位，全部为正科级建制。

三、职责要求

《管理局规章制度汇编》中对工程管理各单位的职责要求有明确规定，具体如下。

1. 大坝管理所

主要负责大坝 0＋000—1＋640、禁脚、保护范围内的管理及白蚁防治日常工作（图 1-1）。

（1）工程管理。

1）认真贯彻执行《水法》及有关水库管理办法。

图 1-1　大坝管理所

2）开展经常性的检查与观察工作，切实保护好所辖管理范围和禁脚保护范围，防止工程设施的损坏和树木的随意柯砍盗失。大坝及禁脚保护范围内严禁爆破、打井、采石、挖砂、取土、建坟、建房、烧窑等违章现象；严禁在库内96.12米以下消落区内开垦，乱填乱挖等导致水库淤积的行为。发现问题及时汇报、及时处理。检查与观察要做到定人定责，并做好记录。

3）做好工程日常养护维修，要求做到路面无坑洼、背坡无高杆、护坡无散石、沟涵无阻塞、坝面无牛粪垃圾，雨天及坝面未干时禁止牛羊上坝；搞好工程安全保卫。

4）所辖范围内的小型维修随坏随修。大型土石方维修和其他项目维修要按时编报计划经审批后，方能施工；施工时，必须按计划保质保量按时完成；工程竣工后，需经过验收后方可结账。

（2）工程观测。

1）渗流量、渗压安全监测系统观测须做到"五不"：不掉次、不延时、不漏点、不误数、不伪造数据。观测一般情况每天一次（9：00前），特殊情况下每天两次以上；渗压安全监测系统观测完毕后应切断电源。

2）做好大坝位移观测。

3）按规定做好观测资料分析、整编、上报和归档工作。

（3）防汛。按照汛期要求，做好防汛值班和防汛检查，发现工程异常和一切可疑迹象要及时报告和处理；做好防汛抢险工作。

（4）白蚁防治。

1）认真开展白蚁防治工作，切实搞好白蚁普查、埋桩引诱等工作，主坝要求至少汛前、汛中和汛后各普查一次，南、北副坝至少在汛前和汛中各普查一次；积极采取防治措施，彻底消除主、副坝的白蚁隐患。

2）写好白蚁普查小结和防治总结，并做好相关资料的收集归档。

（5）信息化管理。

1）信息化管理：认真执行《公用计算机及机房管理办法》，加强信息化设备管理，严格执行操作规程，做好设备运行记录；发现问题及时汇报处理。

2）加强业务学习，熟练掌握信息化设备的操作和资料管理。

（6）其他日常工作。

1）加强职工政治思想教育，认真遵守国家法规及局内各项规章制度，按管理局统一部署抓好政治、时事、法制及业务学习。

2）做好工程计划、工程检查、防汛检查等资料的收集整理、归档工作。

3）所内每天须有人值班，值班人员做好所内安全保卫、电话值守等工作。

4）加强财务管理，严格财经纪律。财务手续要齐全，做到专款专用、计划控制、紧缩开支，账务账目做到日清月结，不得弄虚作假、设账外账，至少每季度公开一次。

5）热情接待来访办事客人，妥善处理周边关系。

6）搞好后勤管理，改善职工生活，讲究清洁卫生，美化所内环境。

7）积极完成管理局党委、局领导交给的其他工作任务。

2. 南副坝管理所

主要负责从自记水位台至大岩嘴水泥厂全长 2268 米的南副坝及南、澧两个输水闸和南干渠渠首至铁路桥（0＋000—3＋468）的工程设施和禁脚及保护范围内的管理。

（1）工程管理。

1）认真贯彻执行《水法》及有关水库管理办法。

2）开展经常性的检查与观察工作，切实保护好所辖管理范围和禁脚保护范围，防止工程设施的损坏和树木的随意柯砍盗失。大坝及禁脚保护范围内严禁爆破、打井、采石、挖砂、取土、建坟、建房、烧窑等违章现象；严禁在库内96.12 米以下消落区内开垦，乱填乱挖等导致水库淤积的行为。发现问题及时汇报及时处理。检查与观察要做到定人定责，并做好记录。

3）做好工程日常养护维修，要求做到路面无坑洼、背坡无高杆、护坡无散石、沟涵无阻塞、坝面无牛粪垃圾，雨天及坝面未干时禁止牛羊上坝；南干渠要求做到渠内无高杆，堤面无大的坑洼，小沟入渠应疏通，截流沟无严重堵塞；闸室做到设备齐全，外观整洁，闸门及启闭机械、电源、动力等设备运行正常，启闭灵活，安全可靠；搞好工程安全保卫。

4）所辖范围内的小型维修随坏随修。大型土石方维修和其他项目维修要按时编报计划经审批后，方能施工；施工时，必须按计划保质保量按时完成；工程竣工后，需经过验收后方可结账。

5）机电设备维修养护。有机电设备维护制度并明示；仪器、设备应指定专人管理养护；要求运用灵活，安全可靠；机房干净整洁；有维修养护记录。

（2）防汛与抗旱。

1）按照汛期要求，搞好防汛值班和防汛检查，发现工程异常和一切可疑迹象要及时报告和处理；搞好防汛抢险工作。

2）积极协助和督促有关用水者协会抓好支渠以下的维修和整险，协助抓好蓄水保水、计划用水、节约用水，并经常掌握支渠以下渠道的变化情况；每年灌前协助搞好需水和作物种植情况调查；年底要协助有关用水者协会摸清当年灌溉面积增减及灌区各类作物的产量情况。

3）灌溉期间认真执行调度指令，随时掌握灌区干旱及用水情况，协助用水调度及水量平衡工作。

4）灌溉期间按要求测流，渠内水位变化幅度较大时要随时加测，每天8：30前向工管科报告渠内水位及测流情况；测流要求操作方法规范、计算准确、数据可靠，并做好记录；对流速仪应设专人经常保养。

5）放一次水，算一次账，停水后要按时将测流结果、自记水位曲线、水位流量关系曲线、水量计算底稿带齐后到工管科汇总。

6）灌溉后搞好抗旱工作总结。

7）负责农业水费收缴工作。

（3）白蚁防治与渗流观测。

1）认真开展白蚁防治工作，积极协助白蚁防治小组搞好白蚁普查、药物杀灭及灌浆处理等工作。

2）高水位期对副坝渗流点观测要定时、定人，并做好记录。

（4）信息化管理。

1）信息化管理：认真执行《公用计算机及机房管理办法》，加强信息化设备管理，严格执行操作规程，做好设备运行记录；发现问题及时汇报处理。

2）加强业务学习，熟练掌握信息化设备的操作和资料管理。

（5）其他日常工作。

1）加强政治思想教育，认真遵守国家法规及局内各项规章制度，按管理局统一部署抓好政治、时事、法制及业务学习。

2）做好水位、流量、水账结算、工程计划、工程检查等资料收集整理、归档工作。

3）所内每天须有人值班，值班人员做好所内安全保卫、电话值守等工作。

4）加强财务管理，严格财经纪律。财务手续要齐全，做到专款专用、计划控制、紧缩开支，账务账目做到日清月结，不得弄虚作假、设账外账，至少每季度公开一次。

5）热情接待来访办事客人，妥善处理周边关系。

6）搞好后勤管理，改善职工生活；讲究清洁卫生，美化所内环境。

7）积极完成管理局党委、局领导交给的其他工作任务。

3．溢洪道管理所

主要负责孙家溪、木匠湾正常溢洪道，茅屋湾、学屋湾非常溢洪道及北副坝0＋000—2＋790（即北闸村提灌站）等工程和禁脚及保护范围内的管理。

（1）工程管理。

1）认真贯彻执行《水法》及有关水库管理办法。

2）开展经常性的检查与观察工作，切实保护好所辖管理范围和禁脚保护范围，防止工程设施的损坏和树木的随意柯砍盗失。大坝及禁脚保护范围内严禁爆破、打井、采石、挖砂、取土、建坟、建房、烧窑等违章现象；严禁在库内96.12米以下消落区内开垦，乱填乱挖等导致水库淤积的行为。发现问题及时汇报及时处理。检查与观察要做到定人定责，并做好记录。

3）做好工程日常养护维修，要求做到路面无坑洼、背坡无高杆、护坡无散石、沟涵无阻塞、坝面无牛粪垃圾；闸室做到设备齐全，外观整洁，闸门及启闭机械、电源、动力等设备运行正常，启闭灵活，安全可靠；搞好工程安全保卫。

4）所辖范围内的小型维修随坏随修。大型土石方维修和其他项目维修要按时编报计划经审批后，方能施工；施工时，必须按计划保质保量按时完成；工程竣工后，需经过验收后方可结账。

5）机电设备维修养护。有机电设备维护制度并明示；仪器、设备应指定专人管理养护；要求运用灵活，安全可靠；机房干净整洁；有维修养护记录。

（2）工程观测。

1）渗流观测须做到"五不"：不掉次、不延时、不漏点、不误数、不伪造数据。

2）测压管观测，非汛期10天一次，汛期5天一次，特殊情况要加测，应做到观测精度高，记录资料完整整洁。

3）观测资料应按要求分析、整编、上报和归档。

（3）防汛。

1）按照汛期要求，搞好防汛值班和防汛检查，发现工程异常和一切可疑迹象要及时报告和处理；搞好防汛抢险工作。

2）严格执行防汛抗旱调度指令，按操作规程安全操作，启闭准确及时，并做好启闭记录。

3）备用电源发电机组要求汛期10天试运行一次，非汛期1个月试运行一次，启动后5分钟内能带动负荷。

（4）白蚁防治。认真开展白蚁防治工作，积极协助白蚁防治小组搞好白蚁普查、药物杀灭及灌浆处理等工作。

（5）信息化管理。

1）信息化管理：认真执行《公用计算机及机房管理办法》，加强信息化设备管理，严格执行操作规程，做好设备运行记录；发现问题及时汇报处理。

2）加强业务学习，熟练掌握信息化设备的操作和资料管理。

（6）其他日常工作。

1）加强政治思想教育，认真遵守国家法规及管理局内各项规章制度，按管理局统一部署抓好政治、时事、法制及业务学习。

2）做好工程计划、工程检查、溢洪道启闭调度等资料的收集整理、归档工作。

3）所内每天须有人值班，值班人员做好所内安全保卫、电话值守等工作。

4）加强财务管理，严格财经纪律。财务手续要齐全，做到专款专用、计划控制、紧缩开支，账务账目做到日清月结，不得弄虚作假、设账外账，至少每季度公开一次。

5）热情接待来访办事客人，妥善处理周边关系。

6）搞好后勤管理，改善职工生活，讲究清洁卫生，美化所内环境。

7）积极完成管理局党委、局领导交给的其他工作任务。

4．北副坝管理所

主要负责北副坝 2＋790—5＋060 和北干渠渠首 1 千米等工程和禁脚及保护范围内的管理，其他管理要求同南副坝。

四、负责人

工程管理单位历届负责人名单见表 1－1～表 1－4。

表 1－1　　　　　大坝管理所 1996—2016 年历届负责人名单

序号	所长	任职时间（年）	副所长	总人数
1	刘家德	1996—1998	何绍东	8
2	李成名	1999—2000	何绍东	8
3	朱　峰	2001—2002	何绍东	8
4	陈祖明	2003—2005	何绍东	9
5	夏训道	2006	何绍东	9
6	张远波	2007—2009	何绍东 佘　龙	9
7	吴林松	2010—2013	佘　龙	9
8	陈　亚	2014—2016	刘定保	8

表 1-2 南副坝管理所 1996—2016 年历届负责人名单

序号	所长	任职时间（年）	副所长	总人数
1	成德万	1996—1997	李永万	9
2	陈代祥	1998—2001	伍发元	10
3	许汝春	2002	伍发元	9
4	伍发元	2003—2014	黄元华	10
5	陈文军	2015—2016	刘绍杰	9

表 1-3 北副坝管理所 1996—2016 年历届负责人名单

序号	所长	任职时间（年）	副所长	总人数
1	韦德雄	2007—2009	任泽平	5
2	任泽平	2010—2016	刘中华 刘爱华	4

表 1-4 溢洪道管理所 1996—2016 历届负责人名单

序号	所长	任职时间（年）	副所长	总人数
1	镇真广	1996—1998	朱 峰	9
2	曾 平	1999—2003	吴林松	8
3	吴值泉	2004—2005	吴林松	9
4	张远波	2006	张兴华	8
5	张兴华	2007—2016	张远智	8

五、工程观测

浼水水库自建库以来就高度重视工程监测，先后设置并开展了大坝变形观测、水库淤积观测、大坝渗流量观测、大坝渗压（测压管）观测、应力应变监测等，并积累了大量的观测、监测资料，为保证工程运行安全提供了可靠依据。

1. 观测项目概况

（1）大坝变形观测。大坝变形观测包括竖向位移（沉陷）和水平位移。

1976 年，浼水水库加固施工完毕后，大坝变形观测点逐步设置完毕，1977 年开始连续观测。水库水平、沉陷观测共分 A、B、…、5 个纵断面 17 个横断面，共 98 个观测点，其中沉陷观测点 23 个，水平位移观测点 55 个，工作基点 10 个，校核基点 10 个。

在观测上，因水库停建、续建，自 1977 年才有连续资料，施工和竣工期因漏测无实测资料。1983 年前，采用的是等外级水准测量，故其仪器精度和观测精度均未达到规范要求。

浼水水库除险加固期间，水库大坝沉陷及水平位移观测点遭到损坏，观测暂停。2009 年，水库除险加固 X 标，根据 SL 60—94《土石坝安全监测技术规范》及湖北水利水电勘测设计院施工图纸，对水库大坝水平及沉陷观测点进行重新布设。见图 1-2～图 1-4。

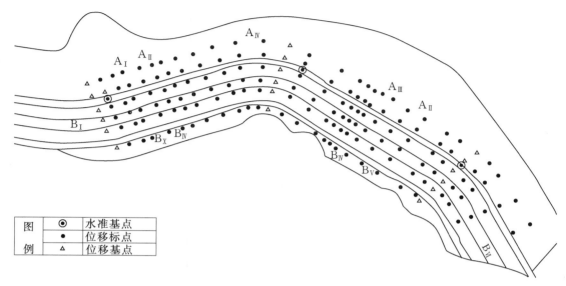

图	⊙	水准基点
例	●	位移标点
	△	位移基点

图 1-2　大坝观测设施平面布置图（0+744）

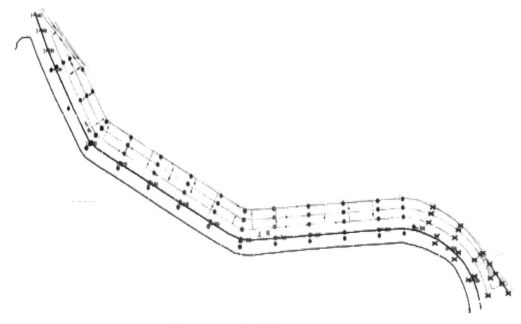

图 1-3　加固后测点平面布置图

　　大坝外部变形观测在主坝共设置 17 个观测断面，埋设观测点 88 个。其中观测墩 10 个，水平观测点 55 个，沉陷观测点 23 个，水平观测点可同时兼作沉陷观测点。孙家溪溢洪道及木匠湾溢洪道在启闭机房平台各设置水平、垂直观测标

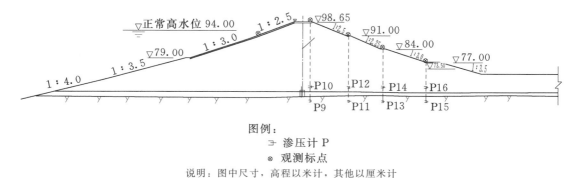

图例：
⊐ 渗压计 P
⊗ 观测标点
说明：图中尺寸，高程以米计，其他以厘米计

图 1-4　0+744 断面观测仪器布置图

点 5 个，在两岸山体设置固定混凝土观测墩 2 个。所有观测墩及水平观测点均为强制对中盘，专用移动站牌观测，精度较改造前有了质的飞跃。

（2）主坝、南副坝渗压观测。浍水水库渗压监测系统自 2003 年开始组建，2009 年对系统进行了相应修补及改造。目前，在主坝及南副坝共设置了 14 个观测断面，埋设 96 只渗压计。监测系统平面布置图如图 1-5 所示。

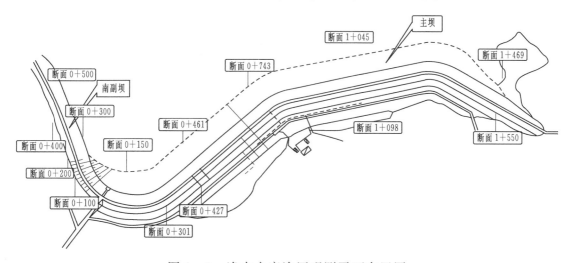

图 1-5　浍水水库渗压观测平面布置图

系统监测设备采用南京水利科学研究院生产的 GKD 型钢弦式孔隙水压力计，它是通过实测振弦的频率换算从而得到渗流压力。通过实测坝体内部的渗流压力水头再加上渗压计的埋设高程得到渗压水头。该系统配合相应数据采集系统，实现了数据的实时采集及初步分析。按照日常管理要求，渗压观测一般要求每天定时观测一次，高水位及库水位变化较大等特殊情况下，加密观测。

（3）大坝渗流量观测。大坝渗流量观测一直是浍水水库重点观测项目，自 1978 年开始观测，共有 7 个渗流量观测点，分别是 1～3 号、11 号、13 号、14 号、15 号、36 号和 35 号。渗流量观测初期采用三角量水堰测量，现在因渗流量减小，改用容积法，即用量杯配合秒表测量单位时间内观测点的平均渗水量。渗流量观测一般情况下每天观测一次，高水位及库水位变化较大等特殊情况每天两次。

（4）应力应变监测。该系统于2007年开始兴建，现已在孙家溪溢洪道弧门支座、边墩和底板上布置两向应变计12组，无应力计4只，钢筋计8只，并配套相关数据采集系统，实现了数据的实时采集。2010年，利用维修养护资金对数据采集系统进行了升级改造。

（5）淤积观测。水库淤积观测自1977年始，每两年初春测量，共布设6个控制断面，分别位于颜家洲、茶家湾、清潭湾、云台观、二郎州、黑山嘴。每个断面设置1～2个基准点，然后两点一线等距离（4米）测量水深，未淹没滩地采用水准仪测量地面高程，绘制库底淤积曲线。通过比较历年淤积曲线可了解该断面的淤积情况。2016年，浍水水库通过维修养护资金项目对上述6个断面按照有关规范要求，重新埋设了基点混凝土观测墩，彻底解决了往年漫山遍野找基点，无基点测绳栓树上的困境。

工管科每两年安排专人对水库上游进行淤积观测，现选取颜家洲与云台观断面情况进行分析。见图1-6、图1-7。

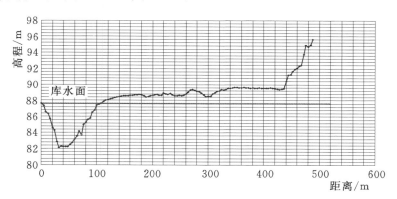

图1-6 颜家洲淤积观测图

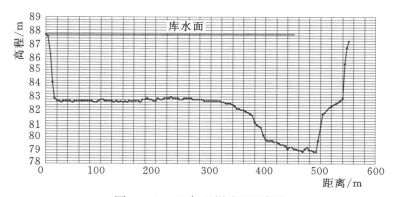

图1-7 云台观淤积观测图

两处位置是在水位 87.7 米时进行的淤积测量，此时基本处于一年中的最低水位，水库淤积情况还算良好，表明河道两岸绿植保护得当，河道过水能力能得到保证。

2. 观测制度

（1）变形观测制度。

1）变形观测的正负号遵守如下规定：水平位移：向下游为正，向左岸为正；反之为负；竖向位移：向下为负，向上为正。

2）竖向位移，用水准法测量。其精度参照 GB 12898—91《国家三、四等水准测量规范》中国家三等水准测量方法进行，但闭合差不得大于 $\pm 1.4\sqrt{n}$ 毫米（n 为测站数，下同）。起测基点的引测、校测，参照 GB 12897—91《国家一、二等水准测量规范》中国家二等水准测量方法进行，闭合差不得大于 $\pm 0.72\sqrt{n}$ 毫米。

3）横向水平位移，一般用视准线法测量。用视准线法观测横向水平位移时，采用经纬仪、全站仪或视准线仪。当视准线长度大于 500 米时，应采用 J1 级经纬仪。

视准线的观测方法，可据实际情况选用活动标法或小角度法。观测时在视准线两端各设固定测站，用各测站的仪器观测其靠近的位移测点的偏离值。

用活动标法校测工作基点、观测增设的工作基点时，允许误差应不大于 2 毫米（取两倍中误差）。观测位移测点时，每测回的允许误差应小于 4 毫米（取两倍中误差）。所需测回数不得少于两个测回。

4）表面变形观测时间：正常情况下每年汛前、汛后各观测一次。

（2）渗流观测制度。渗流监测，包括坝体渗流压力、坝基渗流压力、坝基渗流量的观测。

1）渗流压力监测：采用大坝安全监测自动化系统。每天取数一次，库水位骤升骤降或持续高水位时每 24 小时取数两次。取数后绘出各段面浸润线。

2）渗流量监测：量水堰法。量水堰堰口高程及水尺、测针零点应定期校测，每年至少一次。量水堰观测渗流量时，水尺的水位读数应精确至 1 毫米，测针的水位读数应精确至 0.1 毫米。堰上水头两次观测值之差不得大于 1 毫米。大坝除险加固后因渗流量减小，改用容积法，即用量杯配合秒表测量 10 秒观测点的渗水量，求得观测点渗流流量，继而得出观测点日渗流量。量杯容积为 1 升，精确度 0.1 升，读数估读 1 位。

（3）监测资料的整编与分析制度。

1）平时资料整理：平时资料整理的重点是查证原始观测数据的正确性与准确性；进行观测物理量计算；填好观测数据记录表格；点绘观测物理量过程线图，考察观测物理量的变化，初步判断是否存在变化异常值。

平时资料整理工作的内容：检验观测数据的正确性、准确性，每次观测完成之后，应立即在现场检查作业方法是否符合要求，有否缺漏现象，各项检验结果是否在限差以内，观测值是否符合精度要求，数据记录是否准确、清晰、齐全；绘制有关观测物理量过程线图；在观测物理量过程线图上，初步考察物理量的变化规律，发现异常，应立即分析该异常量产生的原因，提出专项文字说明。

2）定期资料编印：定期资料编印时段一般为 3～5 年；整编成果应项目齐全，考证清楚，数据可靠，图表完整，规格统一，说明完备。

a. 资料收集，包括基本资料与观测资料收集。

a）基本资料主要是监测系统施工竣工资料，仪器出厂证书和说明书，工程设计、勘探、试验资料等。

b）观测资料即平时资料整理的成果，包含所有观测数据、文字和图表。

b. 资料复查：复查收集到的资料是否齐全，各项物理量计算及坐标、高程系统有无错误，记录图表是否按统一规定编制，物理量过程线图是否连续、准确、清晰。

c. 编制编印说明：重点阐述本编印时段的基本情况、编印内容、编印组织与参加人员，存在哪些观测物理量异常及其分布部位，以及对观测设备和工程采取过何种检验、处理等。

d. 资料存档：各规定时段的原始资料及其整编成果应建档保存。

e. 资料整编的成果图表，一般应包括下列内容：

a）各项目观测设备的考证表：各种基（测）点考证表，测压管和量水堰的考证表等。

b）各项观测物理量的统计表：各种水位（上游水位、渗压力水位）统计表，降水量统计表，测点竖向及水平位移量统计表，渗流量统计表等。

c）各观测物理量的过程线图，分布图，相关图：测点竖向及水平位移过程线，渗压力水位及渗流量过程线；各断面上的竖向及水平位移分布图；渗压力水位及渗流量与作用水头的相关图等。

d）全部资料整编、分析成果建档保存。如存在安全问题，则提出处理意见。

3）资料分析。资料分析的方法，一般有比较法、作图法。

a. 比较法：通过巡视检查，比较某部位外表各种异常现象变化和发展趋势；通过各观测物理量数值的变化规律或发展趋势的比较，预计工程安全状况的变化；通过观测成果与设计或试验的成果相比较，看其规律是否具有一致性和合理性。

b. 作图法：通过绘制观测物理量过程线图（如将库水位、降水量、测压管水位绘于同一张图），或特征过程线图（如某水位下的测压管水位过程线图）、相关图、分布图等，直观了解观测物理量的变化规律，判识有无异常。

资料分析的内容一般包括如下几个方面。

a. 对观测物理量的分析：分析观测物理量随时间、空间变化的规律性；分析观测物理量特征值的变化规律性；分析观测物理量之间相关关系的变化规律性。从分析中获得观测物理量变化稳定性、趋向性及其与工程安全的关系等结论。

b. 将巡视检查成果、观测物理量的分析成果、设计计算复核成果进行比较，以判识枢纽工程的工作状态、存在异常的部位及其对安全的影响程度与变化趋势等。

4）资料分析报告。一般按下列要点编制：观测设备情况的述评，包括设备、设施的管理、保养、完好率、变更情况等；巡视检查开展情况，有何主要成果、结论；观测资料整编、分析情况，有何主要成果、结论。综合评价枢纽工程的安全状况；保证工程的安全运行应采取的措施建议；对改进安全管理工作和运行调度工作有何建议。

3. 观测人员

历年观测人员见表1-5、表1-6。

表1-5　　　　　　　　　　历年淤积观测人员表

序号	年份	人　员
1	2007	黄少华、毕研新、刘士兵、杨滔
2	2009	毕研新、袁世刚、吴林松
3	2011	毕研新、潘迪、镇祥浍、陈明权、陈晓红
4	2013	陈祖民、佘龙、镇祥浍、陈明权、陈晓红、刘绍杰
5	2015	毕研新、陈明权、向阳、刘斌

表1-6　　　　　　　　　　历年大坝观测人员表

序号	年份	人　员
1	2010	佘龙、陈明权、胡波涛、曾凡玲、阮涛
2	2011	陈明权、阮涛、刘绍杰、镇祥浍
3	2012	佘龙、阮涛、陈明权、镇祥浍、刘绍杰
4	2013	阮涛、陈明权、镇祥浍、罗远立、李梅峰
5	2014	阮涛、陈明权、镇祥浍、李梅峰、刘兵
6	2015	杨辉、阮涛、任振山、向阳、刘兵、田媛媛、刘玉梅、陈明权
7	2016	杨辉、阮涛、严磊、赵琴、刘玉梅、吴值琼、邱璇

4. 观测设备

观测设备见表1-7～表1-9。

表 1 - 7　　　　　　　　水库各主要观测项目所用仪器设备

序号	观测项目		仪器	数量	型号	备注
1	变形观测	垂直位移	电子水准仪	1	徕卡电子水准仪	
		水平位移	全站仪	1	拓普康	
2	渗压监测		孔隙水压力计		GKD 型钢弦式	详见表 1 - 8
3	渗流量观测		量杯、秒表			
4	应力应变计					孙家溪溢洪道
5	淤积观测		测绳、塔尺			

表 1 - 8　　　　　　　　大 坝 渗 压 计 考 证 表

测点序号	仪器编号	仪器型号	初始频率/赫兹	仪器系数	埋设坝轴距/米	埋设桩号	埋设高程/米
1	H - 1 - 1	GKD 型	2395	1618	1.479	0＋150	64.989
2	H - 1 - 2	GKD 型	2276	1616	1.5	0＋150	62.589
3	H - 2 - 1	GKD 型	2055	1564	1.33	0＋150	67.764
4	H - 2 - 2	GKD 型	2932	1687	1.162	0＋150	70.264
5	H - 3 - 1	GKD 型	2058	1581	1.283	0＋150	66.45
6	H - 3 - 2	GKD 型	2289	1688	1.306	0＋150	75.95
7	H - 4 - 1	GKD 型	2099	1589	1.368	0＋150	62.69
8	H - 4 - 2	GKD 型	2379	1663	1.498	0＋150	75.69
9	A - 1 - 1	GKD 型	177388	1562	2.26	0＋301	67.98
10	A - 1 - 2	GKD 型	25782	1587	1.82	0＋301	88.5
11	A - 2 - 1	GKD 型	189282	1595	1.75	0＋301	64.22
12	A - 2 - 2	GKD 型	21682	1624	1.87	0＋301	85
13	A - 3 - 1	GKD 型	15682	1594	1.96	0＋301	70.35
14	B - 1 - 1	GKD 型	387688	1605	2.63	0＋427	57.65
15	B - 1 - 2	GKD 型	183688	1577	2.58	0＋427	75.4
16	B - 1 - 3	GKD 型	2008	1589	1.41	0＋427	82
17	B - 2 - 1	GKD 型	281295	1602	3.44	0＋427	57.81
18	B - 2 - 2	GKD 型	190382	1531	2.9	0＋427	74.5
19	B - 2 - 3	GKD 型	2097	1580	1.419	0＋427	82.6
20	B - 3 - 1	GKD 型	166995	1549	2.74	0＋427	58.17
21	B - 3 - 2	GKD 型	2010	1617	1.334	0＋427	63
22	B - 4 - 1	GKD 型	2794	1706	1.11	0＋427	60.85
23	B - 4 - 2	GKD 型	2818	1577	1.45	0＋427	64.49

续表

测点序号	仪器编号	仪器型号	初始频率/赫兹	仪器系数	埋设坝轴距/米	埋设桩号	埋设高程/米
24	C-1-1	GKD型	176688	1548	2.69	0+461	63
25	C-1-2	GKD型	12075	1517	2.05	0+461	68.89
26	C-1-3	GKD型	2934	1637	1.035	0+461	81.42
27	C-2-1	GKD型	16782	1558	2.1	0+461	63
28	C-2-2	GKD型	187982	1528	2.25	0+461	68
29	C-2-3	GKD型	2285	1627	1.394	0+461	81.42
30	C-3-1	GKD型	223	1507	1.9	0+461	58.1
31	C-3-2	GKD型	205	1535	1.85	0+461	63.02
32	C-4-1	GKD型	220	1448	1.76	0+461	58.21
33	C-4-2	GKD型	210	1515	1.48	0+461	63
34	D-1-1	GKD型	183188	1653	2.53	0+743	61.67
35	D-1-2	GKD型	187282	1529	2.08	0+743	72.09
36	D-1-3	GKD型	2287	1637	1.35	0+743	88.5
37	D-2-1	GKD型	177788	1290	2.48	0+743	58.53
38	D-2-2	GKD型	15882	1577	1.96	0+743	75.82
39	D-2-3	GKD型	2032	1580	1.31	0+743	85.02
40	D-3-1	GKD型	3801	1670	1.72	0+743	70.13
41	D-3-2	GKD型	2790	1688	1.37	0+743	79
42	D-4-1	GKD型	2007	1579	1.462	0+743	55.81
43	D-4-2	GKD型	2295	1667	1.402	0+743	72.56
44	E-1-1	GKD型	395288	1542	2.78	1+045	64.43
45	E-1-2	GKD型	175295	1548	2.6	1+045	73.48
46	E-1-3	GKD型	301082	1557	1.97	1+045	85
47	E-2-1	GKD型	398295	1582	3.35	1+045	65.37
48	E-2-2	GKD型	178688	1560	2.59	1+045	72.69
49	E-2-3	GKD型	21082	1531	1.86	1+045	79
50	E-3-1	GKD型	307	1648	1.91	1+045	65.49
51	E-3-2	GKD型	32840	1623	1.91	1+045	63
52	E-4-1	GKD型	309	1697	2.97	1+045	69.26
53	E-4-2	GKD型	28370	1651	1.31	1+045	64
54	F-1-1	GKD型	387988	1578	2.75	1+098	63.12
55	F-1-2	GKD型	180188	1586	2.44	1+098	76.01

续表

测点序号	仪器编号	仪器型号	初始频率/赫兹	仪器系数	埋设坝轴距/米	埋设桩号	埋设高程/米
56	F-1-3	GKD型	15482	1572	1.85	1+098	88.5
57	F-2-1	GKD型	4664	1602	2.88	1+098	62.46
58	F-2-2	GKD型	3805	1560	2.59	1+098	74.02
59	F-2-3	GKD型	215	1474	2.33	1+098	85.97
60	F-3-1	GKD型	3800	1648	1.91	1+098	61.66
64	G-1-1	GKD型	29682	1532	1.98	1+469	74.53
65	G-1-2	GKD型	2038	1546	1.363	1+469	84.55
66	G-2-1	GKD型	21282	1557	2.05	1+469	73.39
67	G-2-2	GKD型	2081	1619	1.501	1+469	75.39
68	G-3-1	GKD型	226	1403	1.67	1+469	67.89
69	I-1-1	GKD型	2109	1661	1.264	1+550	80.561
70	I-1-2	GKD型	2317	1605	1.471	1+550	87.561
71	I-2-1	GKD型	2384	1660	1.515	1+550	85.471
72	I-2-2	GKD型	2346	1636	1.465	1+550	84.871
73	I-3-1	GKD型	2393	1640	1.204	1+550	81.736
74	I-3-2	GKD型	2279	1668	1.25	1+550	87.436
75	I-4-1	GKD型	2342	1612	1.458	1+550	83.408
76	I-4-2	GKD型	2087	1600	1.441	1+550	79.508

表 1-9　　　　　　　　　　　　南副坝渗压计考证表

测点序号	仪器编号	仪器型号	初始频率/赫兹	仪器系数	埋设坝轴距/米	埋设桩号	埋设高程/米
0	NA-1-1	GKD型	2353	1614	1.523	0+100	83.483
1	NA-1-2	GKD型	2311	1706	1.363	0+100	86.983
2	NA-2-1	GKD型	2313	1668	1.339	0+100	82.402
3	NA-2-2	GKD型	2308	1654	1.176	0+100	85.902
4	NB-1-1	GKD型	2293	1661	1.42	0+200	84.606
5	NB-1-2	GKD型	2052	1593	1.368	0+200	88.106
6	NB-2-1	GKD型	2401	1659	1.503	0+200	83.367
7	NB-2-2	GKD型	2949	1612	1.229	0+200	86.867
8	NC-1-1	GKD型	2358	1538	1.374	0+300	87.79

测点序号	仪器编号	仪器型号	初始频率/赫兹	仪器系数	埋设坝轴距/米	埋设桩号	埋设高程/米
9	NC-1-2	GKD型	2355	1589	1.46	0+300	91.92
10	NC-2-1	GKD型	2347	1589	1.34	0+300	85.965
11	NC-2-2	GKD型	2260	1621	1.473	0+300	89.465
12	ND-1-1	GKD型	2924	1618	1.259	0+400	89.337
13	ND-1-2	GKD型	2302	1701	1.443	0+400	92.837
14	ND-2-1	GKD型	2889	1561	0.981	0+400	87.902
15	ND-2-2	GKD型	2003	1593	1.379	0+400	90.492
16	NE-1-1	GKD型	2274	1677	1.514	0+500	89.787
17	NE-1-2	GKD型	2085	1571	1.371	0+500	93.287
18	NE-2-1	GKD型	2006	1513	1.158	0+500	86.911
19	NE-2-2	GKD型	20680	1491	1.518	0+500	90.411

5. 监测资料分析及成果

（1）大坝渗流量观测分析。选取多年的资料进行分析，覆盖水库除险加固前后。从观测资料来看，渗流量均受库水位和降雨影响，其中受降雨影响较大。从降雨期间及降雨后期渗流水的浑浊度、水温等方面判断为降雨形成的坝坡坡下汇流所致。

坝后渗流观测一直是浍水水库重点监测项目。本次分析对多年的资料进行整编。

由图1-8可以看出，渗流量大小主要受降雨影响。

经过对多年的观测值进行分析，发现渗流量随着时间的推移总体呈下降趋势。加固前主坝渗流条件在向好的方向变化，分析主要原因是坝前淤积所致。加固后，坝体防渗能力得到进一步加强。

（2）渗压资料分析。浍水水库大坝内部渗压监测系统更新改造工程于2010年年初施工完毕并开始采集数据。本次分析选取数据进行整理，优先选取实测数据平稳、持续时间较长的数据，对过程线上变幅较大、然后又恢复正常的个别数据进行删除、整理。

对整理后的实测资料按照时间序列作库水位、渗压水位过程线，发现部分断面存在防渗墙前渗压计监测水位高于库水位，但测点水位过程线平稳，并与库水位存在相关性，需进一步采集、积累数据，建立模型复核修正。但总体上讲，坝体防渗墙上游渗压计工作正常，实时监测数值与库水位相关，符合混凝土防渗墙一般防渗规律。

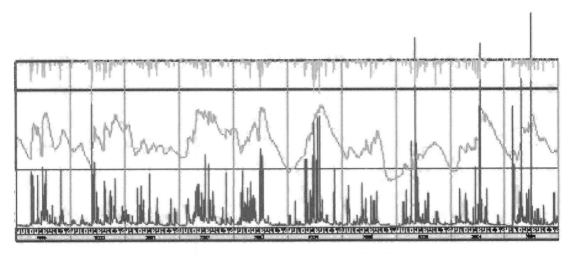

图 1-8   浍水水库日渗流量观测过程线

防渗墙墙后渗压计测点水位较防渗墙前有 $10\%\sim30\%$ 的削减，根据坝体各断面渗压计监测数据，绘制的渗压水头过程线图显示，墙下游各测点于库水位变动幅度在 0.5 米以内的一段时间（15 天），监测点渗压水头变动不大（见代表断面 0+461 之渗压水位过程线图），基本趋于稳定，与库水位相关性差，各断面虽略有差异，但总体上表明大坝防渗效果是良好的。见图 1-9。

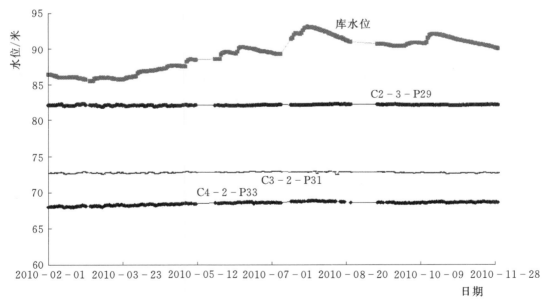

图 1-9   大坝 0+461 渗压水位过程线

为比较大坝加固前后浸润线，以主坝 1+098 断面为例，在相同库水位下，加固后由于防渗墙的作用坝体上游浸润线略高于加固前，坝体下游浸润线基本与加固前平行且较加固前低 $1.1\sim1.4$ 米，表明大坝防渗墙效果明显，大坝渗流形态得到优化。主坝 H098 加固前后浸润线对比如图 1-10 所示。

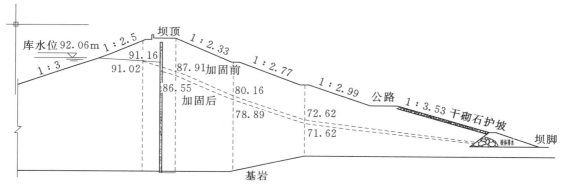

图 1-10　主坝 1+098 加固前后浸润线对比

第二节　灌区工程管理

一、工程总体概况

　　涢水灌区渠道分干、支、斗、农、毛渠 5 级渠道。其中干渠 3 条，为南、北、澧干渠，全长 263 千米；支渠 150 条全长 520 千米。各级渠道建筑物有隧洞、渡槽、节制闸、泄洪闸、分水口及桥涵等渠系建筑物 4600 余座。这些建筑物零星分散，大小不一，加上渠线长，地形复杂，管好用好这些工程，是搞好农业灌溉的关键。

　　经过多年建设，整个灌区已形成以水库为骨干，小型水利设施为基础，提灌站为补充的灌溉网络，对促进灌区内社会经济发展起到了巨大作用。但受当时经济技术条件制约，灌区工程在运行 30 年后，渠系工程老损严重、分水设施不配套、用水矛盾多等问题逐步显露，影响灌区工程效益发挥。

　　根据水利部水农〔1999〕459 号文《关于开展大型灌区续建配套与节水改造规划编制工作的通知》，2000 年 5 月，管理局上报了《荆州市涢水灌区续建配套与节水改造规划报告》。2001 年，水利部以水规计〔2001〕514 号文做了批复。自 1999 年以来，灌区共完成渠道衬砌 131.323 千米、渡槽改建 7 座、新建渡槽 1 座（洛河）、涵闸改造及新建 17 座、桥梁改造及新建 110 座、分水口改造及新建 435 座，共完成投资 16434.19 万元。

　　节水改造工程的实施，使灌区工程老损情况得到了治理，工程面貌日新月异，渠系设施配套完善，提高了灌溉效率和节水意识。然而，由于灌区更新改造项目规划年份较早，项目实施跨度近 20 年，物价及人工工资上涨较多，工程实际完成资金已超过规划初期资金 3.8 亿元，但仍有 64 千米渠道及附属设施未全部实施。

1. 南干渠

南干渠于 1965 年 10 月开工，1967 年 4 月建成完工，并投入运行。渠道全长 94 千米，途经松滋市涴水镇、万家乡、杨林市镇及公安县章庄铺镇，灌溉面积 21 万亩，其中松滋市 11 万亩、公安县 10 万亩。

渠首南干渠灌溉输水闸位于南 2 号副坝，设计最大输水流量 27 立方米每秒。渠首段底宽 7 米，渠坡坡比 1：1.5，纵坡率 1/7500，堤高 3.8 米。南干渠自 1999 年最早开始节水改造工程，已完成渠道衬砌 73.398 千米、台山渡槽加固、新建快活岭节制闸、黑老铺节制闸、建设节制闸及分水口配套等附属渠系建筑物，部分较大支渠配套了信息化闸控站，进一步提升了管理水平。

南干渠主要建筑物统计表见表 1－10。

表 1－10　　　　　　　　南干渠主要建筑物统计表

序号	工程类型	数量/座（条）	备　　注
1	支渠	72	总长 218.71 千米
2	渡槽	4	尤坪、台山、蒋家峪、梧桐峪
3	节制闸	8	快活岭、金星、建设、杨林市、公安 4 处
4	泄洪闸	3	尤坪、蒋家峪、岩头岗
5	陡坡	4	金狮、岩头岗、蒋家峪、三星庙
6	分水口	373	
7	渠下涵	27	
8	桥	91	公路桥、生产桥

2. 北干渠

北干渠于 1966 年 9 月开工，1968 年 8 月建成完工，并投入运行。渠道全长 101 千米，途经松滋涴水镇、街河市镇、斯家场镇、王家桥镇、纸厂河镇、南海镇及新江口镇，灌溉面积 15.67 万亩。

渠首北干渠灌溉输水闸位于副坝陷马池，设计最大输水流量 19.6 立方米每秒。渠首段底宽 7 米，渠坡坡比 1：2，纵坡率 1/7000，堤高 3.5 米。北干渠自 1997 年最早开始节水改造工程，已完成渠道衬砌 56.917 千米、洛河渡槽拆除重建、新建洛河节制闸、一二分干节制闸、纸河节制闸、煤炭沟泄洪闸及分水口配套等附属渠系建筑物，部分较大支渠配套了信息化闸控站，进一步提升了管理水平。

北干渠主要建筑物统计表见表 1－11。

3. 澧干渠

澧干渠自 1973 年 10 月开建至 1975 年 12 月完工，渠道全长 68 千米，其中湖北境内约 12 千米。

表 1 - 11　　　　　　　　　　　北干渠主要建筑物统计表

序号	工程类型	数量/座（条）	备　注
1	支渠	11	总长 41.95 千米
2	渡槽	6	堵墩河、白马山、洛河、南河、北河、碾盘
3	隧洞	17	总长 2769 米
4	节制闸	3	北干渠一分干、北干渠二分干、洛河
5	泄洪闸	13	原 11 座、新增锅底冲、煤炭沟
6	陡坡	7	
7	倒虹吸	1	北干渠一分干
8	分水口	298	
9	渠下涵	44	
10	桥	200	公路桥、生产桥

二、管理机构

1. 南干渠

1971 年 10 月组建杨林市管理段、尤坪管理段，负责管理松滋境内干渠渠道。公安段干渠渠道由公安县相关部门负责日常管理。1981 年 3 月，根据管理需要，又成立了快活岭管理段、金星管理段。尤坪管理段编制保持，工作并入快活岭管理段。由于尤坪管理段离快活岭管理段较远，为其渠道尾端，且有尤坪渡槽、尤坪泄洪闸等重要建筑物，为便于工程管理与巡查，改尤坪为承包户管理模式。即由承包户负责工程管理与养护，工作上受快活岭管理段领导，并纳入其管理考核。后在台山渡槽设立了台山管理段，也采用承包户管理模式，并纳入杨林市管理段管理。

自 2012 年后，由于承包管理段人员退休或变更工作岗位，年龄较大的工作人员越来越少，工作上也不能完全胜任承包户的工作强度，年轻人又耐不住枯燥的工作生活。待原承包人员退休后再无后继人员承包，承包户管理模式取消，管理工作分别纳入快活岭管理段和杨林市管理段。

2. 北干渠

1971 年 10 月成立洛河管理段、唐家洼管理段、碾盘管理段。1982 年 4 月 15 日，北干渠交松滋县管辖后，成立北干渠管理总段，下设办公室、器材组、工程组、多经组。工程管理设白马山、洛河、茶市、唐家洼、培理桥、北河、碾盘等管理机构。2009 年 10 月，北干渠移交管理局管理，设立四个管理段，分别为白马山管理段、茶市管理段、培理桥管理段、碾盘管理段。除茶市管理段利用原段管理房屋外，其他 3 个段均为新建管理用房，管理办公条件显著提升。

3. 澧干渠

澧县涔水灌区管理处业务上隶属湖南省水利厅、常德市水利局及澧县水利局，行政直属澧县县委、县政府领导，归口县农业工作委员会，为正科级事业单位。

管理处设置4个股（室）、5个管理所，每个管理所管理干渠12.5千米，支渠11条31千米，灌溉面积2.5万亩。

三、职责要求

《管理局规章制度汇编》中对工程管理各单位的职责要求有明确规定，具体如下。

1. 快活岭管理段

主要负责南干渠3＋468（铁路桥）—17＋533（尤坪渡槽出口第一个分水口）共计渠道长14065米，大小分水口41处，1处泄洪闸，1座渡槽（长90.6米），8座公路桥，12座生产桥，1座测流桥等工程设施和禁脚及保护范围的管理。

（1）工程管理。

1）认真贯彻执行《水法》及本灌区农民用水者协会有关制度。

2）开展经常性的检查与观察工作，切实保护好所辖管理范围和禁脚保护范围，严禁在堤身禁脚保护范围内有开垦耕种、种瓜种豆、铲草皮、烧火土、种植芭芒、开沟引水、借堤修路、私安涵管、建房建桥、打坝拦水、烧窑、栽电杆、翻搬护坡石和破坏启闭设施等违章现象。发现问题及时汇报及时处理。检查与观察要做到定人定责，并做好记录。

3）开展经常性的养护工作，要求做到渠内无高杆，堤面无大的坑洼，小沟入渠应疏通，截流沟无严重堵塞；闸门及启闭机械应做到启闭灵活，运用自如。

4）所辖范围内的小型维修要随坏随修。大型土石方维修和其他项目维修要及时编报计划，经审批后方能施工；施工时，必须按计划保质保量按时完成；工程竣工后，需经过验收后方可结账；土方工程施工时，应加强与当地政府联系，督促施工进度，保证施工质量。

（2）灌溉管理。

1）严格按规范进行雨量观测，一般分两段制，如遇暴雨等特殊情况随时加测上报，认真记录，按时进行月报和年报；认真填写晴雨表。

2）积极协助和督促有关用水者协会抓好支渠以下的维修和整险，协助抓好蓄水保水、计划用水、节约用水，并经常掌握支渠以下渠道的变化情况；每年灌前协助搞好需水和作物种植情况调查；年底要协助有关用水者协会摸清当年灌溉面积增减及灌区各类作物的产量情况。

3）灌溉期间认真执行调度指令，随时掌握灌区干旱及用水情况，协助用水调度及水量平衡工作。

4）灌溉期间按要求测流，渠内水位变化幅度较大时要随时加测，每天8：30

前向工管科报告渠内水位及测流情况；测流要求操作方法规范、计算准确、数据可靠，并做好记录。

5）放一次水，算一次账，停水后要按时将测流结果、自记水位曲线、水位流量关系曲线、水量计算底稿带齐后到工管科汇总。

6）灌溉后搞好抗旱工作总结。

7）负责农业水费收缴工作。

（3）资料和设备管理。

1）雨量、水位、流量、水账结算、工程计划、工程检查等资料要及时收集整理、归档。

2）仪器设备，如流速仪、自记水位计、雨量器等须经常维修保养。

（4）信息化管理。

1）认真执行《公用计算机及机房管理办法》，加强信息化设备管理，严格执行操作规程，做好设备运行记录，发现问题及时汇报和处理。

2）加强业务学习，熟练掌握信息化设备的操作和资料管理。

（5）其他日常工作。

1）加强职工政治思想教育，认真遵守国家法规及局内各项规章制度，按管理局统一部署抓好政治、时事、法制及业务学习。

2）段内每天须有人值班，值班人员做好段内安全保卫、电话值守等工作。

3）加强财务管理，严格财经纪律。财务手续要齐全，做到专款专用、计划控制、紧缩开支，账务账目做到日清月结，不得弄虚作假、设账外账，至少每季度公开一次。

4）热情接待来访办事客人，妥善处理周边关系。

5）搞好后勤管理，改善职工生活，种好基地，养好牲畜，讲究清洁卫生，美化段内环境。

6）积极完成管理局党委、局领导交给的其他工作任务。

2. 金星管理段

负责管理南干渠 17＋533（尤坪渡槽出口第一个分水口）—27＋185（望桥支渠）9652 米渠道工程，大小分水口 34 处，跌水闸 1 处，公路桥 5 座，测流桥 1 座；灌溉 2 个乡镇，10 个村，面积 16728 亩，以及灌溉试验站（图 1-11）日常工作。

（1）工程管理。

1）认真贯彻执行《水法》及本灌区农民用水者协会有关制度。

2）开展经常性的检查与观察工作，切实保护好所辖管理范围和禁脚保护范围，严禁在堤身禁脚保护范围内有开垦耕种、种瓜种豆、铲草皮、烧火土、种植芭芒、开沟引水、借堤修路、私安涵管、建房建桥、打坝拦水、烧窑、栽电杆、翻搬护坡石和破坏启闭设施等违章现象。发现问题及时汇报及时处理。检查与观察要做到定人定责，并做好记录。

图 1-11　金星管理段灌溉试验站

3）开展经常性的养护工作，要求做到渠内无高杆，堤面无大的坑洼，小沟入渠应疏通，截流沟无严重堵塞；闸门及启闭机械应做到启闭灵活，运用自如。

4）所辖范围内的小型维修要随坏随修。大型土石方维修和其他项目维修要及时编报计划，经审批后方能施工；施工时，必须按计划保质保量按时完成；工程竣工后，需经过验收后方可结账；土方工程施工时，应加强与当地政府联系，督促施工进度，保证施工质量。

（2）灌溉管理。

1）严格按规范进行雨量观测，一般分两段制，如遇暴雨等特殊情况随时加测上报，认真记录，按时进行月报和年报；认真填写晴雨表。

2）积极协助和督促有关用水者协会抓好支渠以下的维修和整险，协助抓好蓄水保水、计划用水、节约用水，并经常掌握支渠以下渠道的变化情况；每年灌前协助搞好需水和作物种植情况调查；年底要协助有关用水者协会摸清当年灌溉面积增减及灌区各类作物的产量情况。

3）灌溉期间认真执行调度指令，随时掌握灌区干旱及用水情况，协助用水调度及水量平衡工作。

4）灌溉期间按要求测流，渠内水位变化幅度较大时要随时加测，每天8：30前向工管科报告渠内水位及测流情况；测流要求操作方法规范、计算准确、数据可靠，并做好记录。

5）放一次水，算一次账，停水后要按时将测流结果、自记水位曲线、水位流量关系曲线、水量计算底稿带齐后到工管科汇总。

6）灌溉后搞好抗旱工作总结。

7）负责农业水费收缴工作。

（3）灌溉试验站管理。

1）主要试验项目有早、晚稻泡田定额测定，灌溉制度试验，水稻需水量试验和气象观测等。

2）试验站须按时完成上级下达试验项目及局布置的工作任务；试验、观测要严格按规范要求，不得延时掉次，记录要正确完整；资料要按规范整编并及时归档。

3）试验人员要加强业务学习，不断提高工作能力，明确灌溉工作的目的、性质及要求。

4）对室内外一切观测仪表、设备应经常养护，保证完好、正常；对确需维修或更换的，及时编报计划经审批后维修或购买。

（4）资料和设备管理。

1）雨量、水位、流量、水账结算、工程计划、工程检查等资料要及时收集整理、归档。

2）仪器设备，如流速仪、自记水位计、雨量器等须经常维修保养。

（5）信息化管理。

1）认真执行《公用计算机及机房管理办法》，加强信息化设备管理，严格执行操作规程，做好设备运行记录，发现问题及时汇报和处理。

2）加强业务学习，熟练掌握信息化设备的操作和资料管理。

（6）其他日常工作。

1）加强职工政治思想教育，认真遵守国家法规及局内各项规章制度，按管理局统一部署抓好政治、时事、法制及业务学习。

2）段内每天须有人值班，值班人员做好段内安全保卫、电话值守等工作。

3）加强财务管理，严格财经纪律。财务手续要齐全，做到专款专用、计划控制、紧缩开支，账务账目做到日清月结，不得弄虚作假、设账外账，至少每季度公开一次。

4）热情接待来访办事客人，妥善处理周边关系。

5）搞好后勤管理，改善职工生活，种好基地，养好牲畜，讲究清洁卫生，美化段内环境。

6）积极完成管理局党委、局领导交给的其他工作任务。

3. 杨林市管理段

主要负责南干渠 27＋185（望桥支渠）—50＋000（节制闸）22715 米渠道，大小分水口 80 处，渡槽一处长 875 米，泄洪闸 1 处，跌水闸 1 处，节制闸 1 处，公路桥 11 座，生产桥 30 座，测流桥 1 座等建筑物，灌溉二个乡镇，14 个村，共灌溉面积 44897 亩；并负责对台山承包户的管理工作；其中，台山承包户负责

42+186（台山陡坡闸）—50+000（节制闸）管理（6839米渠道，875米渡槽），14处分水口，1座公路桥，9座生产桥，1座渡槽（875米），1处渠下涵，1座陡坡闸，1座泄洪闸等工程设施的管理和农田的灌溉管理。

其他职责参考快活岭管理段。

4. 白马山管理段

主要负责北干渠1+000（北闸村公路桥）—17+420（老洛河渡槽进口）共计渠道长16420米，其中目标管理1+000—14+000，确权管理14+000—17+420。大小分水口54处，2处渡槽（长53米），2处泄洪闸，13处渠下涵，1座隧洞长356米，5座公路桥，23座生产桥，1座测流桥，43个界桩等工程设施和禁脚及保护范围的管理，灌溉1个乡镇，5个村，共灌溉面积19700亩。

其他职责参考快活岭管理段。

5. 茶市管理段

主要负责北干渠17+420（老洛河渡槽进口）—32+358（唐家洼一、二分干分水处），二分干0+000—5+058（南河渡河进口），共计渠道长19996米，其中确权管理17+420—19+800计2380米，目标管理17616米渠道。大小分水口68处，2处隧洞（长558米），1处渡槽（长225米），3处泄洪闸，2处节制闸，5座公路桥，7处渠下涵，33座生产桥，1座测流桥，73个界桩等工程设施和禁脚及保护范围的管理，灌溉2个乡镇，11个村，共灌溉面积22500亩。

其他职责参考快活岭管理段。茶市管理段见图1-12。

图1-12 茶市管理段

6. 培理桥管理段

主要负责北干渠一分干0+000—27+000，纸厂河支渠0+000（培里桥）—2+948（测流桥），共计渠道长29948米。其中目标管理北干渠一分干0+000—17+042，纸厂河支渠0+000（培里桥）—2+948（测流桥），共计渠道长19990

米，确权管理一分干17＋042—27＋000。大小分水口85处，1处隧洞（长272米），2处泄洪闸，6座公路桥，4处渠下涵，5处陡坡，51座生产桥，2座测流桥，43个界桩等工程设施和禁脚及保护范围的管理，灌溉3个乡镇，16个村，共灌溉面积66000亩。

其他职责参考快活岭管理段。

7. 碾盘管理段

主要负责北干渠二分干5＋058（南河渡槽进口）—40＋050（二分干尾站），共计渠道长34992米。其中目标管理北干渠二分干5＋058（南河渡槽进口）—27＋118（九红洞隧洞入口）共计22060米长（渠道20806米，3处渡槽1254米），确权管理27＋118—40＋050。大小分水口91处，13处隧洞（长1503米），3处渡槽（长1254米），4处泄洪闸，2处陡坡，6座公路桥，17处渠下涵，71座生产桥，2座测流桥，81个界桩等工程设施和禁脚及保护范围的管理，灌溉3个乡镇，17个村，共灌溉面积33500亩。

其他职责参考快活岭管理段。

四、负责人

各管理段历届负责人名单见表1－12～表1－18。

表1－12　　　　　快活岭管理段1996—2016年历届负责人名单

序号	段长	任职年份	副段长	总人数	备　注
1	罗　文	1996—2000	吴林松、陈　亚	8	罗文副科主持工作
2	张远波	2001—2005	孙青桥、韦德雄	8	张远波副科主持工作
3	陈　亚	2006—2013	朱小兵	7	
4	王卫东	2014—2015		4	王卫东副科主持工作

表1－13　　　　　金星管理段1996—2016年历届负责人名单

序号	段长	任职年份	副段长	总人数	备　注
1	陈祖明	1996—2000	张兴华	7	陈祖明副科主持工作
2	罗　文	2001—2002	李远东	7	罗文副科主持工作
3	揭勇军	2003—2009	李远东	7	揭勇军副科主持工作
4	胡东平	2010—2016	陈晓红	6	

表1－14　　　　杨林市管理段1996—2016年历届负责人名单

序号	段长	任职年份	副段长	总人数	备　注
1	余召林	1996—1998	张远波	8	
2	张远波	1999—2000	李远东	8	张远波副科主持工作
3	陈祖明	2001—2002	陈　亚	8	

序号	段长	任职年份	副段长	总人数	备 注
4	陈 亚	2003—2005	王卫东	8	
5	胡东平	2006—2009	何绍东	7	
6	陈义明	2010—2013	刘爱华	7	陈义明副科主持工作
7	刘爱华	2014	何绍东	5	刘爱华副科主持工作
8	王卫东	2015—2016	王雪晴	5	王卫东副科主持工作

表 1 - 15　　　　白马山管理段 1996—2016 年历届负责人名单

序号	段长	任职年份	副段长	总人数	备 注
1	张远波	2010—2013	刘 斌	5	
2	佘 龙	2014	余 柳	5	佘龙副科主持工作

表 1 - 16　　　　茶市管理段 1996—2016 年历届负责人名单

序号	段长	任职年份	副段长	总人数	备 注
1	王卫东	2010—2010		7	王卫东副科主持工作
2	张维保	2011—2016	史章旭、姚同盛	7	

表 1 - 17　　　　培理桥管理段 1996—2016 年历届负责人名单

序号	段长	任职年份	副段长	总人数	备 注
1	李远东	2010—2016	袁世刚	6	

表 1 - 18　　　　碾盘管理段 1996—2016 年历届负责人名单

序号	段长	任职年份	副段长	总人数	备 注
1	陈文军	2010—2013	袁世刚	7	
2	袁世刚	2014	李光耀	5	袁世刚副科主持工作
3	佘 龙	2015—2016	李光耀	5	佘龙副科主持工作

第三节　工程目标管理考核评比

20 世纪 80 年代末，管理局在湖北省水利系统率先推行工程目标管理责任制，坚持以制度管人，并在实践中不断完善，使"功在平日、贵在坚持"的作风得到进一步巩固。同时，在实际工作中，不断加以完善，逐步形成了以工程目标管理与个人承包相结合的责任制方案。

一、工程管理制度

1. 浥水水库工程检查报告制度

（1）对所辖工程范围、电源线路要做到勤观察、勤检查、勤养护。检查要求枢纽汛期每天一次、非汛期两天一次，高水位、暴雨或泄洪等特殊情况期间，一天四次；灌区渠道放水期间要随时巡查，一般情况下两天一次，施工、抗旱、发现和处理违章等特殊情况下每天一次以上；特别对桥梁、渠下涵、分水口、水位房、渡槽等渠系建筑物重点巡查，发现有人破坏水利设施及时制止并上报。对枢纽灌溉闸机电设备等，汛前、汛后要求进行试车。发现问题及时汇报及时处理；检查与观察要做到定人定责，并有专用记录本，记录要求翔实、清楚、整洁，有初步处理意见，有检查人签字，领导审核签字。

（2）每月 25 日前由负责人带队，按照岗位承包合同进行检查和讲评，发现问题按照承包合同及时处理，检查和讲评及处理情况要有详细记录。

（3）汛期要求每月对所辖范围至少进行一次防汛检查，并填写防汛检查登记卡；要求全年每天 24 小时至少有两人值班，汛期必须有一名所长带班。值班期间，应勤检查确保所内及工程安全，发现问题及时汇报处理，做好值班记录，及时接听电话并做好记录。

（4）大坝渗流观测须做到"五不"（不掉次、不延时、不漏点、不误数、不伪造数据），测压管观测，非汛期十天一次，汛期五天一次，特殊情况要加测，应做到观测精度高，记录资料完整整洁；做好每天孙家溪溢洪道自动化观测、取数，及时与前期观测数据做好比较分析，数据异常及时处理上报。

（5）做好山林的防火防盗工作，搞好山林的巡查，林木被盗及时发现上报。

2. 浍水水库工程日常巡查及维修养护标准

（1）枢纽工程。对水库坝顶、灌溉闸、溢洪道、水库半岛码头、迎水坡、背水坡、防浪墙、截流沟、宣传牌、警示牌及绿化工程进行维护。

1）坝顶、上坝公路。每天巡查一次，重载车辆及时拦截，保护路面，及时清除坝顶及上坝公路的垃圾。根据实际情况，每天两次或一次清扫，保持路面整洁、干净。

2）灌溉闸。巡查要求汛期每天一次、非汛期两天一次，高水位、暴雨或灌溉等特殊情况期间，一天四次。有金属结构、机电设备操作及维护制度并明示；灌溉期间，指派专人进行操作，具备规范、熟练操作能力。闸室做到设备齐全，内外整洁；闸门及启闭机械、电源、动力等设备运行正常，启闭灵活，闸门止水无异常，人工及远程控制准确、安全、可靠。根据巡查情况，据实填写《浍水水库输水管检查记录表》，在高水位及灌溉期间，加强巡查，发现异常，及时处理上报。

3）溢洪道。巡查要求汛期每天一次、非汛期两天一次，高水位、暴雨或泄洪等特殊情况期间，一天四次。有金属结构、机电设备操作及维护制度并明示；泄洪期间，指派专人进行操作，具备规范、熟练操作能力。闸室做到设备齐全，内外整洁；闸门及启闭机械、电源、动力、备用电源等设备现场维护，运行正常，启闭灵活，油料充足。闸门止水、溢流面、下游尾水渠、内部观测系统运行无异常，安全可靠。在高水位及灌溉期间，加强巡查，发现异常，及时处理上报。

4）迎水面。巡查要求汛期每天一次、非汛期两天一次，高水位、暴雨或泄洪等特殊情况期间，一天四次。发现杂物和杂草要及时清理，坡面无浮石、冲坑、砌石脱落等情况。在高水位及水位起涨迅速等特殊情况时，加强巡查，发现异常，即时上报。

5）背水坡。巡查要求汛期每天一次、非汛期两天一次，高水位、暴雨或泄洪等特殊情况期间，一天四次。堤身无滑坡、塌坑、洞穴及雨淋沟，坝面无牛粪垃圾，及时清除，禁止羊上坝，雨天及坝面未干时禁止牛上坝。

6）防浪墙。每天检查一次，大理石及水磨石做到顶平完好，无人为损坏、小广告，及时清除垃圾杂物；墙面松动、勾缝脱落或磨损要及时维修。

7）截流沟。每天检查一次，发现沟内及淤泥、杂物要及时清除，保持截流沟排水顺畅，雨后加强巡查，发现抹面砂浆及砌石不牢脱落，及时修理。

8）宣传牌、警示牌。埋设端正，面层喷刷完整，字迹清晰。如有损坏，及时上报。

9）绿化工程。对新建园区景观桌椅及植物要适时打扫、修剪，加强日常巡查，防治人为恶意破坏景观工程。

10）防护林、山林。防护林巡查每两天一次并做好记录，山林巡查冬季每周二次，平时每月一次，特殊日期重点防守；能及时发现火灾、乱伐树木等危险、违章行为，出现险情，立即处理上报。

（2）渠道工程（管理范围内）。对明渠堤坡、堤顶混凝土路面、堤顶土路面、过水断面、分水口、水位房、闸控站、节制闸、泄洪闸、里程桩、界桩、桥梁、渡槽、渠下涵、截流沟进行维护。

1）堤坡。要求放水期间随时巡查，一般情况下两天一次，施工、抗旱、暴雨、发现和处理违章等特殊情况下每天一次以上。对堤身滑坡、裂缝、塌坑、洞穴和雨淋沟要及时维护、平整。不得有种瓜种豆、栽树等违章行为。

2）堤顶混凝土路面。一般两天检查一次，及时捡拾混凝土路面垃圾，修剪两边便道路肩的杂草灌木。路肩杂草高度不超过0.2米，雨后及时疏通、清除截流沟内泥土等杂物。

3）堤顶土路面。一般两天检查一次，路面无大的坑洼，及时平整路面、铺筑代料、捡拾垃圾，路边0.3米内杂草高度不超过0.2米。

4）过水断面。要求放水期间随时巡查，一般情况下两天一次，施工、抗旱、暴雨等特殊情况下每天一次以上。浆砌及预制块护坡砌体无丢失、无塌陷现象，勾缝完整；混凝土护坡无鼓起、塌陷现象，变形缝填料齐全无破损、杂草；迎水坡发现高秆、杂草、杂物及时清除，渠底无大的淤积，及时清理水面的树枝，塑料袋及大面积的漂浮物。

5）分水口。要求放水期间随时巡查，一般情况下两天一次，施工、抗旱、暴雨等特殊情况下每天一次以上。启闭设施砌体及抹面无人为损坏，启闭设施齐全、无丢失，迎水面及背坡水池字迹清晰、无破损，胸腔砂浆抹面无脱落，预制盖板无丢失及挪动现象。

6）量水堰。量水堰为精密建筑物测流设施，要求砌体无人为损坏、裂缝、坍塌现象，水位井无堵塞，无藤蔓植物攀爬，遇有损坏，及时上报处理，按规定程序修复。

7）界桩、里程桩。字迹清晰，无丢失，损坏现象。发现损坏，及时修复。

8）桥梁、渠下涵。一般两天检查一次，暴雨及灌溉期间随时巡查，桥梁砌体无破损，无脱落露筋现象，护栏板完好，遇有破损及时修补。渠下涵进出口土体无掏空现象，附近渠堤无散浸、管涌现象，发现险情，及时处理上报。

9）渡槽。一般情况下两天一次，施工、抗旱、暴雨、发现和处理违章等特殊情况下每天一次以上。进出口浆砌扭曲面砌体无脱落，渡槽槽身无明显裂缝，止水填充材料齐全无破损，进出口台渠范围内无大树、灌木丛。灌溉期间渡槽渗漏无异常，渡槽进出口坡脚无坍塌，渗漏无异常，发现险情及时处理上报。

10）水位房、闸控站、节制闸、泄洪闸。要求放水期间随时巡查，一般情况下两天一次，施工、抗旱、暴雨等特殊情况下每天一次以上。闸室做到内外整洁，闸门及启闭机械做到启闭灵活，安全可靠；仪器设备如流速仪、雨量器、自记水位计等要经常维修保养，灌溉前要全面检查，确保运行正常，每年抗旱结束后统一进行配件更新及修理。

11）截流沟及小沟入渠。每周检查一次，雨后加强巡查，发现沟内淤泥、杂物要及时清除，保持截流沟排水顺畅，发现抹面砂浆及砌石不牢脱落，及时修理，排除隐患。

（3）渠道工程（确权范围内）。一般一周两次，只负责管理，不负责养护工作。要求积极宣传水利工程管理办法，提高附近居民觉悟，知法守法。对在渠道管理范围内违章建房、种植等行为要及时制止，按照建房审批手续，先审批后实施。

3. 溢洪道闸门管理制度

（1）溢洪道作为水库的枢纽组成部分，受国家法律保护，任何单位和个人不得侵占和毁坏。

（2）任何单位和个人都有保护溢洪道安全的义务，严禁任何有损溢洪道安全的行为发生。

（3）溢洪道是水库最重要的主体建筑物，全体工作人员要高度重视机房的安全保卫工作，严格执行各项规章制度和操作规程，严防各类事故发生。

（4）凡是进入启闭房的工作人员，要严格执行"三不准"规定：不准携带易燃、易爆、易碎、强磁、强酸、腐蚀物品；不准吸烟、燃点明火；不准带电作业，有漏电现象应停止操作、及时查明原因并予以排除更换。随时关锁机房大门，严禁闲杂人员进入机房。严格机房钥匙管理，不准将机房钥匙转借无关人员。

（5）认真做好溢洪道检查工作，下班时检查设备、电源的关闭情况，整理好机房，关好门窗。

（6）严格按照溢洪道维修养护规程做好溢洪道的维修养护工作。

（7）做好机房内的清洁卫生，保持室内整洁，环境优美，各种工作用品放置有序。

4. 溢洪道启闭机操作规程

（1）检查机架是否牢固，电动机、减速系统润滑油是否正常，制动闸瓦间隙、磨损情况。

（2）检查钢丝绳在卷筒和滑轮上缠绕是否正确。

（3）检查轴是否平伸，转动是否灵活，各连接是否紧固，齿轮啮合是否正确。

（4）每次使用前，必须将4号钙基润滑脂注满油杯，较好地润滑滑动轴承。

（5）检查配电柜、动力柜电源指示是否正确。

（6）按下绿色"起升"，闸门开始提升，绿色"起升"指示灯亮，闸门将会自动提升直至上极限，红色"上极限"指示灯亮。

（7）按下绿色"闭门"按钮闸门开始关闭，蓝色"下放"指示灯亮，当闸门运行到全关位置时，限位开关切断控制回路自动停机，同时蓝色"下极限"指示灯亮。

（8）当吊重达到额定重量的90%时，红色"90%负荷"指示灯亮以提醒操作人员的注意。当吊重超过额定重量的110%时，荷重显示仪输出接点动作，启闭机自动停机，同时红色"过负荷"指示灯亮。此时下降回路是接通的，重物可以下放。

（9）事故状态下按下黄色"紧急停机"按钮，断路器的分励线圈带电断开总电源，以确保设备安全。故障排除后应对断路器Q1进行重合闸。

（10）所有紧固件不准有松动现象。

（11）松动的键要及时更换，键与键槽紧密配合，不准放置垫片。

（12）制动器铰轴保持灵活，经常检查制动瓦与制动轮间隙，保持制动轮表面光洁、无油污，制动瓦允许温升220℃，磨损厚度若超过2毫米时需要更换。

（13）制动轮磨损 1.5～2 毫米时，应重新车光并经热处理后再用，同时要检查接触面积不得小于 75%。当壁厚磨损达到 50% 时，应报废。

（14）减速器按减速机使用说明书的规定进行维护和保养。

（15）滚动轴承温升不得超过 70℃，滑动轴承温升不得超过 65℃。

（16）滑轮应转动灵活，磨损面有良好润滑，间隙过大应以更换。

（17）运行完成后，应及时认真填写《溢洪道启闭调度运行记录表》。

5. 输水闸闸门启闭操作规程

（1）使用前要对启闭机械、闸门位置、电源动力设备、仪表等情况进行全面检查，确保设备能正常运行。

（2）日常要保持对启闭机润滑油的加注及保养。

（3）用远程遥控操作时，应检查控制柜遥控开关的位置是否打在"自动"上；改用现场操作时，控制柜的遥控开关的位置是否在"现场"上。

（4）每次开闸放水前，应试运行一次，应注意设备运转时是否有异常声响，如有异常则应立即停机检查，运转方向是否与正确方向相符，当认定为上升时即停机，然后关闭。

（5）试运行正常时，可以进行闸门的提升和下降工作，运转时应注意：上升或下降高度是否与调度指令高度相符；当闸门运行前要特别注意检查上、下限位装置是否正常，以免启闭过度，操作结束后，应切断电源。

（6）闸门工作时，必须有两名及以上工作人员在现场。一人监视闸门预定高度的位置，以及提升或下降过程中的情况，另一人做好启闭前的检查和准备，以及运行中规定的各项工作。

（7）每次运行后，及时认真填写好《输水闸调度运行记录表》。

6. 闸门养护维修规程

（1）闸门必须保持清洁完好，启闭运行灵活，闸门门体上不得有油污、积水、垃圾和附着水生物等污物。

（2）闸门经涂锌保护，应经常检查保护层是否完好，有无破损、如有破损应作保护处理。

（3）避免闸门整体或局部发生强烈振动。

（4）定期检查闸门止水的整体性，止水是否有严重磨损，防止橡皮止水老化。

（5）闸门支点及侧滚轮转轴润滑应保持良好，使部件运转灵活，不得发生卡阻或异常振动及响声。

（6）闸门行走装置、滑块与行走支承轨道的磨损应在规定范围之内，不得发生硬性摩擦，如发现此情况，应立即处理。

（7）闸门运行时，注意观察闸门是否平衡，有无倾斜、跑偏现象。

（8）认真做好日常保养、维护、维修、保洁工作，做好记录。

7. 启闭设备养护维修规程

（1）认真做好启闭机的维护工作，贯彻启闭机维修原则，"安全第一，预防为主"，做到"经常维护，随时养护，养重于修，修重于抢"。启闭机应始终保持完好状态，在运行中无异常的振动和噪音，能随时投入运行。

（2）润滑部件应及时加注润滑油，注意观察齿轮箱的油位及油质，如发现油位偏低或油质不好时，须及时更换。

（3）启闭机械的金属结构表面如出现锈蚀现象，须进行除锈、刷漆处理，整机刷漆颜色协调美观，不得有挂流、起皱现象。

（4）全面做好启闭机械设备设施的清洁、紧固、调整、润滑工作。

（5）日常巡查的同时对启闭设备（溢洪闸）进行短时试机，汛前、汛后进行全面检查、试机。每次开机及检查情况都应详细做好记录，发现异常，及时上报。

8. 溢洪道备用电源发电机组操作规程

（1）检查机油油位应处在油标尺刻度上限偏下，燃油管道是否进入空气，冷却液液面应位于水箱盖下面 5 厘米处。

（2）检查机组下部地面有无液体滴落，零部件有无松动。

（3）检查充电是否正常，电量是否充足，液面是否正常。

（4）汛期每 10 天运行一次，非汛期 1 个月一次，每次 10 分钟，运行 10 分钟后才能带动负荷。

（5）每月检查一次排烟管道及空气滤清器。

（6）检查控制屏显示状态是否正常。

（7）检查频率、电压是否正常，负载电流是否超值。

（8）检查机油压力、温度是否正常。

（9）检查（倾听）工作声响是否异常。

（10）巡视机组外部管道有无泄漏，燃油是否充足。

（11）机组发电完毕，先分闸切除负载，让机组空载运行 3～5 分钟后方可停机。

（12）停机后检视机组，补充燃油、机油等消耗材料。

（13）停机后应开启蓄电池微充，保持蓄电量充足。

（14）机组运行完后应及时认真的填写《溢洪道备用电源运行记录表》。

9. 水利工程维修验收制度

（1）本制度适用于枢纽及灌区各所（段）的年度岁修及抢修维修任务。

（2）各所（段）根据管理范围内工程运行情况，按时上报工程岁修及抢修计划，经工管科现场审定后报局领导审批。

（3）工程维修不准分包或转包，各所（段）必须安排施工人员驻现场施工，督促施工进度及施工质量。

（4）维修计划未经局领导审批，不得擅自开工实施。

（5）维修工程必须全部按批复维修计划全部完工，并自检质量符合相关规范要求，进行预验收后，方可申请完工验收及结算工作。

（6）新增维修工程项目及删减维修工程项目必须经局主管领导审批同意后方可实施，不得擅自增加或删减，否则不予验收结算。

（7）所有工程维修验收单价必须与批复计划保持一致，不得随意更改工程单价。

（8）工程验收时，发现工程质量不合格的，需经返工质量达到合格要求后，方可进行申请再次验收。

（9）工程验收时，各所（段）必须提供必要的施工资料，否则，不予验收结算。

（10）工程验收必须由局工管科协同计财科进行现场验收，经双方责任人签字后，方可最终结算。

二、目标管理要求

目标管理与个人承包相结合的责任制方案的主要原则是坚持效率优先、兼顾公平，实行按岗定员、以岗定责、按劳分配、奖勤罚懒的激励机制。首先界定各单位管理范围、工程处数和灌溉面积等，根据任务大小、工作难易合理承包给职工、各负其责。实行"五定"承包责任制，即"定人员、定任务、定标准、定工资、定维修费"。各单位实行全年承包经费包干，打破现行档案工资制，实行岗位工资制，单位负责人结合单位具体情况，确定每个职工的工资分配，并与每个职工签订责任书。对职工日常管理养护等工作达不到责任书要求的，单位负责人有权根据有关条款扣发相应职工工资。

三、目标管理考核

为了实施有效监督，年初由工管科与枢纽、灌区各工程管理单位签订《工程目标管理责任书》。各工程管理单位根据责任书要求与职工签订《工程目标管理责任书》，将工程目标管理逐层落实到人，夯实责任，以便后续开展月讲评、月检、半年考评、年终考评等目标管理工作，并将日常检查中发现的问题逐层落实到个人考核上。

1. 月讲评

每月由各单位负责人带队，全体管理人员参加，按照岗位承包合同规定的责任段面——进行现场检查和讲评，对讲评中发现的问题按照责任段面据实记录，落实到相关责任人，并要求其限期整改。逾期未整改到位的，按照岗位责任书的奖罚标准及时处理，处理情况要有详细记录。

2. 工程月检

工程月检由工管科负责，是指每月至少对所属水利工程进行一次检查或不定期抽查，检查中发现的问题依据责任书现场处理，并开出扣款通知单，通过计财科当月结账兑现。各单位按照岗位合同书的奖惩办法扣款到个人。

3. 半年考评

每年 7 月，工管科会同计财科、人劳科、信息中心、水政、办公室等部门相关人员组成考评组，对枢纽及灌区工程运行及管理情况进行全面详细检查。整个检查一般为 4 天，其中枢纽工程 1 天、南干渠 1 天、北干渠 1 天、会议室讨论考评 1 天。考评标准参照水利部一级水管单位考核手册，实行千分制考核。考评标准共分为四部分，分别为学习与纪律 130 分、综合治理与安全生产 130 分、工程管理 590 分、后勤管理 150 分。各参加考评的科室按照职责分工就所属考评部分进行现场检查，并按照考评标准记录扣分点。考评会上，先由各工程管理单位汇报工作并自评考核，得分后离场。各考评科室根据检查记录情况讨论各工程单位扣分及考评得分后召集各工程管理单位宣布考评结果及排名。合格标准为枢纽 940 分、灌区 930 分。

4. 年终考评

每年 1 月工程管理单位组织年终考评，对全年工程管理情况进行全面总结，程序同半年总结。在计算年终得分时，以半年考评得分的 40% 及下半年考评得分的 60% 计算本年度年终考评最终得分。合格标准不变。若考评低于标准分，则要扣罚。若枢纽单位超过 960 分、灌区单位超过 950 分，则每超过 1 分给予工程管理单位奖励。考评得分第一名获得年度先进单位。

四、工程维修养护

多年来，管理局十分重视工程运行养护工作。在管理过程中，注重养护行为规范化、制度化、实效化，坚持"经常养护、随时维修、养重于修、修重于抢"的原则。《工程目标管理责任书》中对工程维修养护提出了"五无"的严格要求，即做到（大坝）路面无坑洼、背坡无高杆、护坡无散石、沟涵无阻塞、坝面无牛粪垃圾，并禁止羊上坝和雨后牛上坝。各管理单位所辖范围内的小型维修做到随坏随修。另外，推行工程岁修及抢修制度。每年年初，根据汛前检查情况，分枢纽和灌区制定防汛维修计划及春工维修计划，报局领导审定后，落实实施，所有工程必须于汛前及灌前完工，杜绝层层发包。工程完工后，由工管科会同计财科负责竣工验收结账，未完工项目不得结账。

对重要的金属结构、机电设备，坚持"养修并重"的工作方针，由所属各管理所负责养护。主要维修养护要求为：对机电设备做好经常擦拭、检查，保持表面无尘、无污、无锈；检查各类电力线路，确保无漏电、短路、断路等现象；备用电源按规定进行维护、检修，并在汛期每 10 天试机一次，非汛期 1 个月一次。

目前，我们做到了金属结构、机电设备维护制度上墙、明示；电气设备运行情况良好；闸门无漏水现象，启闭灵活；各类机电设备外观整洁、无油污、无锈蚀，备用发电机维护良好，能随时投入使用。机房外观美观大方，室内整洁卫生；维护记录规范。

自 2013 年开始，上级开始下达专项维修养护资金。其中 2013 年中央维修养护资金 85 万元，2014 年省级维修养护资金 75 万元，2015 年省级维修养护资金 90 万元，2016 年省级维修养护资金 72 万元。为更好适应专项维修养护资金的要求，自 2013 年起，要求所有验收工程必须出具相关施工资料，并附"一点三照"，且由工管科根据工程完工及质量情况出具竣工验收卡，对其施工质量进行评定。对巡查中发现涉及工程安全与完整的任何工程隐患，由工管科提出抢修方案，审定后实施，及时消除安全隐患。通过上述措施，使水库始终保持坝面整洁无散石、无高杆，启闭机房卫生、整洁及设备设施运行正常。

五、所获荣誉

2011 年，管理局通过国家水管单位省级初验。2012 年，管理局通过水利部专家验收，成为国家一级水管单位，为湖北省内第三家获此殊荣的管理单位。

第四节　北干渠管理体制变更

一、北干渠移交的事由及原因

根据 2006 年 6 月 6 日荆州市政府专题会议纪要第 25 期，即《关于理顺洈水北干渠管理体制有关问题的会议纪要》记载：2006 年 3 月 29 日，荆州市政府就理顺洈水北干渠管理体制的有关问题进行了研究。会议由市政府副秘书长罗会林主持，市编办、水利局、财政局、劳动和社会保障局、管理局和松滋市政府及松滋市水利局参加了会议。

会议表述：洈水北干渠是洈水灌区的重要组成部分，近年来与管理局分开管理，在组织领导和工程建设上存在诸多问题。松滋市政府请示荆州市政府，将由松滋市管理的北干渠及其管理机构移交由管理局管理。鉴于体制变更后，有利于洈水灌区的统一规划和建设，有利于发挥洈水灌区整体效益，有利于洈水灌区推行两部制水价改革，荆州市政府同意松滋市政府的请求。同时提出了面临的人员安置分流及松滋市洈水北干渠管理段的债权债务问题等。

二、移交工作中存在的主要问题

2008 年 4 月 2 日，管理局以《关于松滋北干渠移交中必须要落实有关问题的报告》（荆洈管〔2008〕10 号）向荆州市政府提出：一是管理局需接受洈水北干渠管理段职工 23 人，荆州市应解决该部分人员的编制及经费来源，纳入财政预算；二是北干渠建设所有世界银行贷款和节水改造工程建设所发生的工程尾欠款由管理局负责解决，但因数额大，暂无法承担；三是接受的 23 名职工需进入社会养老保险，但现阶段养老保险准入门槛高，请社保局给予照顾。

三、达成移交协议

2008 年 8 月 12 日，荆州市编委一次会议决定，由常务副市长黄建宏负责做好北干渠的移交工作。9 月 5 日，黄建宏主持召开会议，就北干渠移交管理局形成了一致意见，形成了《关于涴水北干渠管理段管理体制变更的备忘录》。

涴水北干渠移交工作按荆州市政府《关于理顺涴水北干渠管理体制有关问题的会议纪要》（〔2006〕第 25 期）精神执行，移交范围包括管理段的机构及部分相关人员、管理职能、与工程相关的债权债务、移交人员的社会养老保险、现有房产、土地等一并由松滋市移交管理局。具体如下：

（1）移交人数 23 人，其中在职职工 16 人，退休职工 7 人。

（2）移交人员养老保险费单位承担部分，由松滋市政府负责补缴至 2008 年，其后由管理局负责缴纳；个人部分由移交人员个人负责缴纳。

（3）北干渠原工程建设所用世界银行贷款剩余资金，经审计后确定具体数额，移交管理局。

（4）北干渠确权划界、清淤除障工作于 9 月中旬启动，12 月底前完成。

（5）税改后发生的欠缴水费在 3 年内还清，由松滋市政府负责督促有关乡镇偿还 30%，剩余水费由有关乡镇和管理局签订还款协议。

（6）体制变更后，由松滋市政府负责做好两部制水价的落实工作，北干渠灌区的水费收取按其他灌区同等对待。

进一步强化责任，涴水北干渠移交工作由市政府副秘书长罗会林具体负责。会后正式启动移交工作。

四、移交后的体制设置

2009 年，涴水北干渠正式移交管理局，设置了四个管理段，分别为白马山管理段、茶市管理段、培理桥管理段、碾盘管理段，全部为正科级编制，每个管理段设正科级段长一名、副科级段长两名。

第五节　澧县涴水灌区

一、澧县涴水灌区概况

澧县涴水灌区位于澧县涔水以北浅丘区，北与湖北省松滋、公安两县（市）交界，南与澧县涔康下垸、淞澧垸相连，西接湖南澧县山门水库灌区，东抵荆湘垸，属武陵山余脉向洞庭湖盆地过渡地带，是全省唯一、全国不多的跨省丘陵灌区。灌区工程于 1973 年 3 月动工，1975 年 1 月建成通水，设计灌溉面积 15.32 万亩，实际灌溉面积 13.211 万亩（其中湖北 0.3 万亩，湖南澧县 12.911 万亩），渠首引水流量 9.8 立方米每秒，加大流量 11.27 立方米每秒。灌区工程建成后，确保了澧县涔水以北金罗、宜万、盐井、棉花原种场、雷公塔、复兴厂、梦溪、双龙、如东 9 个乡（镇、场）91 个行政村等范围内 13 万余亩农田干旱保收，保障了该地区工农业生产的稳定，为澧县涔北地区工农业生产发展发挥了巨大作用。因此，澧县涔水灌区干渠被当地人称为"生命渠、幸福渠"。

二、灌区主要工程设施

澧县涔水灌区工程自 1975 年建成以来，已形成了主干、分干、支、斗、农五级输、配水渠系，其中干渠 1 条长 63.131 千米，分干渠 2 条长 27.71 千米，支渠及分支渠 62 条长 190.82 千米，斗渠 157 条长 479.57 千米，农渠 436 条长 826.93 千米。干渠上有跨铁路倒虹吸管 1 处长 69 米，隧洞 3 处长 1032 米，渡槽 3 处长 212 米，公路暗涵 1 处长 31 米，泄洪闸 8 处，节制闸 12 处，跨渠交通桥、渠下涵及其小型附属建筑物 872 处；支渠上有渡槽 5 座总长 639 米；隧洞 61 处总长 4773 米；倒虹吸管 1 处长 40 米；暗涵 11 处总长 1496 米，其他小型附属建筑物 1472 座。灌区工程运行管理实行统一调度、分级管理，干渠和分干渠及渠道上的建筑物归灌区管理处管理，支渠和分支渠及其渠道上的建筑物由各受益乡（镇）水利站管理。

三、运行管理

澧县涔水灌区管理处成立于 1974 年，全处现有干部职工 77 人（其中在职 55 人，离退休 22 人）。2009 年水管体制改革后，灌区定编定岗 27 人；设二级机构 9 个（其中机关股室 5 个，渠道沿线管理所 4 个）；2013 年 1 月，灌区正式确定为正科级事业管理单位。为保证灌区正常、高效运转，灌区管理处管委会对每个员工定岗定责，成立专门管理工作小组，严格要求，及时考评，与年底考评挂钩，并建立奖惩制度和末位淘汰制度，以调动干部职工的工作积极性和劳动热情，使管理工作更加规范化、制度化、法制化，防止人浮于事，确保灌区工程安全运行和工程效益充分发挥。

四、职能与职责

（1）负责灌区内主要水利工程设施的日常运行管理与维护。包括主干渠 1 条长 63.131 千米，分干渠 2 条长 27.714 千米，支渠 43 条长 137.302 千米及灌区内水工建筑物 1472 座。

（2）根据《水法》《防洪法》《中华人民共和国水土保持法》（以下简称《水土保持法》）、《中华人民共和国行政处罚法》和《水行政处罚实施办法》等相关法律、法规及规定，严厉打击破坏水利设施的违法行为，妥善处理灌区内一般水违法事件，坚决保障灌溉工作顺利进行。

（3）及时了解灌区旱情，适时向涔水水库引水灌溉，保证灌区农作物旱涝保收。

（4）积极向上级汇报灌区情况，争取项目资金，对干渠以及附属建筑物更新改造，改善灌溉条件，提高水利用率，节约水资源。

（5）积极承办上级部门交办的其他工作任务。

五、历届主要负责人

灌区历届主要负责人名单见表1-19。

表1-19　　　　澧县涔水灌区1996—2016年主要负责人名单

序号	姓名	任职时间	职务/职称
1	胡庭平	1995年6月—1998年1月	书记/工程师
2	邓宏发	1998年1月—1999年1月	书记
3	谭登佳	1999年1月—2001年10月	主任
4	马建军	2001年10月—2005年1月	书记
5	刘迅	2005年1月至今	书记

第二章

水库防汛抗旱

　　洈水水库在确保枢纽工程安全的前提下，采取"低水迎汛、中水保灌、高水越冬"的调度方式，正确处理防洪与灌溉的矛盾，做到洪水来时有序应对，大旱之年力抗保收。1996—2016年，水库共泄洪59次，发挥了巨大的防洪减灾效益，累计达60亿元。先后拦截进库洪峰1000立方米每秒以上的洪水58次，其中泄量大于1000立方米每秒的1次；放水灌溉6.73立方米，累计受益农田近50万亩。

　　工程为基，调度为要。水库自建成以来，经过几代人不懈努力，特别是通过水库除险加固，已逐步完善了水雨情信息采集系统、洪水预报与调度系统等洪水管理与科学决策支撑系统，形成了洪水调度方案、人员转移安置方案等防汛抗旱预案体系以及分类管理、分级负责、条块结合、属地为主的应急管理体制和统一指挥、反应灵敏、协调有序、运转高效的应急管理机制。

第一节　水　库　防　汛

一、防汛组织机构

　　根据《防洪法》和《中华人民共和国抗旱条例》有关规定，大型水库每年上报防汛责任人名单。洈水水库行政责任人由荆州市市长担任，主管部门责任人由荆州市水利局局长担任，管理单位责任人由管理局局长担任，技术责任人由管理局总工担任。

　　每年汛前，经荆州市防汛抗旱指挥部批准，及时调整"荆州市洈水水库防汛抗旱指挥部"。2012年以前，指挥长由松滋县委副书记担任，副指挥长由管理局正副局长和下游六个乡镇的党委书记担任。2012年以后，指挥长由松滋市市委常委担任，副指挥长由荆州市水利局副局长、管理局局长担任，见表2-1。

表2-1　　　　　　　　历年洈水水库防汛责任人一览表

年份	防汛行政责任人	防汛指挥部指挥长	防汛主管部门责任人	防汛管理单位责任人	防汛技术负责人
1996	王　平	裴光奇	易光曙	廖新权	
1997	王　平	裴光奇	荣先楚	雷正立、裴德华	
1998	王　平	裴光奇	荣先楚	雷正立、裴德华	
1999	徐松南	张文政	荣先楚	雷正立、裴德华	
2000	李春明	张文政	荣先楚	雷正立、裴德华	
2001	李春明	范锐平	荣先楚	雷正立、裴德华	
2002	李春明	肖夕映	荣先楚	雷正立、裴德华	
2003	应代明	肖夕映	荣先楚	雷正立、王联芳	

续表

年份	防汛行政责任人	防汛指挥部指挥长	防汛主管部门责任人	防汛管理单位责任人	防汛技术负责人
2004	应代明	肖夕映	耿冀威	王联芳	
2005	应代明	肖夕映	耿冀威	王联芳	廖光耀
2006	王祥喜	肖夕映	耿冀威	王联芳	曾　平
2007	王祥喜	邓应军	耿冀威	王联芳	曾　平
2008	王祥喜	邓应军	耿冀威	王联芳	曾　平
2009	王祥喜	邓应军	耿冀威	王联芳	曾　平
2010	李建明	邓应军	耿冀威	王联芳	曾　平
2011	李建明	邓应军	耿冀威	王联芳	曾　平
2012	李建明	郑海云	耿冀威	廖光耀	曾　平
2013	李建明	郑海云	郝永耀	廖光耀	曾　平
2014	杨　智	付良超	郝永耀	廖光耀	曾　平
2015	杨　智	付良超	郝永耀	廖光耀	曾　平
2016	杨　智	付良超	郝永耀	廖光耀	曾　平

二、内部分工

（一）机构设置

为做好防汛抗旱工作，确保水库安全度汛，浥水防汛抗旱指挥部每年调整机构设置，设立一室六组，即：办公室、工程组、水情信息组、后勤保障组、安全保卫组、宣传教育组、水手水运组。

（二）职责划分

（1）办公室：负责防汛工作情况综合、上下联系，组织和督促防汛值班人员上岗到位，做好汛期来往人员的接待工作。

（2）工程组：负责工程及建筑物的检查维修，督促日常巡查、检查与观测，负责工程观测资料的收集、整理、分析，随时掌握工程运行状态，做好在建工程防洪安全，做好洪水预报，优化调度方案，组织抢险和技术指导，会同有关部门调集防汛器材。

（3）水情信息组：负责水雨情遥测、防洪调度自动化系统和办公自动化设备设施的运行与维护，确保通信等设备设施的正常运行。随时关注天气预报，及时准确传递水雨情信息。

（4）后勤保障组：负责组织落实防汛器材物资，做好备用电源、防汛照明设施维修与保养。负责重点防守段和防汛工地照明。

（5）安全保卫组：负责对工程范围内的安全检查，做好水政监察，严厉打击危害工程安全的一切违法犯罪行为。

（6）宣传教育组：负责水法规宣传贯彻。会同相关乡镇做好防汛劳力的法制宣传，做好指挥部干部职工的思想教育，抓好防汛岗位责任制的落实。

（7）水手水运组：负责抓好水运工作，组织水手完成水下作业任务。

（三）水库枢纽分段防守

根据指挥部文件要求，水库枢纽工程采取分段防守，枢纽工程防守分为五个部位，即：主坝、南副坝、北副坝、溢洪道、电站。每个工程部位分别设有防守领导、防守责任人、工程员和超正常高水位加强防守人员，并设有重点防守段。

（四）物料储备

2011年，管理局将西斋水电站仓库进行维修改造为溾水水库防汛物资仓库，每年汛前按时清点盘查防汛物资，登记造册，由计划财务科负责防汛物资仓库管理、调用。防汛物资管理严格贯彻"安全第一，常备不懈，讲究实效，定额储备"的原则，做到"专物专用"，任何单位和个人不得擅自动用。目前，水库已储备防汛物料：编织袋2万条、砂石料100立方米、块石400立方米、铅丝2吨、桩木10立方米、柴油5吨、汽油5吨；救生器材：救生衣（圈）75件、抢险救生船5艘；小型抢险器材：发电机组278千瓦。但根据SL 298—2004《防汛物资储备定额编制规程》的要求，水库砂石料、块石储备数量严重不足。

三、泄洪工程运用

（一）调度运用

水库除险加固完成后针对水库相关运行参数的变化，按照湖北省水利厅要求，水库完成了调度规程修编工作。2012年，湖北省水利厅以鄂水利库复〔2012〕291号批复了《溾水水库调度规程》。

1. 汛期划分

根据溾水流域多年的水文资料分析，确定每年4月15日—10月15日为汛期。4月15日—4月30日为初汛期，水库可蓄至正常蓄水位94.0米，库容44200万立方米；5月1日—7月31日为主汛期，汛限水位93.0米，库容40600万立方米；8月1—31日为后汛期，汛限水位93.5米，库容42400万立方米；9月1日—10月15日为汛末，按正常蓄水位94.0米蓄水运用。

2. 调度方案

（1）调度原则、方式。局部服从整体，兴利服从防洪。在调度运用中，整体要照顾局部，防洪要兼顾兴利，统一领导、全面安排，把灾害降低到最小范围，最大限度发挥水库效益。

溾水水库两座正常溢洪道的防洪能力目前已基本达500年一遇设计标准，汛限水位93.00米。在确保工程安全的前提下，尽量发挥水库的调蓄作用，当入库流量大于调节下泄量，水位超汛限水位时，可根据水雨情预报开闸泄洪。

溾水水库运行参数特征指标和溾水水库特征水位及相应库容分别见表2-2、

表2-3。

表2-2 涴水水库运行参数特征指标

项 目	单位	数值	项 目	单位	数值
来水面积	平方千米	1142	死水位	米	82.5
设计标准	%	0.2	下游河道防洪标准	%	5
校核标准	%	0.02	下游河道安全泄流	立方米每秒	1627
校核洪水位	米	95.77	水库控泄流量	立方米每秒	1627
设计洪水位	米	95.16	调节性能	年/多年	
防洪高水位	米	94.38	总库容	亿立方米	5.12
正常高水位	米	94	调洪库容	亿立方米	1.056
主汛期（5月1日—7月31日）	米	93	防洪库容	亿立方米	0.504
后汛期（8月1—31日）	米	93.5	兴利库容	亿立方米	3.09
发电死水位	米	84	死库容	亿立方米	1.33
城镇供水保证水位	米	86			

表2-3 涴水水库特征水位及相应库容

项 目	校核洪水位	设计洪水位	防洪高水位	正常蓄水位	汛限水位	死水位
特征水位/米	95.77	95.16	94.38	94.00	93.00	82.50
相应库容/万立方米	51160	48660	45640	44200	40600	13300

灌溉服从防洪，发电服从灌溉，水库泄洪与下游河道发生矛盾时，下游河道必须服从水库安全。由于下游防洪能力只有20年一遇标准，为合理解决两者之间矛盾，其调度方式为：

未超20年一遇洪水情况：尽量发挥水库调蓄作用，适当控制下泄量照顾下游河道行洪安全；

超20年一遇洪水情况：当影响水库安全时，下游河道必须服从水库安全。应及早通知下游松滋、公安两县（市），做好河道防洪安全转移工作。

（2）泄洪方式：分级泄控。具体泄流方式为：以汛限水位93.00米起调。

1）当入库洪水未超20年一遇洪水时，先启用木匠湾溢洪道，控制水库最大下泄流量不超过1627立方米每秒，控制最高库水位不超过94.38米，且最大下泄流量不得超过最大入库流量，闸门开启数及开度视具体情况灵活变动。

2）当入库洪水超过20年一遇洪水时，当库水位在94.38米以下时，启用木匠湾溢洪道控制水库最大下泄流量不超过1627立方米每秒。当库水位上升到防洪高水位94.38米，且水位继续上升时，首先考虑水库工程安全，木匠湾溢洪道3孔全开。当入库流量超过木匠湾溢洪道的泄洪能力且不超过4500立方米每秒时，可增开孙家溪溢洪道1～2孔；当入库流量超过4500立方米每秒时，孙家溪溢洪道可3孔全开,全力泄洪。当库水位降至94.38米以下时,在确定后期无雨的情况下,控制最大出库流量为1627立方米每秒。

沺水水库主汛期防洪调度表见表2-4。

表 2-4 沺水水库主汛期防洪调度表

洪水标准	木匠湾		孙家溪		最大下泄流量	备注
	条件	开启孔数	条件	开启孔数		
≤5%	<1627立方米每秒	1~3			闸门控泄,最大下泄流量不超过最大入库	
	≥1627立方米每秒	3			1627立方米每秒	控制下泄
>5%	≤94.38米	3			1627立方米每秒	控制下泄
	>94.38米	3	>1941立方米每秒且≤4500立方米每秒	1~2	3826立方米每秒	
	>94.38米	3	>4500立方米每秒	3	5043立方米每秒	

3)水库库容系数小,因而防洪与兴利关系在可靠的水雨情分析基础上相互兼顾,力争多蓄水、多发电。

(3)超标准洪水的应对措施及启动条件。若入库洪水超过5000年一遇洪峰流量6590立方米每秒时,库水位达到95.77米且有上涨的趋势,说明水库已遭遇超校核标准洪水,两座溢洪道全部开启,在必要时,可采取爆破北副坝茅屋湾、学屋湾副坝等非常方式泄洪,降低水库水位,保证水库大坝安全。下游淹没区按照《沺水水库防洪抢险应急预案》相关要求做好淹没区人员、财产转移工作,并全力抢险,以确保主坝安全。

(4)调度权限。

1)库水位接近汛期限制水位时,由管理局根据水雨情,适时通过灌溉和发电调节库水位在汛限水位±0.5米以内。

2)水位超过汛限水位时,由荆州市沺水水库防汛抗旱指挥部根据水文气象预报,提出泄洪方案,报荆州市防汛抗旱指挥部批准后由管理局执行。

3)当遇1000年一遇标准洪水,由荆州市沺水水库防汛抗旱指挥部根据水文气象预报,提出泄洪方案,经荆州市防汛抗旱指挥部提出意见,报省防汛抗旱指挥部批准执行。

4)当水库需要泄洪时,由荆州市防汛抗旱指挥部通知松滋、公安两县(市)防汛抗旱指挥部及下游各有关单位,做好防汛和安全转移工作。

(二)历年运用情况

1996—2016年,水库共泄洪59次,累计泄洪量16.08亿立方米,其中最大年泄洪量2.89亿立方米。见表2-5。

表 2 - 5   1996—2016 年年泄洪量统计表

年份	溢洪道	开、关闸时间	开闸时		关闸时		总历时/秒	出库流量/立方米每秒		总泄量/万立方米	累计泄量/万立方米	总泄洪历时
			库水位/米	$Q_出$/立方米每秒	库水位/米	$Q_出$/立方米每秒		平均	最大			按秒计
1996	木	7 月 3 日 10：00— 7 月 4 日 1：00	92.54	470	92.35	454	54000	465.13	470.00	2511.72	28858	537720
	孙	7 月 4 日 12：12— 7 月 5 日 20：45	92.56	562	92.45	552	117180	543.64	562.00	6370.36		
	木	7 月 7 日 23：50— 7 月 8 日 16：34	93.07	519	92.34	453	60240	484.77	519.00	2920.25		
	木	7 月 9 日 9：50— 7 月 10 日 9：50	92.98	511	92.49	466	86400	502.70	524.00	4343.34		
	木	7 月 14 日 6：30— 23：30	92.5	467	92.28	448	61200	455.50	467.00	2787.66		
	孙	7 月 20 日 14：00— 22：20	92.85	589	92.85	589	30000	593.44	596.00	1780.32		
	孙	7 月 31 日 18：00— 8 月 1 日 4：30	93.64	668	92.98	601	37800	639.38	668.00	2416.86		
	孙	8 月 4 日 14：00— 8 月 5 日 15：15	93.35	638	92.81	586	90900	630.08	652.00	5727.42		
1997	孙	7 月 17 日 7：30— 13：00	92.3	539	92	513	19800	526.27	539.00	1042.02	6515	120960
	孙	7 月 19 日 19：06— 7 月 20 日 23：12	92.52	559	92	513	101160	540.99	559.00	5472.68		
1998	木	7 月 27 日 6：00— 23：50	93.41	549	92.52	469	64200	509.03	549.00	3268	20514	366900
	孙	8 月 3 日 9：45— 8 月 4 日 16：20	93.86	692	92.5	557	110100	643.32	692.00	7083		
	木	8 月 10 日 8：00— 17：00	93.5	557	93.04	517	32400	537.04	557.00	1740		
	木	8 月 11 日 8：00— 19：00	93.47	554	93.11	523	39600	539.91	554.00	2138.04		
	木	8 月 12 日 5：30— 9：30	93.2	531	93.08	519	14400	525.75	531.00	757.08		
	木	8 月 12 日 10：00— 17：00	93.09	520	92.81	496	25200	508.71	520.00	1281.96		
	木	8 月 15 日 10：00— 18：00	93.12	524	92.72	487	28800	505.38	524.00	1455.48		
	木	8 月 22 日 18：30— 8 月 23 日 9：00	93.64	570	92.85	499	52200	534.48	570.00	2790		

年份	溢洪道	开、关闸时间	开闸时		关闸时		总历时/秒	出库流量/立方米每秒		总泄量/万立方米	累计泄量/万立方米	总泄洪历时
			库水位/米	$Q_{出}$/立方米每秒	库水位/米	$Q_{出}$/立方米每秒		平均	最大			按秒计
1999	木	7月8日17：00—7月9日1：00	92.51	459	92.41	451	28800	457.38	461.00	1317.26	11465	228600
	木	7月16日9：30—7月18日2：30	92.48	456.7	92.33	443	147600	482.72	504.70	7124.94		
	孙	7月23日12：00—7月24日2：30	92.67	572.67	92.63	568.67	52200	579.05	585.67	3022.62		
2002	孙	5月1日8：50—9：13	93.15	309	93.15	618	34680	491.21	618	1704	21380	38800
	木	5月1日9：15—18：30	93.15	523	92.77	484						
	木	5月3日14：30—19：30	93.07	519	92.84	498	18000	509.51	519	917		
	木	5月5日9：00—19：00	93.13	525	93.08	520	106200	568.13	611	6034		
	孙	5月5日19：00—5月6日14：30	93.08	611	92.65	571						
	木	5月9日16：00—23：30	93.16	527	92.82	497	27000	512.26	527	1383		
	木	5月15日8：30—17：00	93.32	541	92.95	509	30600	525.82	541	1609		
	木	5月30日10：00—10：52	92.97	510	92.94	507	3120	508.49	510	159		
	木	6月24日10：30—6月25日12：00	92.89	496	92.80	487	91800	513.29	526	4712		
	木	6月28日9：30—21：00	93.15	522	92.63	469	41400	496.00	522	2053		
	木	7月23日13：00—23：00	92.92	499	92.86	493	36000	500.70	504	1803		
	木	7月24日14：00—19：30	0.00	0	0.00	0	0	508.41	519	1007		

续表

年份	溢洪道	开、关闸时间	开闸时		关闸时		总历时/秒	出库流量/立方米每秒		总泄量/万立方米	累计泄量/万立方米	总泄洪历时
			库水位/米	$Q_{出}$/立方米每秒	库水位/米	$Q_{出}$/立方米每秒		平均	最大			按秒计
2003	木	6月26日18：00—6月27日11：30	92.83	490	92.71	478	63000	493	500	3105.7	26144	457200
	木	7月8日8：00—7月10日20：00	92.55	463	93.46	533	216000	629	1100	13591.98		
	木	7月11日2：00—15：00	93.63	570	93.16	523	46800	548	570	2564.46		
	木	7月17日10：00—22：00	93.24	531	93.08	515	43200	521	531	2251.44		
	木	7月19日14：00—22：00	93.26	533	92.87	494	28800	514	533	1480.86		
	木	7月21日9：30—7月22日2：00	93.2	527	93.12	519	59400	530	538	3149.82		
2004	木	7月11日13：00—22：00	92.68	475	92.57	464	32400	472	476	1530	12410	239400
	木	7月18日6：00—22：30	93.2	527	92.66	472	59400	502	527	2984		
	木	7月20日9：00—7月21日1：30	93	507	92.96	503	59400	516	523	3067		
	木	8月5日18：00—8月6日6：00	93.3	537	93.14	522	43200	530	537	2290		
	木	8月14日18：00—22：00	93.58	565	93.38	545	14400	555	565	799		
	木	8月22日6：00—9：00	93.69	576	93.56	563	10800	569	576	615		
	木	8月22日18：00—23：30	93.7	577	93.52	559	19800	568	577	1124.7		
2006	木	2月22日19：30—3月1日9：25	85.41	20.6	85.57	30.2	568500	28	30.2	1570.2	1570	568500

续表

年份	溢洪道	开、关闸时间	开闸时		关闸时		总历时/秒	出库流量/立方米每秒		总泄量/万立方米	累计泄量/万立方米	总泄洪历时
			库水位/米	$Q_出$/立方米每秒	库水位/米	$Q_出$/立方米每秒		平均	最大			按秒计
2007	木、孙	7月25日10：00—7月26日18：00	93	506.7	92.95	105	115200	300.0	509.7	3455.8	3908	207300
	孙	7月29日11：40—21：00	93.3	49.3	93.27	49.2	33600	49.2	49.3	165.5		
	孙	7月30日12：05—18：00	93.25	49.1	93.22	49.1	21300	49.1	49.1	104.6		
	孙	7月31日13：00—23：20	93.19	49	93.14	48.8	37200	48.9	49.0	181.9		
2008	孙	8月30日15：00—8月31日19：00	93.67	300.88	93.96	399.27	100800	284	404.0	2861.3	3387	117900
	孙	9月2日20：30—9月3日1：15	94.1	309	93.99	307	17100	308	308.7	526.2		
2010	木	7月24日18：30—7月26日1：30	93.03	196	92.96	430	30600	264	434	2872	2872	30600
2016	木	6月28日7：10—18：00	92.84	193.62	92.58	464.67	38988	376	489	1468	21816	692676
	孙	7月1日12：00—7月2日9：00	92.91	200	92.41	549	75600	520	594	3932		
	孙	7月5日12：10—18：00	93.14	200	92.88	250	20988	435	616	958		
	孙	7月6日11：50—7月7日11：35	92.95	200	92.79	200	85500	244	300	2086		
	孙	7月15日8：00—7月16日14：00	93.05	299	92.88	295	108000	299	300	3225		
	孙	7月19日18：00—7月22日11：00	93.26	105	93.34	204	234000	324	670	7581		
	孙	8月11日11：00—8月12日23：00	93.66	153	93.5	199.03	129600	198	201	2566		

注　表中"木"为木匠湾溢洪道；"孙"为孙家溪溢洪道。

四、汛限水位变更

1996年，洈水水库汛限水位为在92米的基础上允许有±0.5米的浮动。1997年11月，水库编制汛限水位恢复93米的可行性论证报告。1998年，荆州市水利局以〔1998〕48号文向湖北省水利厅上报《关于恢复洈水水库93米汛限水位的请示》。1998 年 4 月 22 日，湖北省水利厅以鄂水库〔1998〕90 号批复洈水水库恢复主汛限水位 93 米（5 月 1 日—7 月 31 日），后汛期水位为 93.5 米（8月 1—31 日）。

五、水雨情自动化监测系统的运用和升级

1999 年，洈水水库被国家防办列为第二批洪水调度系统试点水库。4 月中旬，编制防洪调度自动化系统设计任务书规划设计。5 月，水雨情遥测子系统委托北京燕禹新技术开发部全部安装调试完毕，增加了川山、青坪、王马堰 3 个雨量遥测站。该子系统由 1 个中心站、2 个中继站、12 个遥测站以及大屏幕显示牌组成，后期利用备品配件自购遥测设备分别增添南干渠快活岭、金星、杨林市、牛场坝、北干、澧干 6 个雨量站，其中杨林市带中继站；形成覆盖水库上游流域及灌区主要 18 个站点遥测系统。

2009 年，实施洈水水库在除险加固信息化工程，由联宇工程技术（武汉）有限公司施工，对全流域 20 个站点进行信道测试，对已建的水库及灌区 18 个遥测站点进行系统更新，并在水库下游河道增设西斋水位站及街河市、法华寺、汪家汊 3 个水位雨量站，填补了下游行洪河道无水情遥测的空白。

水库建成初期，水雨情开始由省地水文站及雨量代办站通过邮电有线电话或电台传递水雨情报。1976 年后，自购军用电台直接与水库传递水情。1990 年，开始兴建遥测系统，到 1999 年 3 月续建完成。2009 年，对水库全流域站点进行了重新规划并开始建设。已建成的系统由 1 个中心站、3 个中继站、22 个遥测站以及大屏幕显示组成，站点覆盖水库上游、下游河道及灌区。自建成以来，系统运行稳定，满足了水库防洪调度的需要，为水库预报调度、防汛抗旱提供了准确及时的水情数据和信息。

六、"九八"抗洪

1998 年入夏以来，长江发生了 100 年一遇的全流域性大洪水。水位长时间居高不下，截至 8 月 31 日，洈水水库已降雨 1075 毫米（大岩嘴站），来水 9.86亿立方米，已超过多年年平均值；水库发生大的洪水 8 次，其中入库超过 1000立方米每秒的洪水 2 次，与长江荆江河段洪峰同步发生的有 4 次，致使水库防汛面临巨大的压力和考验。但在上级防汛指挥机构的正确指挥下，管理局全体员工沉着应战，敢于拼搏，战胜了一次又一次洪水，保障了水库安全度汛，特别是通过各种调度手段，发挥了水库拦蓄调节作用，为已经十分吃紧的江河堤防减轻了压力，避免了可能发生的洪水灾害，为下游抗洪减灾作出了重大贡献。

（一）统一思想认识，全面做好汛前准备

在 1998 年防汛抗灾工作中，管理局始终把"防汛保安全，抗灾保丰收"作为指导思想，努力提高全员防汛工作重要性的认识。

年初，管理局及早进行防汛动员，明确提出了防汛工作的指导思想，即全面防守，重点检查；反麻痹懈怠情绪，反盲目侥幸心理，严密监视天气，及时测报水雨情；严格执行调度命令，当好科学调度参谋；全局上下一心，团结奋斗，夺取防汛抗灾的全面胜利。根据防"五四年型"大洪水的要求，认真落实上级关于做好防汛工作的指示精神，全面搞好工程汛前检查和各项准备。从1月起，多次组织了枢纽工程徒步检查，随时掌握工程运行状况。为把防汛准备落实到实处，重点抓了以下工作。

（1）抓紧汛前整险。年初对溢洪道侧底止水更换和钢丝绳更新，大坝5万平方千米护坡石塞缝整理，南副坝干砌石护坡及白蚁挖灭，消除工程安全隐患。

（2）落实组织领导，建立防汛机构。及时召开水库防汛指挥部指挥长会议，组建有关机构，制定防汛纪律，统一防汛工作的指导思想，落实水库抢险劳力。

（3）根据省防汛抗旱指挥部下达的水库调度运用方案，制作落实各类防汛预案，包括防御"五四年型"洪水的通信保障预案、洪水调度预案和水库超汛限水位水陆交通控管预案等。

（4）防汛物资和通信器材。4月15日，水库水雨情遥测系统正式运行；自筹防汛物料全部到位，并与有关部门协商落实了防汛专用商品器材。

（5）抓紧工作，在5月初与荆州市气象局天气预报卫星系统成功进行了联网运行，为夺取防大汛胜利奠定了基础。

（6）组建水库防汛顾问小组，请老水利、老领导为防汛工作献计出力，对工程管理人员进行防汛知识培训。

（7）坚持汛期值班巡查，从4月15日起，局机关和枢纽进行24小时全天值守巡查。

（8）对水库下游河道进行检查，并及时向上级防汛指挥机构和有关方面通报。

（二）坚持科学调度，发挥水库防洪效益

1998年水库主汛期的水雨情有以下特点，即来水较往年迟，比历年平均值滞后约20天，但洪水持续时间长，一直持续到8月下旬，且洪峰出现多，"坨子雨"不断发生。与往年相比，今年洪水发生的持续性致使库水位长期居高不下滞留在汛限水位。7月中旬至8月下旬，水库进库站连续测得8次洪峰，其中7月24日洪峰（坝前流量）为1885立方米每秒。针对此，主要做了以下工作：

（1）正确分析形势，做到低水迎汛。年初，我国气象、水利专家分析得出了今年夏季长江将出现"五四年型"洪水的预报。这是一个科学的预测，防"五四年型"洪水就是管理局的工作标准，在汛期调度时，坚持低水迎汛，利用发电调节水量，将库水位一直控制在88米以下，为后期防大汛腾出库容1.52亿立方米。

（2）勇于承担风险，兼顾上下安全。7月16日—8月31日，水库库区共降雨 716 毫米，来水 5.65 亿立方米。在此期间，管理局坚决执行上级防汛指挥机构命令，主动承担风险，共拦蓄洪水 1.49 亿立方米，采取早、小、勤的调度方式，抓住时机避开江河洪峰，适时小流量泄洪，8 次泄洪 2.03 亿立方米，通过发电、灌溉调洪 2.13 亿立方米，水库超汛限水位蓄水运行 202 小时，为确保下游安全作出了重大贡献。如 7 月 23—24 日，水库库区以上普降大到暴雨，23 日 16：00 坝前洪峰流量 1885 立方米每秒，库水位迅速上涨，按常规调度，应在 24 日开启溢洪道泄洪，但此时正值澧水发生 19000 立方米每秒的特大洪峰顶托松西河，长江第二次洪峰也将于 25 日到达沙市，松西河受长江洪峰和澧水顶托，24 日下午 14：00 沧河下游公安法华寺水位已突破 43.14 米，超历史最高水位 0.44 米，洪水距堤面仅 0.82 米；松西河郑公渡水位 43.26 米，超历史水位 1.19 米，堤防十分危急。如果此时水库泄洪，开一孔将抬高下游水位 0.3～0.5 米，开两孔将抬高下游水位 0.6～1.0 米，势必造成溃堤的灾害。在这种情况下，荆州市防汛抗旱指挥部决定水库暂不泄洪，拦洪错峰。直到 28 日水库拦洪 72 小时，下游防洪形势有所缓解后，才以小流量下泄。

又如长江第六次洪峰预计于 8 月 18 日通过沙市，水库于 8 月 15 日及时预泄，腾库拦洪 6 天，共拦蓄洪水 3760 万立方米，库水位涨至 93.78 米，离泄洪闸顶仅差 0.52 米，直到 22 日下游水位回落 1.0 米后才及时将洪水泄出。

由于水库的科学调度，在长江连续迎战七次洪峰期间，水库坚持闭闸蓄水、拦洪错峰。如不采取这些科学的调度措施，当洪水顶托，长江洪峰过境的危急时刻，水库按常规泄洪，那么沧河下游两岸就有可能溃决，松滋纸厂河、公安法华寺、南平就十分危急。若法华寺堤段溃决，将会使 259.5 平方千米、18 万亩农田受淹，14 万人受灾，据专家测算其直接经济损失将达 11 亿元以上。

（三）监测水雨工情，及时准确预报

1998 年长江防汛形势十分严峻，沧水水库拦蓄超汛限水位的时间也为建库以来少见。库水位居高不下，给水库防汛工作带来了巨大压力。为及时掌握天气、水雨及工程变化情况，水库坚持加大监测力度，水雨情遥测系统坚持 24 小时不间断运行，局领导和工程技术人员跟班加强值守，每天发布天气预报，只要上游出现降雨，就及时做出洪水预报并向上级报告，1998 年前后共出现了 8 次洪峰，水库所做的洪水预报误差仅在 5％左右，为领导决策提供了科学依据。为了准确掌握水库大坝在高水位期间的运行状况，水库对大坝浸润线、坝基渗流水压力和渗流量坚持每日观测，每日整理资料，随时分析坝体内部情况，掌握第一手资料，做到心中有数，确保安全；认真落实上级有关指示，结合水库实际，加大查险力度。在主汛期，由局领导带队，对主、副坝多次进行徒步全面检查。重要建筑物由所在单位负责人带队，不分白天黑夜，坚持每 3 小时徒步检查一次。防汛检查坚持认真细致，不走过场。局领导还坚持午夜查岗，增强广大防守人员的责任心。除此之外，为了保障防汛用电，电站和供电所等单位由负责人带班，实现 24 小时值班。

第二节 农 业 灌 溉

澧水灌区位于湖北省西南部澧河流域中下游，地处东经 111°14′~112°02′、北纬 29°53′~30°22′。灌区西靠澧水水库、东抵松西河，北至木天河，南以湖南涔水为界，东西长 46 千米，南北宽 34 千米，总面积约 1300 平方千米。

灌区内共有耕地 79 万亩，其中水库控灌面积 52 万亩，耕地面积约 60 万亩，占灌区总耕地面积的 75.9%；大部分属岗地、丘陵区。灌区分南灌区、北灌区、澧县灌区。南、北灌区地处巫山、武夷山余脉与江汉平原的过渡地带，地势自西向东倾斜，大部分为岗地丘陵，海拔一般在 80~38 米；澧县灌区地处武陵山余脉洞庭湖盆地过渡地带，西北高、东南低，受流水侵蚀剥蚀形成丘岗区，海拔高程在 40~150 米，丘岗坡度一般为 10°~15°，耕地面积 19 万亩，占灌区总耕地面积的 24.1%。

灌区有 3 条干渠和 150 条支渠。3 条干渠分别为南干渠、北干渠和澧干渠，总长 263 千米，其中南干渠长 94 千米，北干渠长 101 千米，澧干渠长 68 千米。支渠总长 520 千米。另有渠系建筑物 4620 座。

灌区内现有中小型水库 28 座、塘堰 23957 口，总蓄水量 9220 万立方米；机电提灌站 97 处，总装机 115 台共 9076 千瓦。经过多年建设，整个灌区已形成以水库为骨干，小型水利设施为基础，提灌站为补充的灌溉网络系统。自 1967 年开灌以来，对促进区内社会经济发展起到了巨大作用。

一、调度原则及调度权限

(一) 调度原则

澧水水库供水调度的基本原则是灌溉服从防洪，发电服从灌溉，在确保库区工程安全的前提下，坚持"城镇用水优先于灌溉用水、灌溉用水优先于发电用水"、灌区一盘棋，先下游后上游，按需供水，定量供水，统一调度，分级管理，坚持计划用水、节约用水、科学用水。从调度程序方面讲，充分发挥灌区内中小型水利设施和电灌站的作用，提倡先启用灌区电灌站，向周边塘堰、河流、湖泊提水，再用中小型水库水，最后使用澧水水库水灌溉。节约用水，限制生产用水，保障生活用水，保障水资源合理利用。

(二) 调度权限

水库常规灌溉调度（$P \leqslant 85\%$）由澧水水库防汛抗旱指挥部调度，由澧水水库防汛抗旱指挥部办公室或相应供水、用水部门执行。

特大干旱调度（$P > 85\%$ 或库水位低于 86.0 米）由澧水水库防汛抗旱指挥

部拟定具体的抗旱调度方案，报荆州市防汛抗旱指挥部批准后执行，或按荆州市防汛抗旱指挥部命令执行。

水库水位低于 82.5 米时，由洈水水库防汛抗旱指挥部拟定抽死水抗旱方案报上级防汛抗旱指挥部批准后，由政府部门组织，架机抽死水抗旱。

二、水量计算及水费征收

（一）水费计算

灌区灌溉期间渠道管理单位按要求每天准时测流，渠首流量变化、渠内水位变化幅度较大时加测，测完即向工管科报告测流数据，由工管科计算灌溉水量及水费。

洈水灌区涵盖湖北松滋、公安以及湖南澧县，1996—2004 年，松滋市和公安县灌溉水费为 0.043 元每立方米，澧县灌溉水费为 0.065 元每立方米。2005 年松滋市灌区开始实行阶梯水价制度，分为基本水费和灌溉水费，基本水费计量面积 16.6 万亩，水费单价 4 元每亩，共计 66.4 万元每年，计量水费单价仍为 0.043 元每立方米；公安及澧县单价不变，公安为 0.043 元每立方米，澧县为 0.065 元每立方米。

工管科负责灌溉水量、水费的计量与计算，各乡镇水利站监管。灌后由工管科负责到各乡镇确认灌溉水量，双方签字盖章生效。

（二）水费征收

1996—1999 年，洈水松滋灌区灌溉水费为各乡镇财政支付，公安县及澧县水费由公安县及澧县财政拨款。2010 年，松滋市灌溉水费统一由松滋市财政拨款，公安及澧县仍由当地县财政拨款。

三、灌溉效益

1982 年，农业灌溉供水开始实行计量收费制度，1982—1995 年，共计灌溉供水 17 亿立方米，年均 1.23 亿立方米。从 1996—2016 年，灌溉供水 6.73 亿立方米，年均 0.35 亿立方米，灌区年均节水 0.88 亿立方米，年均可多发电 587 万千瓦时。农业节水灌溉既满足了灌区灌溉需要，减轻了灌区农民负担，又增加了水库经济效益。

四、灌溉实验

（一）基本情况

1. 试验站简介

金星灌溉试验站始建于 1984 年，位于松滋市万家乡翠林山村，东经 111°36′00″，北纬 29°56′00″，基地面积 26.6 亩，海拔高程 78 米，距管理局 21 千米，与金星管理段合一。至 2016 年，已建成 2 米×2 米测坑 10 个（带地下观测廊道）、试验小区 6 米×10 米 10 个，并建有 20 米×16 米的农田气象观测场、实验室、资料室、办公室及生活场所，配备了气象、土壤水分及需水测定等相关试验仪器。

2. 试验站气象条件

灌溉试验站属丘陵地区，雨量充沛，土地肥沃，有利粮、棉、油、林多种作物种植。灌区光、热资源丰富，年均日照时数1700小时以上，年均太阳能辐射量在100~106.4千卡每平方厘米，年均无霜期265天左右，年均气温15℃，最高月（8月）平均气温28.8℃，最低月（1月）平均气温4℃，夏季多西南风，风力3~5级，冬季多东北风，最大风力9级。年均降雨量1271.3毫米，最大月（7月）平均降雨量246.1毫米，最小月（1月）平均降雨量76.5毫米。雨量集中在4—8月，阶段雨量占全年雨量的65%左右，年平均蒸发量为1017.3毫米。土壤性质为中壤土。

3. 试验站主管单位及人员配备

试验站主管部门是管理局。金星灌溉试验站在职在编人员6人。金星试验站和金星管理段两家单位合二为一，站内工作人员，在做好渠道工程管理的同时，也要做好灌溉试验站工作。人员经费由管理局拨款，用于职工工资发放，试验经费由省水利厅安排，主要用于基础设施建设、仪器设备更新等。

4. 试验项目

根据上级下达的试验任务，主要开展早、中、晚稻泡田定额测定，早、中、晚稻需水量测定，灌溉制度试验及气象观测项目。开展试验项目的目的是为沩水灌区水利工程规划设计、灌区水稻稳产高产以及水资源优化调度提供科学依据。

（二）试验成果

对金星灌溉试验站2012年灌溉试验成果整编简述如下：

1. 早、晚稻生长期气象要素

（1）早稻。早稻生育阶段降雨536.2毫米，E601蒸发皿蒸发值为261.6毫米，湿润指标为1，积温1924.6℃，日均温度26.7℃，平均相对湿度81.6%，旱涝指数为0.55，日均饱和差为26.6毫巴，日照274.8小时，平均风速0.2米每秒。综合早稻生长期气象特征值及降雨时间集中在孕穗、抽穗期，其气候表现为丰水型。

（2）晚稻。生长期降雨479.9毫米，蒸发值304.3毫米，湿润指标为0.8，全生育期积温2127.1℃，日均温度26.9℃，平均相对湿度80.2%，旱涝指数0.82，日均饱和差23.2毫巴，平均风速0.3米每秒。综合晚稻生长期气象特征值，其气候表现为丰水型。

2. 灌溉制度试验

水不仅满足水稻生长的生理和生态需要，在调节水稻群体的温湿条件和肥料的吸收速度方面也发挥着重要作用，且合理的灌溉方式能够最大程度协调其间矛盾，使之相互统一，从而达到稳产高产。此项目采用坑测法进行试验。

（1）处理设计见表2-6～表2-10。

表 2-6　　　　　　　　水稻（早稻）灌溉制度试验处理设计　　　　　　单位：毫米

处理编号	处理方式	返青	分蘖	孕穗	抽穗	乳熟	黄熟
1	浅灌	35～40	25～35	15～20	5～10	湿润	落干
7	正常灌	40～50	30～35	20～25	10～15	湿润	落干
5	深蓄	40～55	30～40	25～30	15～20	湿润	落干

注　湿润：水层为0～20毫米；浅灌：水层为20～60毫米；深蓄：水层为40～80毫米。

表 2-7　　　　　　　　水稻（晚稻）灌溉制度试验处理设计　　　　　　单位：毫米

处理编号	处理方式	返青	分蘖	孕穗	抽穗	乳熟	黄熟
3	浅灌	30～40	25～35	25～30	25～35	湿润	落干
4	正常灌	35～45	30～40	30～35	25～35	湿润	落干
5	深蓄	40～50	35～45	30～40	35～45	湿润	落干

注　湿润：水层为0～20毫米；浅灌：水层为20～60毫米；深蓄：水层为40～80毫米。

表 2-8　　　　　　　　不同灌溉制度下水稻耗水量与排水量　　　　　　单位：毫米

处理	稻别	浅灌	正常灌	深蓄	处理	稻别	浅灌	正常灌	深蓄
耗水量	早稻	328	361	347	排水量	早稻	271	275	278
	晚稻	336	342	356		晚稻	82	76	73

注　耗水量：全生育期水稻田间需水量与渗漏量之和。

表 2-9　　　　　　　　不同灌溉制度下水稻灌水量及降雨利用量　　　　　　单位：毫米

处理	稻别	浅灌	正常灌	深蓄	处理	稻别	浅灌	正常灌	深蓄
灌水量	早稻	175	195	205	有效降雨	早稻	156	152	150
	晚稻	127	136	135		晚稻	205	211	214

表 2-10　　　　　　　　不同灌溉制度下水稻结实对比

处理	稻别	株高/厘米	穗长/厘米	总粒数/粒	空粒数/粒	结实率/%	千粒重/克	小区产量/千克
浅灌	早稻	52.1	17.1	67	20	70	24.2	5.8
正常灌		51.2	16.8	61	21	66	22.3	5.5
深蓄		50.5	16.2	58	22	62	21.5	5.2
浅灌	晚稻	51.8	17	65	17	74	24.1	5.6
正常灌		50.7	16.7	60	18	70	22.4	5.4
深蓄		49.8	16.2	57	20	65	21.4	5.1

（2）试验结果。

1）不同灌溉制度的耗水量不同：浅灌的灌溉方式耗水量少，深蓄的灌溉方式耗水量多。

2）不同处理的灌水量与降雨利用量不同：早稻、晚稻各种处理中，深蓄处理灌水量多，有效降雨量浅灌和深蓄处理基本相同。

3）不同灌溉制度对水稻穗部形态及产量的影响：各种处理产量结构要素中，千粒重和小区产量以浅灌处理最大，其中早、晚稻千粒重浅灌比深蓄处理各大2.7 克；小区产量早稻浅灌比深蓄处理高 0.6 千克，晚稻浅灌比深蓄处理高 0.5千克。

（3）结论综述。各种处理中，三个方面的差异可以看出，在集中灌溉的条件下，各种处理模式中深蓄处理灌水量最多，早稻深蓄处理多灌水 30 毫米，晚稻深蓄处理多灌水 8 毫米，浅灌处理节水效果明显；浅灌处理产量最高，其中早稻浅灌比深蓄高 60 千克每亩，晚稻浅灌比深蓄高 50 千克每亩。2012 年早、晚稻的各种处理是在同一农业措施条件下进行的，区别在于灌溉处理不同，浅灌处理早晚稻的总粒数偏多，结实率也以浅灌处理为多，由试验结果可见浅灌处理更适于早晚稻的生长需要。

3. 水稻需水量试验

水稻需水量试验采用测坑法，它与灌溉制度试验相应设计。

（1）水稻腾发强度和腾发系数 α 值分析，不同生育期腾发强度和腾发系数 α 值计算结果（以浅灌为例）见表 2-11。

表 2-11　　　　　　　　水稻腾发强度和腾发系数 α 值

稻别	指　标	返青	分蘖	分蘖末	孕穗	抽穗	成熟	全生育期
早稻	腾发强度/毫米每天	2.2	2.2	2.8	3	5.6	1.2	2.2
	腾发系数 α	0.7	1.4	0.6	0.7	1	1	0.8
晚稻	腾发强度/毫米每天	5.8	8.6	4.9	4.6	3.1	0	3.6
	腾发系数 α	1	1	0.9	0.9	0.9	0	0.9

腾发系数 α 值：水稻田间需水量与 60 厘米口径蒸发皿水面蒸发量比值。

田间需水量（腾发量）：叶面蒸腾量＋棵间蒸发量。

结果表明：早晚稻腾发强度不一定在孕穗、抽穗期达到高峰，但腾发强度总体偏高。腾发强度不仅反映水稻的生理需水强度，也反映水稻的生态需水强度。腾发系数 α 值则能更直观反映水稻需水强度。

（2）水稻需水模系数，见表 2-12。

表 2 - 12   **水 稻 需 水 模 系 数**

稻别	返青	分蘖	分蘖末	孕穗	抽穗	成熟	全生育期
早稻	13	11	21	12	38	4	100
晚稻	20	12	24	26	17	0	100

需水模系数：作物某一生育期田间需水量与全生育期需水量比值。

结果表明：需水分布主要集中于孕穗及抽穗阶段，早稻在这一阶段占比50%，晚稻占比43%。早稻孕穗期阴雨天多，晚稻抽穗期阴雨天多，降雨期间水稻田间需水量不大。

（3）结论综述：水稻的需水量因处理不同而不同，但需水规律大体一致，需水一般都集中在孕穗及抽穗期。孕穗及抽穗期，水稻的生理需水及生态需水均变强，且受期间气象因素影响。

五、历年灌区用水一览表

历年灌区用水统计见表 2 - 13。

表 2 - 13   **历 年 灌 溉 用 水 统 计**   单位：万立方米

年份	灌溉用水	年份	灌溉用水
1996	179	2007	1468
1997	11700	2008	856
1998	614	2009	4718
1999	5807	2010	1611
2000	9841	2011	5425
2001	10292	2012	0
2002	0	2013	3384
2003	2867	2014	0
2004	307	2015	1428
2005	4852	2016	0
2006	1922	合计	67271

第三章

水库工程建设

1996 年、1998 年长江全流域大洪水后，党中央、国务院加大了对水利工程投资力度。管理局党委班子牢牢抓住这一千载难逢的机遇，发扬"淢水精神"，多方奔走、汇报争取，使得淢水水库各项工程项目顺利立项、建设。

淢水灌区续建配套与节水改造工程自 1999 年起实施，截至 2016 年，实际投资达 16434.19 万元，基本解决了灌区重大病险隐患。水库除险加固工程 2005 年10 月开工建设，2010 年完成计划实施内容，实际完成投资 9625 万元，水库枢纽面貌焕然一新。电站增效扩容改造工程 2011 年 11 月开工，2013 年 9 月全部竣工，实际完成投资 2693.92 万元，进一步提高了电站机组的效率和安全运行水平，提高了自动化程度。

水库工程建设一直秉承"淢水人办淢水事"的优良传统，设计、施工严格贯彻科学、合理、适用、高效的原则，同时加强廉政监管，不仅经受了国家、省、市各级纪检、审计部门的监督检查，而且工程质量、建设管理水平多次受到国家、省、市主管部门的肯定和表扬。

第一节　水库除险加固工程

淢水水库枢纽工程通过多年运行，暴露出诸多病险情况。特别是原孙家溪溢洪道公路桥东、西边孔出现裂缝，需要限载通行；中孔弧形闸门开启时产生异常振动及响声（加固工程前已委托湖北大禹公司制作了中孔支铰拟更换）；主、副坝渗漏，安全标准不够，严重影响工程安全运行。

为根本消除安全隐患，确保水库工程长治久安，管理局党委审时度势，紧紧抓住国家加大水利投资力度的重要机遇，为水库除险加固工程顺利立项多方奔走，争取上级部门支持。2003 年 6 月，项目启动；7 月，拿出安全鉴定报告；8月，湖北省水利厅组织专家鉴定为三类坝；9 月，水利部大坝安全管理中心同意三类坝鉴定结论；12 月，拿出工程初步设计报告。2004 年 2 月，长江水利委员会审查并通过了初步设计报告。至此，加固工程顺利立项前后仅用 8 个月，创造了淢水速度，在同类水库中绝无仅有。

一、工程立项

1. 安全鉴定

2003 年 7 月，管理局委托湖北省水利水电勘测设计院（资质为水利行业甲级）承担淢水水库大坝安全评价工作，形成了《湖北省荆州市淢水水库大坝安全评价报告》。其中地勘工作由荆州华迪工程勘察院（资质为工程勘察专业类岩土工程甲级劳务类）完成，并形成《湖北省荆州市淢水水库大坝工程地质勘察报告》。

2003 年 8 月 29 日，湖北省水利厅组织有关专家召开了淢水水库大坝安全评价鉴定会，鉴定浥水大坝为三类坝；9 月 25 日，水利部大坝安全管理中心对大坝安全鉴定成果进行了核查并以坝函〔2003〕1690 号文同意三类坝鉴定结论。

图 3-1　省水利厅安全鉴定专家组现场踏勘

2004 年 8 月 13 日，水利部大坝安全管理中心到现场进行了再次核查，并于 2004 年 8 月 23 日以坝函〔2004〕1549 号文再次予以确认。

2. 初步设计

2003 年 12 月，湖北省水利水电勘测设计院根据浥水水库安全鉴定复核成果，完成了《浥水水库除险加固工程初步设计报告》。

2004 年 1 月 6—8 日，水利部长江水利委员会组织专家对初步设计进行了评审，并以长建管〔2004〕95 号文对初步设计报告做了批复。批复主要加固内容：

（1）挡水建筑物加固：主坝坝体采用混凝土防渗墙防渗、北坝端帷幕灌浆处理；南副坝部分坝段采用水泥土深搅防渗墙防渗；北副坝茅屋湾、学屋湾副坝加高；主副坝增设部分排水体和截流排水沟等附属设施。

（2）泄水建筑物加固：孙家溪溢洪道溢流面及以上部分拆除后重建，更换弧门及启闭机等金属结构；木匠湾溢洪道加固，更换弧门及启闭机等金属结构。

（3）输水建筑物加固：南、北、澧干渠输水管，发电引水隧洞加固，更换闸门及启闭机等金属结构。

批复的主要工程量：土方开挖 3.40 万立方米，土方回填 10.42 万立方米，砂石料回填 0.86 万立方米，混凝土 1.70 万立方米，浆砌石 0.31 万立方米，干砌石 0.48 万立方米，混凝土防渗墙 56837 平方米，水泥土深搅防渗墙 8287 平方米，基岩帷幕灌浆 2271 米，土体充填灌浆 10103 米。批复总投资 12032.34 万元。

二、工程实施过程

1. 主要设计技术指标

沌水水库除险加固工程主要技术指标见表 3-1。

表 3-1 沌水水库除险加固工程主要技术指标表

单位工程名称	主要工程技术指标
主坝加固工程	(1) 混凝土防渗墙：混凝土 28 天强度等级≥10 兆帕；墙体厚度 60 厘米；抗渗标号 W6；允许比降≥50；弹性模量 1.7～2.2 牛每平方毫米；混凝土防渗墙底部嵌入基岩 0.5～1 米。 (2) 帷幕灌浆：基岩灌后 q 值不大于 5 吕容；帷幕底线深入基岩 5 吕容分布线 0.5～1 米。 (3) 上游干砌石护坡：防浪墙为 1200×475×60 石材压顶，1050×600×(10～20) 石材饰面；上游干砌石护坡按原标准修补。 (4) 下游贴坡排水：C10 混凝土封堵，设计抗压强度≥10.0 兆帕。 (5) 坝顶及上坝公路：20 厘米水泥稳定层，9 厘米沥青混凝土路面，C15 混凝土路肩石，两边设 50×50 排水沟，下游设 200 厘米排水孔
副坝加固工程	(1) 闸门、启闭机及拦污栅制作与安装： ①发电洞：进水口拦污栅 1 扇，尺寸为 5 米×9 米，进水口平面检修闸门 1 扇，尺寸为 3 米×5.5 米，拦污栅配 2×7.5 吨固定卷扬启闭机 1 台，检修闸门配 2×40 吨固定卷扬启闭机 1 台； ②南输水闸：工作闸门和检修闸门各 1 扇，尺寸为 2 米×2 米，工作闸门 30 吨螺杆启闭机，检修闸门 20 吨螺杆启闭机； ③北输水闸：工作闸门和检修闸门各 1 扇，尺寸为 1.8 米×1.8 米，工作闸门 30 吨螺杆启闭机，检修闸门 20 吨螺杆启闭机； ④澧县输水闸：工作闸门和检修闸门各 1 扇，尺寸为 2 米×2 米，工作闸门 25 吨螺杆启闭机，检修闸门 20 吨螺杆启闭机。 (2) 南副坝防渗处理：防渗墙深为 4.63～12.89 米；墙体厚度≥0.3 米；墙体渗透系数 $i<1.0×10^{-6}$ 厘米每秒，墙体最小厚度 0.3 米，搅拌桩轴线同坝轴线，深入黏土层 1 米。 (3) 南输水闸、北输水闸、澧县输水闸输水涵管钢管衬砌：钢衬板 12 毫米；涂无机富锌涂料防腐，厚度>450 微米；外壁除锈等级 Sa1 级。回填灌浆压力为 0.1～0.3 兆帕；交通桥桥台、桥墩为 C20 混凝土，桥面为 C25 混凝土。 (4) 上下游护砌工程：上游干砌石护坡翻修；下游新建贴坡排水，干砌石厚度 0.4 米，设 3 级反滤层。 (5) 发电输水隧洞：围堰均质土渗透系数 $i≤5×10^{-5}$ 厘米每秒；启闭机房梁、板为 C25 混凝土。 (6) 北副坝防渗处理：贴坡排水顶部高出坝后浸润线出逸面 2 米；渗透系数 $i<1.0×10^{-6}$ 厘米每秒；墙体最小厚度 0.3 米，搅拌桩轴线同坝轴线，深入黏土层 1 米。 (7) 南副坝坝顶及上坝公路：混凝土为 C25 混凝土；设计弯拉强度≥4.0 兆帕，弯拉弹性模量 $E=2.7×10^3$ 兆帕
孙家溪溢洪道重建工程	(1) 闸首为有闸门控制的混凝土护面浆砌块石实用堰，3 孔，堰顶高程 84.00 米，堰顶净宽 36.00 米（3×12.00 米）。 (2) 溢流面、闸墩、导墙、二期混凝土的强度等级均为 C25，护坦、交通桥桥台、桥墩混凝土强度等级为 C20。 (3) 3 扇钢质弧形闸门，闸门尺寸为 12 米×10.30 米；检修闸门 1 扇，尺寸为 12 米×5.16 米。 (4) 弧形闸门配 2×40 吨固定卷扬启闭机 3 台，检修闸门配 2×16 吨电动葫芦（MD）1 台

续表

单位工程名称	主要工程技术指标
机电设备及其他工程	（1）机电设备安装工程：南北澧干渠、发电洞变压器及辅助设备安装，避雷线安装、电缆线敷设，大坝照明灯安装，18 千米 10 千伏供电线路、9.3 千米 0.4 千伏低压线路。 （2）水保工程：绿化土方应不含有盐、碱及垃圾等对植物生害的物质；换土密实度在 80% 以上；园林植物成活率 95% 以上。 （3）信息化建设工程：闸门监控软件、大坝监测软件、遥测通讯软件技术参数见投标文件
木匠湾溢洪道加固工程	（1）闸首为钢筋混凝土低实用堰，堰顶高程 85.00 米，闸室总宽 42.40 米，分为 3 孔，每孔净宽 12.00 米。 （2）支座及闸墩加固混凝土强度等级为 C25，下游尾水渠整治混凝土 C20。 （3）3 扇钢质弧形闸门，闸门尺寸为 12 米×9.30 米。 （4）弧形闸门配 2×40 吨固定卷扬启闭机 3 台。 （5）闸墩锚索加固：锚索预应力为 1000 千牛，尺寸型号为 $\phi5$，锚固角 20 度。 （6）启闭机大梁加固：采用型号为 L300 - C 的碳纤维布，搭接长度不小于 100 毫米

2．工程招标投标

沩水水库除险加固工程监理、施工及主要设备采购均采取公开招标方式，优选参建企业。招投标程序严格执行国家、湖北省招投标管理办法。

项目法人分别委托湖北省水利水电工程建设监理中心（甲级招标代理资格）、湖北华傲水利水电工程咨询中心（甲级招标代理资格），分 3 批（次）完成了工程监理 2 个标段、施工 9 个标段、设备采购 1 个标段的招标工作。招标前，项目法人将招标方案上报市、省招投标管理办公室，湖北省水利水电招标投标管理办公室分别以编号 2005 - 36 号、2005 - 73 号、2008 - 199 号、2009 - 363 号文对该工程各年度项目招标方案作了批复。

沩水水库除险加固工程项目在湖北省水利厅监察室、建设处、水库堤防处和荆州市水利局等部门监督下公开开标、评标。招标过程规范，并严格遵守公开、公平、公正的原则，招标情况及评标过程均按规定进行中标备案、公示。

3．主要参建单位及工期

工程于 2005 年 10 月 1 日开工，2010 年 10 月 10 日完工，施工工期 60 个月。共分为 4 个年度项目、10 个施工标段组织实施，工程主要参建单位如下。

项目法人：管理局

设计单位：湖北省水利水电勘测设计院

监理单位：湖北华傲水利水电工程咨询中心

　　　　　荆州市荆楚水利水电工程建设监理处

施工单位：湖北大禹水利水电建设有限责任公司

　　　　　中国水电基础局有限公司

　　　　　新乡市起重设备厂（设备供应商）

联宇工程技术（武汉）有限公司（信息化部分）

湖北禹龙水利水电工程有限公司

质量监督机构：湖北省水利水电工程质量监督中心站

荆州市水利水电工程质量监督站

运行管理单位：管理局

4. 工程投资控制

沩水水库除险加固工程批复概算总投资 12032.34 万元，施工总工期为 36 个月。国家发改委、水利部分别以发改投资〔2004〕2907 号文、发改投资〔2005〕1210 号文、发改投资〔2006〕973 号文、发改投资〔2006〕2626 号文共下达沩水水库除险加固工程投资计划 12032 万元；其中：中央专项资金 6015 万元，省级配套资金 6017 万元。

工程到位及完成投资 9625 万元，其中：中央专项资金 6015 万元；省级配套资金 3610 万元，省级配套资金到位率 60%。工程累计完成投资 9624.71 万元，其中建筑工程 6099.98 万元，机电设备及安装工程 718.99 元，金属结构及安装工程 879.25 万元，临时工程 284.59 万元，其他费用 1600.99 万元，环保及水保投资 40.91 万元。

5. 工程主要建设内容及完成工程量

2006 年 1 月 10 日，湖北省水利水电工程质量监督中心站以鄂水质监〔2006〕01 号文将沩水水库除险加固工程划分为四个单位工程。2008 年 4 月 1 日，由于现场施工及验收需要，省质监中心以〔2008〕56 号文将工程项目划分调整为 5 个单位工程：①主坝加固单位工程；②副坝加固单位工程；③孙家溪溢洪道重建单位工程；④机电设备及其他单位工程；⑤木匠湾溢洪道加固单位工程。

（1）主坝加固单位工程（01）。本单位工程分为 10 个分部工程，主要建设内容包括：桩号（0＋038—1＋450）建 60 厘米厚普通混凝土防渗墙；左岸坝肩 1＋450—1＋640、0－000—0－200、0－270—0－330 及 0＋000—0＋038 帷幕灌浆处理；主坝坝顶及上坝公路修建；上游护坡及排水体修补（包括防浪墙）；下游贴坡排水（包括输水管封堵及填塘）及草皮换土；下游坝坡排水沟整治与新建等。

01－01、01－02、01－03、01－04、01－05、01－06 分部为（0＋038—0＋340、0＋340—1＋250、1＋250—1＋450）混凝土防渗墙，防渗墙最大深度约 46 米，平均 42.4 米，墙厚 60 厘米，设计墙顶高程 95.72 米，墙底嵌入基岩 0.5～1 米。根据生产性试验成果及现场实际情况，混凝土防渗墙采用"钻抓法"成槽，接头采用接头管法，泥浆下直升导管法浇筑混凝土材料。

01－07 帷幕灌浆工程分部，桩号 0＋000—0＋038、1＋450—1＋640、0－

000—0-200、0-270—0-330（向主坝北端延伸）段。帷幕灌浆分序进行，自上而下进行施工，单孔灌浆结束后、复灌，机械压浆法封孔。

01-08上游干砌石修补工程（包括防浪墙）分部。主要内容为主坝上、下游坝坡干砌石护坡翻修，坝体下游草皮修补，主坝防浪墙石材装饰，北副坝防浪墙水磨石饰面等。

01-09下游贴坡排水（包括输水管封堵和填塘）分部。主要内容为中输水闸封堵，采用C10混凝土，封堵长度27米，共三孔洞。

01-10坝顶及上坝公路工程分部。桩号范围为0+000—1+640，包括坝顶公路、上坝公路及排水沟翻修、新建。

（2）副坝加固单位工程（02）。本单位工程分为9个分部工程，主要建设内容包括：南副坝坝脚排水沟新建，坝体排水体新建，上游坝坡干砌块石翻修，坝体下游草皮换土，大坝坝体水泥土深层搅拌桩防渗墙防渗处理，坝顶防浪墙修补，坝顶及上坝公路；北副坝2座副坝水泥土深搅防渗墙防渗处理，2座副坝加高培厚、兴建坝顶沥青混凝土路面，副坝增设贴坡排水、排水沟、坝坡草皮，部分副坝坝顶路面沥青表面处治；南、北、澧干输水管内衬钢管加固，拆除原有排架及启闭机房后新建；发电引水隧洞进水口及洞身缺陷处理；金属结构及机电设备更新等。

02-01南副坝防渗处理工程分部，防渗范围0+000—0+470、0+650—1+300，防渗墙深为4.63～12.89米。

02-02水闸土建工程分部。即南、北、澧闸竖井92.00米以上拆除重建，进口护坡、出口护坦部分翻修。主要包括竖井钢筋混凝土拆除与重建、闸门槽混凝土凿除与重建、启闭机房拆除与重建、工作桥拆除与重建、土方开挖、干砌石拆除与恢复、垫层恢复、进出口干砌石翻修等。

02-03钢管衬砌工程分部。主要包括南、北、澧输水管内衬钢管、灌浆、防腐。

02-04闸门、启闭机、拦污栅安装分部。主要包括发电洞、南、北、澧灌溉闸检修闸门、工作闸门、埋件、拦污栅制作安装及启闭机安装等。

02-05南副坝上下游护砌分部。主要内容为副坝坡面土方开挖、砂石料铺筑、干砌块石、草皮铺植；防浪墙水磨石装饰。

02-06南副坝坝顶及上坝公路分部。主要包括坝顶公路，南一、二副坝上坝公路。

02-07北副坝防渗处理工程分部。主要建设内容为北6号副坝（3+315—3+494）水泥土深层搅拌桩防渗墙，防渗墙深度为2.1～10.7米；北10号副坝（4+629—4+729）水泥土深层搅拌桩防渗墙，防渗墙深度为4.1～16.5米。

02-08北副坝上下游护砌工程分部。主要建设内容为：排水沟新建，贴坡排水新建，上游干砌石护坡翻修，坝体加培，新建坝顶沥青路面，药室封堵，新建下游草皮护坡，填塘等。

02－09 发电输水隧洞分部。竖井 88.00 米以上拆除重建，进口护坡、出口护坦部分翻修。

（3）孙家溪溢洪道重建单位工程（03）。本单位工程分为 4 个分部工程，主要建设内容包括：溢流面及以上部分拆除后重建；堰体加固；金属结构及机电安装等。

03－01 溢洪道闸室段及溢流面、下游护坦分部。主要内容为原闸墩、导墙、溢流面钢筋混凝土拆除，堰体浆砌石拆除；底板植梅花型间距、排距均为 1.5 米的锚筋，锚筋单根长 2 米；注 M15 砂浆；闸墩、导墙、溢流面、弧门支座、二期 C25 钢筋混凝土浇筑施工。连接段代料及土石方开挖回填、连接段干砌石护坡、浆砌石护坡，浆砌石挡土墙施工。

03－02 溢洪道启闭机平台及机房分部。主要内容为启闭机平台梁板、启闭机平台以上框架结构、屋面板和机房建筑。

03－03 溢洪道交通桥分部。主要内容为交通桥 T 型梁预制 C25 混凝土，两岸桥墩、桥台 C20 混凝土浇筑，桥面铺装层 C25 混凝土浇筑，新建路面 C30 混凝土浇筑。

03－04 溢洪道金结及机电安装分部。主要内容为 3 孔弧形闸门及埋件的制作安装，1 扇事故检修闸门和埋件的制作安装，以及 3 台启闭机安装。

（4）机电设备及其他单位工程（04）。本单位工程分为 5 个分部工程，主要建设内容为：水情测报、大坝安全监测及遥测自动化、视频系统及电气设备工程、电气工程及公用设备工程、水保及厂坝区环境建设等。

04－01 水情测报分部。主要建设内容为：对已建 18 处遥测站点设备更新，在涔水下游增设街河市、法华寺、汪家汊等水位雨量站 3 处，增设西斋水位站，并完善中心站遥测数据处理软件。

04－02 大坝安全监测及遥测自动化分部。主要建设内容为：计算机综合局域网系统建设、大坝渗流观测系统以及水库防洪调度系统。

04－03 视频系统及电气设备工程分部。主要建设内容为：①闸门监控系统：对木匠湾溢洪道、孙家溪溢洪道、电站进水闸实现闸门的本地监控和远程监控；②水库视频监控系统：对溢洪道闸门、电站进水口闸门、电站厂房、主要坝段、管理局各主要通道、出入口及重要部位监控。

04－04 电气工程及公用设备工程分部。主要包括供电线路部分（18 千米 10 千伏、9.3 千米 0.4 千伏低压线路），南、北、澧输水闸，孙家溪溢洪道，发电洞，办公大楼等部位的供电线路、电气设备采购、制作、运输、施工、安装、调试和验收工作。

04－05 水保及厂坝区环境建设工程分部。主要内容为水文站建设、水保工程、厂坝区环境建设等。包括大岩嘴水文站、乌溪沟水文站，取土场治理（南三副坝区，南四副坝区），弃渣场治理（加油站弃渣场，宝塔山弃渣场），主坝禁脚绿化，北副坝禁脚绿化。

（5）木匠湾溢洪道加固单位工程（05）。本单位工程共分为 4 个分部，工程主要建设内容如下。

05－01 木匠湾溢洪道金结制作及安装分部。主要内容：弧形闸门制造和安装；启闭机安装。

05－02 木匠湾闸墩加固工程分部。主要内容：溢洪道四个闸墩预应力锚索加固、闸室牛腿 C30 混凝土加固、溢流面裂缝与麻面的处理、下游护坦混凝土整治、下游边坡混凝土喷锚加固等。

05－03 木匠湾工作桥大梁加固工程分部。主要内容：木匠湾启闭机房大梁、粘贴碳纤维布加固。

05－04 木匠湾启闭机房分部。主要内容：启闭机房的重建，内外墙装饰工程等。

（6）实际完成主要工程量。土方开挖 75531 立方米、土方回填 67247 立方米、石方开挖 15517 立方米、干砌块石 6724 立方米、浆砌块石 3638 立方米、混凝土 20044 立方米、混凝土防渗墙 48355 平方米、水泥土深搅防渗墙 11319 平方米、帷幕灌浆及进尺 7228 米、钢材 589.03 吨。

6. 重大技术问题的处理

（1）孙家溪溢洪道围堰防渗。2005 年 10 月 13 日，孙家溪溢洪道重建单位工程进行围堰施工时，按设计采用黏土铺盖防渗。围堰按设计修建完毕后，进行基坑排水，发现围堰渗水极为严重。经调查分析得出产生渗水原因是：修建原溢洪道时，在围堰马鞍型河道底部填有 2～3 米厚的乱石层，为强透水层。为加强防渗效果，参建各方会议拟定在围堰的代料和黏土之间加铺土工膜防渗，效果仍不明显。10 月 30 日，召开建设管理会讨论，决定采用帷幕灌浆进行防渗，先进行充填灌浆，再分序加密形成帷幕。经过两次灌浆后效果基本达到，满足了基坑干地施工要求。

（2）南副坝防渗处理。南副坝水泥土深层搅拌防渗墙施工过程中，发现坝体填土主要为黏土，呈硬塑状态，并且土的黏粒含量高，黏性强，常规搅拌桩机如 PH－5F 三头搅拌桩机及大扭矩 PH－5D 型搅拌桩机均难以满足设计深度要求。后经多方考察，选择了当时在国内属于先进水平的机械：MSMTW 大型造墙机，此种机械五头，配套功率 250 千瓦，自重 125 吨，可以进入硬塑土层施工，解决了硬塑黏土层防渗施工问题。

图 3-2　孙家溪溢洪道（老）
拆除后围堰填筑

图 3-3　孙家溪溢洪道围堰帷幕
灌浆防渗

7. 工程质量控制

（1）施工过程质量检测。

1）原材料及中间产品检测。

a. 水泥：施工单位共计取样检测135 组，监理机构平行检测 28 组。检测结论：水泥的细度、凝结时间、安定性、抗压强度等指标均满足有关规范要求。

b. 钢筋：施工单位共计取样送检 35组，监理机构平行检测 12 组。检测结

图 3-4　南副坝深搅桩防渗墙施工

论：各类钢筋的屈服点、抗拉强度、伸长率、冷弯等指标均满足规范要求。

c. 砂：施工单位取样检测 108 组，监理机构平行检测 28 组。检测结论：砂的含泥量、泥块含量、密度等指标满足规范要求。

d. 碎石：施工单位取样检测 141 组，监理机构平行检测 21 组。检测结论：碎石的压碎指标、泥块含量、含泥量等指标满足规范要求。

e. 块石：施工单位取样检测 3 组，监理机构平行检测 3 组。检测结论：块石的抗压强度、密度等指标满足规范要求。

f. 混凝土、砂浆试块检测：施工单位取样检测 615 组，抗压强度质量达到合格要求。

2）土方填筑质量检测。副坝加固工程土方填筑，施工单位检测 147 组；机电设备及其他工程土方填筑，施工单位检测 10 组；检测结果合格。

3）帷幕灌浆质量检测。大坝帷幕灌浆设计桩号 1+450—1+640，并向左岸山体延伸 100 米，全长 290 米，设计透水率≤5 吕容。实际完成：桩号 1+444—1+640，并向左延伸 329.9 米，实施灌浆孔分别为 356 个。施工单位共布置检查孔 33 个，压水试验结果均满足设计要求。

4）深层搅拌桩质量检测。副坝水泥土深层搅拌桩成墙工程实施范围：南副

坝 0＋000—1＋300 共 1300 米，最大深度 8.8 米；北 6 号副坝（肖家岭）3＋315—3＋494 共 179 米；北 10 号副坝（陷马池）4＋629—4＋729 共 100 米。设计抗压强度≥1 兆帕，渗透系数≤1×10^{-6} 厘米每秒。施工单位在南副坝布置 4 个、北副坝布置 9 个进行了现场注水试验，并委托湖北省水利水电工程质量检测中心进行了室内试验，抗压强度和渗透系数均满足设计要求。

5）防渗墙质量检测。混凝土防渗墙工程实施范围 0＋038—1＋450，下部设计伸入基岩 0.5～1.0 米。设计抗压强度≥10 兆帕，抗渗等级 W6，弹性模量 $1.7\times10^4\sim2.2\times10^4$ 兆帕。施工完成后，进行了探坑开挖检查，检查结果：经现场察看，探坑开挖尺寸符合设计要求，防渗墙混凝土浇筑密实，无蜂窝现象，墙体整体无夹泥现象，接头部位有渗水痕迹。施工单位现场布置 8 个检查孔进行注水试验，并委托长江科学院工程质量检测中心进行了室内试验，检测结果均满足设计要求。

6）项目法人委托检测。项目法人委托湖北省水利厅水电工程检测研究中心，对孙家溪溢洪道闸门、木匠湾溢洪道闸门和南干、北干、澧干输水管内衬钢管焊接质量进行了检测，检测结果合格。

2011 年 3 月 18—20 日，武汉中和工程质量检测有限公司受项目法人单位的委托，对孙家溪溢洪道交通桥工程进行了成桥试验，该桥在整体上刚度和强度基本满足设计规范和使用要求。

（2）竣工验收质量抽检。2011 年 3 月，湖北省水利厅以鄂水质监〔2011〕028 号文批复了浯水水库除险加固工程抽检方案，项目法人委托湖北正平水利水电质量检测有限公司对浯水水库除险加固工程进行竣工验收质量抽样检测。

3 月 21 日—4 月 15 日湖北省正平水利水电工程质量检测有限公司受项目法人委托对工程实物质量进行了抽样检测。抽检结论：

1）浯水水库主坝混凝土防渗墙及基岩帷幕灌浆质量抽检合格。

2）南、北副坝深搅防渗墙水泥土芯样抗压强度及抗渗性能均满足设计要求。

3）主坝干砌石修补、公路工程及混凝土封堵工程均抽检合格。

4）副坝土方回填、浆砌石截流沟工程均抽检合格。

5）孙家溪溢洪道混凝土工程、浆砌石工程、干砌石工程均抽检合格。

6）输水工程混凝土工程均抽检合格。

8．工程验收

（1）单位工程验收。按照 SL 223—2008《水利水电建设工程验收规程》的要求，工程具备条件后，项目法人及时按要求组建了单位工程验收工作组，于2011 年 9 月 20 日进行了单位工程验收。工作组和专家察看了工程现场，听取了建设、设计、监理、施工等单位的工作报告，查阅了工程档案资料，并经过充分讨论后，形成了各单位工程验收鉴定书，通过了单位工程验收，并报质量监督部门核备。工程项目施工质量评定等级统计表见表 3－2。

表 3－2　　　　　　　　　　工程项目施工质量评定等级统计表

序号	单位工程名称	单元工程			分部工程			外观质量评定得分率 /%	单位工程质量评定等级
		总个数	优良数	优良率 /%	总个数	优良数	优良率 /%		
1	主坝加固工程	311	248	79.74	10	0	0	94.3	合格
2	副坝加固工程	330	177	53.64	9	0	0	92.2	合格
3	孙家溪溢洪道重建工程	48	41	85.42	4	0	0	92.0	合格
4	机电设备及其他工程	219	17	7.76	5	0	0	90.4	合格
5	木匠湾溢洪道加固工程	49	12	24.49	4	0	0	92.9	合格
	合计	957			32				

（2）档案验收。完成了工程涉及的各门类档案资料的归档任务，对工程建设过程中形成的文字、图像、电子文档等不同形式、不同载体的档案资料，按照档案规范要求进行了分类、归档和管理。洈水水库除险加固工程共形成档案文字档案资料 328 卷，其中综合类 27 卷，建设管理类 15 卷（其中照片 6 盒），设计类 15 卷，施工类 185 卷（其中竣工图 15 卷 542 张），监理类 85 卷，财务类 1 卷。

2011 年 12 月 12—13 日，由湖北省水利厅主持的洈水水库除险加固工程竣工验收成立了档案组，对工程档案进行了验收，档案专项验收得分 90 分，等级为优良。

（3）竣工验收。2011 年 12 月 12—13 日，湖北省水利厅在管理局主持召开了洈水水库除险加固工程竣工验收会议。竣工验收委员会由湖北省水利厅、省发改委、省水利水电工程质量监督中心站、荆州市政府、荆州市发改委、荆州市水利局、荆州市水利水电工程质量监督站、管理局、监理、施工等有关单位代表及特邀专家组成。验收委员查看了工程现场，听取了工程建设管理、设计、监理、施工、运行管理、质量监督等单位的工作报告及竣工财务决算审计意见，查阅了有关工程资料，经充分讨论后，形成了《湖北省荆州市洈水水库除险加固工程竣工验收鉴定书》。

三、初期运行情况

洈水水库实施除险加固工程后，安全得到有效保障，工程面貌和管护设施有较大程度改善（表 3－3）。

主副坝整险加固工程：通过对渗流量及压力计观测数据的对比分析，加固坝段的浸润线、渗流量在相同库水位下明显降低，渗透压力变小，较好解决了副坝散浸、渗漏问题。2008 年 8 月 31 日，水库最高库水位 94.16 米，持续运行 8 天，观测数据合理，工程运行正常。

孙家溪溢洪道重建、木匠湾溢洪道加固及南、北、澧县灌溉闸、发电引水隧洞工程：消除了结构性损伤及闸门锈蚀、焊缝质量差等安全隐患，解决了启闭设施老旧及启闭力不够的问题。

2007年7月25日，孙家溪溢洪道第一次试运行，共开闸运行25.08小时，总泄水量为2188万立方米，最大泄流量为298立方米每秒；2008年8月30日及9月2日，分两次开闸运行30.75小时，总泄水量为3365万立方米，最大泄流量为404立方米每秒。2010年7月24日木匠湾溢洪道开闸泄洪，共运行31小时，总泄洪水量2778万立方米，最大泄流量为400立方米每秒；浣水水库南、北、澧三座灌溉闸建成投入试运行后每年都向灌区开闸灌溉，截至2010年12月，南输水闸累计灌溉历时1094.7小时，累计灌溉水量3623.5万立方米；北输水闸累计灌溉历时1296.5小时，累计灌溉水量3383万立方米；澧输水闸累计灌溉历时795.9小时，累计灌溉水量1647.7万立方米；发电隧洞建成后，10月1日开始过水发电，至2010年11月11日已累计发电1.81亿千瓦时，累计发电用水31.5亿立方米，取得了较好的经济效益和社会效益。

防汛公路：防汛公路的新建及修复，很好地解决了沿库公路通车困难的问题，为浣水水库防汛和工程管理提供了便利。

信息化工程：为水库工程自动化管理提供了坚实的基础。

表3-3　　　　　　　　　　水库除险前后工程特性对比表

序号	名　称	单位	原资料	加固后	备　注
1	水文				
	所在流域		浣水流域	浣水流域	
	坝址以上流域面积	平方千米	1142.0	1142.0	
	利用水文资料系列	年	1958—1980	1981—2001	
	多年平均径流深	毫米	830.00	830.00	
	多年平均降水量	毫米	1271.00	1450.00	
2	水库				
	设计洪水位	米	96.12	95.16	浣水水库沿用高程系
	校核洪水位	米	97.66	95.77	
	防洪高水位	米		94.38	
	汛限水位	米	93.00	93.00	
	正常蓄水位	米	94.00	94.00	
	死水位	米	82.50	82.50	
	总库容	亿立方米	5.93	5.116	
	防洪库容	亿立方米	0.36	0.504	防高94.38米至汛限
	调洪库容	亿立方米		1.056	校核95.77米至汛限
	兴利库容		3.09	3.09	
	死库容	亿立方米	1.330	1.330	

续表

序号	名　称	单位	原资料	加固后	备　注
3	下泄流量				
	设计洪水时最大泄量	立方米每秒	5200	4651	
	校核洪水时最大泄量	立方米每秒	6180	5043	
	校核入库洪峰量	立方米每秒		6590	入库洪水
	设计入库洪峰量	立方米每秒		5230	入库洪水
4	工程效益指标				
	装机容量	千瓦	12400	12400	
	年均发电量	万千瓦时	4000	4000	
	灌溉田亩	万亩	52	52	
5	挡水建筑物				
①	主坝				
	坝顶高程	米	98.25	98.25	
	防浪墙顶高程	米	99.50	99.50	
	最大坝高	米	42.95	42.95	
	坝顶长度	米	1640	1640	
	坝顶宽度	米	9.00	9.50	
②	南副坝				
	坝顶高程	米	98.00	98.00	
	防浪墙顶高程	米	99.50	99.50	
	最大坝高	米	9.00	9.00	
	坝顶长度	米	2268.00	2268.00	
	坝顶宽度	米	9.00	7.50～8.50	
③	北副坝				
	坝顶高程	米	97.00～98.00	97.00～98.00	
	最大坝高	米	14.00	14.00	
	坝顶长度	米	5060	5060	
	坝顶宽度	米	5.00	4.00～5.70	
6	泄水建筑物				
①	孙家溪溢洪道				
	堰型		混凝土护面浆砌石实用堰	混凝土护面浆砌石实用堰	
	堰顶高程	米	84.00	84.00	
	堰顶净宽	米×米	3×12	3×12	
	闸门型式		钢质弧形闸门	钢质弧形闸门	
	设计最大泄量	立方米每秒	3260	2670	

序号	名　　称	单位	原资料	加固后	备　注
	消能型式		挑流	挑流	
②	木匠湾溢洪道				
	堰型		钢筋混凝土低实用堰	钢筋混凝土低实用堰	
	堰顶高程	米	85.00	85.00	
	堰顶净宽	米×米	3×12	3×12	
	闸门型式		钢质弧形闸门	钢质弧形闸门	
	设计最大泄量	立方米每秒	2920	2373.42	
	消能型式		挑流	挑流	
7	输水建筑物				
①	北干渠灌溉输水管				
	型式		钢筋混凝土圆管	钢筋混凝土管	
	进口高程	米	81.5	81.5	
	长度	米	80.00	80.00	
	断面尺寸	米	$\phi2.00$	$\phi2.00\sim1.90$	
	设计最大流量	立方米每秒	19.60	19.60	
②	南干渠灌溉输水管				
	型式		钢筋混凝土圆管	钢筋混凝土管	
	进口高程	米	81.10	81.10	
	长度	米	84.00	84.00	
	断面尺寸	米	$\phi2.00$	$\phi2.00\sim1.90$	
	设计最大流量	立方米每秒	27.00	27.00	
③	澧干渠灌溉输水管				
	型式		钢筋混凝土圆管	钢筋混凝土管	
	进口高程	米	82.50	82.50	
	长度	米	80.75	80.75	
	断面尺寸	米	$\phi1.80$	$\phi1.80\sim1.70$	
	设计最大流量	立方米每秒	11.27	11.27	
④	发电引水隧洞				
	型式		钢筋混凝土管	钢筋混凝土管	
	进口高程	米	72.00	72.00	
	长度	米	118.00	118.00	
	断面尺寸	米	$\phi5.00$	$\phi5.00$	
	设计最大流量	立方米每秒	48.80	48.80	

第二节　灌区续建配套与节水改造工程

荆州市沮水灌区是在"文化大革命"期间边勘测、边设计、边施工的"三边"工程，工程投入少，设计标准低，施工质量差，建筑物普遍不配套，且建设年限长，严重老化损坏。尤其是土渠跑冒滴漏恶化，或严重淤塞水流不畅，导致灌溉水利用率低。

1997年，国家发改委、水利部启动对大型灌区的老损调查，随即开始实施大型灌区续建配套与节水改造。管理局紧紧抓住机遇争取项目，使沮水灌区成为全国第一批列入改造计划的大型灌区。1999—2016年，连续实施灌区续建配套与节水改造工程，彻底改变了灌区老化失修的状况，使输水速度大大加快，不仅南干渠远至公安章庄末端和北干渠绝大部分渠道都用到了沮水水库水，而且节水效果突显，为灌区农业丰产丰收做出了应有的贡献。

一、工程实施情况

主要参建单位如下。

项目法人：管理局。

设计单位：沮水灌区续建配套与节水改造工程规划报告及2008年之前的项目均由荆州市水利水电勘测设计院设计；2010年之后的项目改由湖北省水利水电规划勘测设计院设计。

监理单位：荆州市荆楚水利水电工程建设监理处

施工单位：土建部分为沮水水利水电建设公司，信息化部分为湖南省水科院、武汉立方公司、联宇公司等。

（一）规划情况

根据水利部水农〔1999〕459号文《关于开展大型灌区续建配套与节水改造规划编制工作的通知》，2000年5月，管理局委托荆州市水利水电勘测设计院编制完成了《荆州市沮水灌区续建配套与节水改造规划报告》，上报总投资38138.9万元，水利部水规总院组织专家对报告进行了审查。2001年，水利部以水规计〔2001〕514号文了批复，核定总投资为36480万元，其中骨干工程25440万元。规划报告主要工程内容：干、支渠防渗护砌362.6千米，配改渠系建筑物209座；配改骨干排水沟30千米。

（二）可研情况

自1999年以来，沮水灌区安排了续建配套前期可研、应急可研、第一期、第二期、第三期和第四期工程共六批建设项目，投资共22149.77万元，见表3-4。

表 3 - 4　　　　　　　　　　各年度方案、可研批复情况表

年度	实施方案批复		计划下达			可研方案批复		
	日期	文号	日期	文号	投资/万元	日期	文号	批复投资/万元
1999	2000 - 01 - 07	鄂水库复〔2000〕10 号	1999 - 12 - 14	鄂计农经〔1999〕第 1344 号	1000	1997 - 03 - 27	鄂计农字〔1997〕第 0205 号	1488
2000	2001 - 03 - 15	鄂水库复〔2001〕80 号	2001 - 02 - 23	鄂计农经〔2001〕155 号文	800	2000 - 04 - 20	鄂计农字〔2000〕第 0425 号	2935.16
2001	2001 - 12 - 21	鄂水库复〔2001〕561 号	2001 - 12 - 05	鄂计农经〔2001〕1310 号文	940			
2002	2003 - 01 - 09	鄂水利库复〔2003〕6 号	2002 - 06 - 12	鄂计农经〔2002〕639 号文	800	2003 - 04 - 21	鄂计农经〔2003〕342 号	2919.65
2003	2003 - 12 - 18	鄂水利库复〔2003〕241 号	2003 - 12 - 17	鄂计农经〔2003〕1197 号文	1000			
2004	2005 - 08 - 04	鄂水利库复〔2005〕144 号	2005 - 03 - 18	鄂发改农经〔2005〕191 号	900			
2005	2006 - 06 - 08	鄂水利库复〔2006〕129 号	2006 - 08 - 15	鄂发改投资〔2005〕1045 号	1200			
2006	2007 - 08 - 28	鄂水利库复〔2007〕210 号	2006 - 09 - 13、2006 - 12 - 28	鄂发改农经〔2006〕802 号、鄂发改投资〔2006〕1125 号	1200	2006 - 11 - 08	鄂发改农经〔2006〕906 号	2969.64
2007	2008 - 05 - 29	鄂水利库复〔2008〕263 号	2007 - 08 - 20	鄂发改农经〔2007〕814 号	800			
2008	2008 - 11 - 26	鄂水利库复〔2008〕426 号	2008 - 04 - 25、2008 - 07 - 28	鄂发改投资〔2008〕392 号、鄂发改投资〔2008〕704 号	2000	2010 - 11 - 23	鄂发改农经〔2010〕1524 号	5864.76
2008新增	2008 - 12 - 22	鄂水利库复〔2008〕474 号	2008 - 12 - 01	鄂发改投资〔2008〕1325 号	2000			
2010	2010 - 12 - 06	鄂水利库复〔2010〕665 号	2010 - 08 - 31	鄂发改投资〔2010〕1061 号、鄂财农发〔2010〕184 号	3500			

续表

年度	实施方案批复		计划下达			可研方案批复		
	日期	文号	日期	文号	投资/万元	日期	文号	批复投资/万元
2012	2012 - 11 - 27	鄂水利水复〔2012〕328号	2012 - 08 - 09	鄂发改投资〔2012〕979号	2984	2011 - 11 - 23	鄂发改农经〔2011〕1705号	5972.56
2016	2016 - 07 - 04	荆水利函〔2016〕71号	2016 - 09 - 14	鄂财建发〔2016〕184号、鄂财农发〔2016〕101号	2115			

1. 续建配套前期可研工程

1997年3月27日，湖北省计划委员会批复涢水灌区续建配套工程前期可研投资1488万元，工程为1999年度项目。

2. 续建配套应急可研工程

2000年4月20日，湖北省发展计划委员会批复涢水灌区续建配套工程应急可研投资2935.16万元，项目分2000年、2001年、2002年三个年度完成。

3. 续建配套与节水改造一期工程

续建配套与节水改造一期工程于2003年启动，2003年4月21日，湖北省发展计划委员会批复涢水灌区续建配套工程一期可研投资2919.65万元，项目分2003年、2004年、2005年三个年度完成。

4. 续建配套与节水改造二期工程

2006年11月8日，湖北省发展和改革委员会批复涢水灌区续建配套工程二期可研投资2969.64万元，项目分2006年、2007年两个年度完成。

5. 续建配套与节水改造三期工程

2010年11月23日，湖北省发展和改革委员会批复涢水灌区续建配套工程三期可研投资5864.76万元，项目分2008年、2008年新增、2010年三个年度完成。

6. 续建配套与节水改造四期工程

2011年11月23日，湖北省发展和改革委员会批复涢水灌区续建配套工程四期可研投资5972.56万元，项目分2012年、2016年两个年度完成。

（三）节水工程实施情况

灌区工程已经实施了1999—2016年共14个年度项目，完成的主要工程内容见表3-5。

（1）渠道防渗护砌131.323千米。

（2）渠系建筑物配套。泄洪闸改造15处；机耕桥及人行桥81座；改造分水口 389 处。

表 3－5　　　　　　　　1999—2016 年度项目批复与实际完成情况对比表

年度	投资/万元		渠道防渗护砌/千米		渠系建筑物											
					分水口		桥梁		踏步、小沟入渠		水闸		渡槽		测流设施	
	批复	完成	批复	完成	批复	完成	批复	完成	批复	完成	批复	完成	批复	完成	批复	完成
合计	21239	16434.19	150.466	131.323	537	389	216	81	810	194	36	15	9	8	67	65
1999	1000	986.97	6.000	6.000	24	24	0	6	0		3	3	1	1	0	0
2000	800	800.00	5.038	5.038	25	25	8	6	20	64		0	1	1	2	2
2001	940	940.00	4.500	4.525	120	120	5	5	61		1	1	1	1	0	0
2002	800	772.39	8.959	8.959	0	0	5	5	0		0	0	1	1	6	6
2003	1000	500.00	4.200	4.212	20	20					4	4	1	1		
2004	900	450.00	4.000	4.000	25	25					0	0	1	1		
2005	1200	1084.40	5.695	5.695	72	72					2	2	1	1		
2006	1200	1023.16	9.425	9.425	57	57	8	8	0		0	0	0		57	57
2007	800	419.69	8.780	4.780	0	0	0	0	0		0	0	0			
2008	2000	1421.40	18.854	16.344	48		18	10	227		2		0			
2008新增	2000	1401.18	20.800	18.679	0		12	11	249		0		0			
2010	3500	3466.79	15.111	10.000	57	46	36	15	0	130	1	5	1	1		
2012	2984	1370.21	16.127	10.781	65		73	15	110		0		1			
2016	2115	1798.00	22.977	22.885	24		51		143		23		0			2

（3）渠道整险加固 17 处。

（4）支渠配套建设。南闸支渠 5.60 千米，八角祠支渠、紫松支渠、王家祠支渠、纸河支渠等。

（5）灌区信息化工程硬件及软件建设。

上述工程实施后，有效提高了浰水灌区干渠和部分支渠、支沟的过流能力，已完成部分使灌区工程严重老损和不配套的状况得到了一定改善，节水效果逐步显现。

二、工程建设管理情况

认真贯彻执行国家发改委、水利部下达的《大型灌区续建配套项目管理办法》，确保了工程的顺利实施。

（一）严格执行工程建设四制，确保工程质量

（1）规范项目法人制。荆州市政府以政办函〔2000〕16 号文，确定管理局为浰水灌区续建配套与节水改造项目法人。

（2）严格招投标制。

（3）强化工程监理制。

（4）完全落实合同制。

（二）质量管理情况

"百年大计、质量第一"，工程建立了业主负责、施工单位自检、监理控制、质监站监督的质量管理体系。灌区工程经过建设管理多方共同努力，达到了设计质量要求。1999年度工程为优良等级，2000—2008年、2008年新增、2010年、2012年共12个年度为合格等级。

三、重点工程介绍

（一）洛河渡槽重建工程

洛河渡槽是北干渠上的一座重要输水建筑物，跨越洛河，原渡槽位于北干渠17+000处，槽身断面为U形薄壳式，全长225米，于1967年建成，受制于当时的建设条件，结构单薄、基础埋深不够，加上年久失修，19个槽墩有7个产生了较大的不均匀沉降，18节U形薄壳槽身均存在混凝土碳化、剥落、露筋现象。2009年灌溉时，第14跨槽身底部纵向开裂，造成输水中断。

经委托湖北省水利水电规划勘测设计院勘测设计，采取移址重建的方案，重建渡槽上移至北干渠桩号14+033处，绕过原渠道弯肘段5.585千米，改善渠道水流条件。重建渡槽设计流量12.90立方米每秒，纵坡1/500，槽身共50跨，每节长12米，全长600米，采用梁式简支结构。渡槽输水系统主要由进口渠道、进口渐变段、渡槽、出口渐变段、出口消力池及出口渠道等组成。

工程于2011年3月1日开工建设，先进行渡槽排架基础混凝土灌注桩施工，至同年4月18日完成灌注桩21根。在施工过程中发生灌注桩大量塌孔、泥浆流失、混凝土灌注普遍超量等异常现象，桩端入岩高程也和设计区别很大，工程遂全面停工。

湖北省水利规划勘测设计院按照特殊复杂地质情况，重新对桩基础逐根进行地质复勘。复勘结果表明，工程地质条件异常复杂，工程区存在岩溶现象，且溶洞发育千奇百态：有的呈空洞状，有的呈半充填状，有的呈全充填状，基岩起伏大，溶沟、溶槽分布范围广，发育情况复杂。在后续施工中，陆续产生个别灌注桩锤被岩溶卡住，同一排架两根桩长最大差8米，灌注桩混凝土平均较理论计算翻一倍，部分漏浆严重等现象。

2011年8月，设计单位完成了《洛河渡槽变更设计报告》，并于9月通过了湖北省发改委、水利厅组织的审查。重大设计变更主要是对原勘察没有察明的基础岩溶进行处理，主要内容为：

（1）对重大变更设计前已经实施完成的混凝土灌注桩，区别不同地质情况分别对基础采取静压注浆、压力注浆，树根桩，桩底注浆，固结灌浆等处理方式。

（2）对 32～47 号排架桩采取下列方案处理：

1）特殊地质桩处理：32 号及 35 号排架桩底改为摩擦桩。

2）其他排架桩根据具体情况对桩底端 5 倍桩径范围内的溶腔进行水泥固结灌浆或桩长范围内的砂卵石层进行水泥固结灌浆。

3）部分桩底注浆加固。

（3）进口段布置优化：将进口段 3 节槽身调整为 3 节 U 形槽，取消原 1～4 号承台下灌注桩。

（4）槽身止水及承台建基面高程调整：将传统的橡胶止水调整为"321"止水系统；7～16 号、19～21 号及 24 号排架建基面较原设计有所调整，并相应调整排架高度。

（5）概算漏项：混凝土灌注桩钢筋量及槽身 WHDF 外加密实剂，补列部分原掉项钢筋混凝土量。

设计变更后，洛河渡槽的概算总投资较原设计批复投资增加约一倍。

图 3-5 沮水灌区洛河渡槽基础处理施工方案现场会

（二）台山渡槽加固工程

台山渡槽位于南干渠桩号 44＋344 处，担负着松滋、公安两县（市）11 万亩农田的灌溉任务，渡槽设计流量 8 立方米每秒，结构型式为 U 形薄壳槽身简支、单排架支撑的钢筋混凝土结构，槽身每节长 12 米，共 73 节，总长 875 米，排架高度大部分为 18～22 米，河床中最大高度达 31 米。

渡槽于 1966 年 3 月动工兴建，1967 年 5 月建成。当时正处于"文化大革命"时期，受"设计革命"思潮的影响，加上资金、材料的缺乏，选定的结构尺寸过于单薄，安全裕度不够，给渡槽留下了先天性的隐患。

台山渡槽自 1967 年开始运行以来，管理单位经常进行检查观察，先后发现

图 3-6 基础加固灌浆

槽身出现纵、横向裂缝，支座（简称座环）处破碎脱角、座环中部也发生纵向裂缝，渡槽严重坏损变形。

（1）排架普遍发生弯曲变形、部分排架发生裂缝。

（2）槽身位移、座环破裂剥落，承压面积减小。

（3）槽身裂缝漏水。

为解决工程卡口问题，荆州市水利局逐年安排部分资金，从 1990 年开始逐步对排架进行加固，主要是采用高标号混凝土扩大基础、包裹加粗加强排架，每年加固几个排架，后纳入节水工程计划，排架全部加固完成后，基本控制排架变形趋势。

槽身采取过化学补强、钢筋混凝土内衬等方案做试验，均不太理想。荆州市水利水电勘测设计院于 2005 年节水工程中对槽身处理拟定三个方案进行经济技术比较：①进行化学补强；②重建渡槽；③用钢板衬砌槽身。最后选择了钢板衬砌槽身方案（图 3-7）。

用厚度为 8 毫米的钢板制作 U 形槽身，钢板与原槽身之间采用 20 毫米厚水泥灌浆；槽身原止水材料拆除，采用中科院 GB 板材料重新进行止水处理；钢板采用喷锌防腐处理（图 3-8）。

项目于 2007 年 2 月开工，8 月全部完工。投入运行 10 年来，渡槽排架变形基本控制住，槽身钢板衬砌与原老槽壳之间结合良好、槽身变形、裂缝控制住，保障了正常输水运行。

整个加固设计方案和施工措施是成功的，较经济地解决了该工程的问题，也为类似 U 形渡槽槽身加固处理提供了成功经验和借鉴案例。

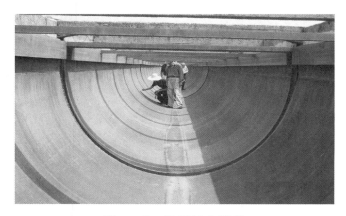

图 3-7   钢板衬砌槽身

图 3-8   防腐后的槽身

第三节   水库信息化建设与运用

　　洈水水库信息化建设近 20 年来，管理局相继建立了水库水雨情遥测系统、水库防洪调度自动化系统、水库气象卫星云图接收处理系统、灌区水管理测控系统、闸门控制系统、办公自动化系统和地理信息系统，并逐步对已存在的一些独立系统进行整合，建成了水库局域网，开发了洈水水库办公自动化系统、水库信息化平台、灌区信息化平台等应用系统。同时，基于 IE 浏览器对数据信息进行管理和查询，实现了租用网络光纤接入到办公楼，具备了一定的水利信息化基础。

一、通信网络

　　1999 年年底，洈水水库被国家防办列为第二批洪水调度系统试点水库，管理局委托北京中联运通计算机技术服务有限公司组建局域网络和大坝工情监视系统建设调试安装；后期信息化建设列入灌区续建配套与节水改造工程项目。

2004 年，湖北省水利水电科学研究所施工完成中心站网络升级改造，扩充两台服务器和两台终端，增加一台硬件防火墙，新建南副坝、北副坝、快活岭、金星、杨林市 5 个分中心站。

2007 年 12 月，荆州市水利水电勘测设计院设计，湖北金浪勘察设计有限公司施工，新建局中心站铁塔、杨林市中继铁塔。

2012 年 9 月，湖北金浪勘察设计有限公司完成北干 60.046 千米、南干 11.2 千米光纤架设，新增计算机、交换机与办公设备，构建分中心局域网。

洈水水库通信系统以局机关为中心，覆盖全局二级管理单位和局住宅小区。其中南干渠 2 个管理单位采用扩频通信方式，枢纽及北干渠、南干渠渠首至 9 千米处采用光缆通信方式，共建光缆近 100 千米，并为工程视频监控及工程设备自动控制打好了基础。水库办公网、住宅小区网现租用移动网络光纤到楼，办公网络和个人网络用户分别达 300 余户和 200 余户。

局域网的建成，实现了全局数据库资源共享、信息的交流，提高了办公效率；实现了防洪调度决策及办公自动化与数据库资源、应用文件及信息的共享。

二、水雨情遥测系统

水库上游水雨情遥测系统于 1990 年开始兴建，到 1999 年 3 月续建完成。因建成的遥测设备老化且无配件，2009 年对水库全流域站点进行了重新规划与建设，已建成的系统由 1 个中心站、3 个中继站、22 个遥测站以及大屏幕显示组成，站点覆盖水库上游、下游河道及灌区。建成以来，系统运行稳定，满足了水库防洪调度的需要，为水库预报调度、防汛抗旱提供了准确及时的水情数据和信息。

三、办公自动化系统

2006 年，由武汉立方科技有限公司完成办公自动化管理系统（含网站）开发。系统由系统管理、信息发布、网络公告、今日工作、公文管理、档案查询、会议管理、日程安排、外出登记、通讯录、文件收发、信息配置等子系统组成；中心机房 SQL 服务器上安装 OA 系统数据库，向全局用户提供办公数据和文件信息的存储和共享，是 OA 系统的数据中枢。

近十几年的信息化建设，办公自动化系统集微机办公、数据库系统、行政事务管理系统为一体，以及后期水库信息化平台、灌区信息化平台等系统开发运用，OA 系统网页供全局各部门和全体用户用于信息及文件输入、修改和流转、阅览操作。同时，根据各单位和部门职能分配其各自权限，分别进行水库信息化系统中共享数据的查询，并通过局域网络实现信息发布、文件共享、数据库共享等服务以及网站建设，极大提高了办公效率，节约了人力资源。

四、水库信息化管理平台

2005 年 9 月 30 日,湖北省水利厅以鄂水利建复〔2005〕177 号文《关于同意浉水水库除险加固工程主体工程开工的批复》批复该工程开工。2009 年,水库除险加固信息化工程实施。

建立浉水水库信息化管理平台,将建设的闸门监控系统、视频监控系统、水雨情自动遥测系统、大坝安全监测系统和洪水预报调度系统的监测数据、业务应用进行集成,统一管理。同时,平台可通过计算机网络实现浉水水库自动化远方控制,为管理部门提供科学支持和可视化表现,为日常管理和防汛期间防险、抢险提供强大信息支持。具体由基本信息、闸门监控、视频监控、水雨情遥测、大坝安全监测、洪水预报调度和系统管理组成。

五、监控系统

1. 闸门监控系统

闸门监控系统分为两大部分:枢纽闸门监控系统和灌区闸门监控系统。枢纽闸门监控系统建设水库 2 处溢洪道 6 孔闸门、电站进水口闸门的远程自动集中监控,在网络的监控计算机上实现对闸门远程数据采集和远程集中控制。灌区闸门监控系统现已建 3 座输水闸、干渠分水闸、节制闸等闸门现场控制站 34 座(根据现场条件,其中太阳能闸控站 20 座,交流闸控站 14 座),水位站 6 处。灌区闸门监控系统由中心站、分中心站和现场控制站三部分组成,整个闸门控制系统操作分停止、现场手动、远程控制三种模式。

2. 大坝工程安全监测系统

浉水水库大坝安全监测自动化系统于 2003 年开始组建,以对主坝实施渗流自动化监测。2009 年,利用除险加固工程对部分损坏断面实施修复,并增加绕坝部分及南副坝观测断面,对自动化系统进行升级改造。通过近几年的运行观测,为水库安全提供了大量的监测数据,也使水库大坝监测提高到一个新水平,并为实施大坝监测积累了宝贵经验,成为大坝安全监测项目检测中不可缺少的部分。

3. 视频监控系统

2004 年,建设渠道 3 座输水闸 6 处视频点,目前视频点因设备老化暂无替代产品,待全面更新改造。2009 年,建设对孙家溪、木匠湾溢洪道、电站厂房及闸室、大坝、南副坝码头等设置视频监控点 25 处。现场视频信息通过通讯网络传输到中心站,实现 IE 平台对工程重要部位的远程监视,并对事件进行跟踪录像,有效监视工程运行状况,提高了现场事件应对及处理能力。

4. 蒸发量监测站

在水库坝下大岩咀水文站建设蒸发量监测站一处,采用 FS - 01 型数字式蒸发站采集蒸发量数据,以蒸发计、雨量计、溢流桶为基本观测工具,以采集器自动采集、处理、显示蒸发、降水、溢流过程信息、自动控制蒸发桶、溢流桶补、排水过程。

5. 水质自动监测系统

水质自动监测点位于坝区供水站。监测项目确定为常五项（pH值、水温、电导率、溶解氧、浊度）。监测指标的选择，一方面要能满足水质监测规范的要求，使其所选择的监测指标尽可能反映比较多的水质特征；另一方面要根据国内外市场上是否有可靠的产品而定，以保证监测指标测定结果的可靠性。水质监测站主要由水质采样装置、预处理装置、自动监测仪器和监测房等构成。水质自动监测系统的建立为水库安全饮水提供了保障。

6. 量水口水位流量监测

在灌区南干渠建设量水口水位流量监测点4处。量水口水位流量监测点具有标准断面，根据水位-流量计算公式，在量水口的下游20米处建设巴歇尔槽，在巴歇尔槽前后各选择一点来测量水位，以求得渠道流量。量水口水位流量监测站定时采集水位数据，传送到管理局信息中心，由监控计算机直接转发或暂存后转发到数据库服务器中存储，信息中心实现数据分析、统计、查询。量水口水位流量监测可为灌区水量计量和收费提供数据。

六、信息查询系统

1. 短信群发系统

利用GPS平台定时发送水库水雨情信息。短信群发系统可以定时向管理局各负责人和管理人员发送水雨情，也可以由个人发送短信向服务器点播查询，使各单位负责人和管理人员及时了解、随时掌握水库水雨情。

2. 手机APP查询系统

经过多年信息化建设，浥水水库组建单位内部局域网，实现了对水库、灌区水雨情遥测站点数据的自动采集、传输与处理，并相继建成了办公自动化系统、水库防洪调度自动化系统和信息化查询发布平台等系统。随着信息技术的不断提高，2016年，水库为及时了解水情信息，加强水库管理，利用APP软件开发手机查询系统，实时掌握水库水雨情和单位工作动态信息，实现水资源科学管理，提高水库现代化管理水平。

七、防洪调度自动化系统

浥水水库防洪调度自动化系统于1999年开发投入运行，近年来由于浥水流域新建电站增加，水库产、蓄水模式发生变化，2010年，重新编制洪水调度模型，在原有防洪调度自动化系统功能基础上重新开发新的软件系统。

水库防洪调度自动化系统的运用，实施风险调度有效控制汛限水位，合理利用雨洪资源，使洪水预报更及时准确，调度更科学合理，充分发挥了水库综合效益，产生了巨大的防洪减灾效益。

八、视频会商系统

沮水水库视频会商系统是管理局和荆州市防汛办之间的视频会商，以现有荆州市防汛办为主会场，在管理局建设一个分会场。该系统属沮水灌区 2008 年度信息化实施项目，2009 年，管理局视频会商室配置一台视频终端设备，型号为泰德 550，以 IP 组网方式，租用移动公司一条专线接入荆州市防汛办视频会商系统。

九、地理信息管理系统

为建立统一的沮水流域基础地理信息数据库和水利水文专业数据库，2008 年，湖北金浪勘察设计有限公司、武汉立方科技有限公司和湖北省第二测绘院建立和完善沮水地理信息管理系统，实现沮水流域空间信息资源与水利水文专业信息资源的整合与共享，构筑沮水地理信息管理系统和三维可视化系统。

第四节　供电营业区电网改造工程

2000 年 4 月 26 日—2003 年 1 月 12 日，经过近 3 年的艰苦奋斗，在农改国家贷款资金不能到位的情况下，管理局不等、不靠，采取职工集资和单位自筹 840 万元的方式，投入农网改造，圆满完成了两个乡镇电管站体制改革和 33 个村的低压电网改造及部分中压线路整改工作（简称两改工作）。

一、两改工作回顾

（一）两改工作由来

沮水供电区始建于 1971 年，由于人民生活迫切需要电力，在国家大电网还未形成的情况下，以小水电"自发自供，余电上网"的运行格局，架设电站至西斋 6.3 千伏 5.5 千米直配线路，建立了西斋供电所。又由于随着国民经济的不断持续发展，电力越来越成为人们生产、生活发展的动力，1984 年将供电所改造升压为 35 千伏变电站，形成了沮水供电营业区，并得到了湖北省经贸委、工商局的认可，以"荆州市沮水供电公司"企业名称颁发了《供电营业许可证》。近 20 年来，农村集资办电发展较快，用电量不断增加，但农村集资办电，资金不足，形成电网无安全保障、电的质量差、电损大和电价高的局面，阻碍了农村经济健康发展，同时农村用电管理体制也不适应农村电力发展的需要。

针对供区当时状况，管理局党委遵照国务院〔1999〕2 号文件精神多次开会研究，克服国家农改贷款资金无法争取到位的困难，决定节省各方开支，挤出资金投向农网改造，在可用资金不足的情况下，向职工集资 517 万元用于农改。对全供电区 282.85 平方千米，33 个村，314 个组 12000 户低压电网改造没有漏一村、一组、一户。3 年来，共改造农村台区 64 个，新增台区 16 个，立各类电杆共 9778 根，增架 10 千伏线路 31.8 千米，380 伏线路 232.4 千米，220 伏线路

465 千米，配变容量从改前 3130 千伏安增加到 4970 千伏安，增容 1255 千伏安，农网低压线路损耗率由改前的 50％左右降到 12％左右，最长低压线路末端电压从改前的 300 伏、160 伏已达到 380 伏±10％、220 伏±10％标准，电价由原来的 2～1.5 元每千瓦时降至现在农村生活照明的执行电价 0.508 元每千瓦时。

2000 年 4 月 26 日，"两改"领导小组在西斋供电所召开了由涔水镇、大岩嘴乡、涔水开发区三个乡镇区分管领导和西斋供电所负责人参加的涔水供电区农电体制改革工作会议。按照会议的总体安排和部署，成立了涔水供电公司，同时对西斋电管站、大岩嘴电管站进行财务清理，成立了西斋、大岩嘴两个营业所，归口供电所统一管理；对台区电工按地域差别，以规定用户配备比例，电工由村级组织推荐，进行考试、考核，择优录用的原则，竞争上岗，录用电工同供电所签订合同，实行合同制管理；对村级原集资办电的所有电力资产，通过改革后产权无偿划拨涔水供电公司，并实施管理和维护。

（二）规划设计

农网改造是一个复杂而艰巨的系统工程，涔水供电区虽只有 282.85 平方千米，但山地多，人口分散，电力设施基础极差，规划难度大。为了满足供电要求，又要节省投资，一是结合湖北省有关农网改造技术标准制订本供区农改技术规范；二是根据本供区技术规范，一个村一个村进行实地勘测设计，放样绘图及预算；三是为保证电力质量和安全，对超 1.5 千米的低压线路增设无功补偿，在配电柜上增设线路漏电总保护及低压避雷保护，确保了设计合理、降低造价、安全可靠。规划设计小组由施工负责人带领，服从安排和工作需要，在复杂的地理环境下，翻山越岭，为了把测量工作做到精细，每天行程不少于 30 千米，不怕苦，不怕累，一分汗水，一分收获，精心设计出了一条条线路，为电网实施改造做好了前期工作。外业是如此，内业工作负责人也是如此，精心整理好全部农改资料。

（三）材料采购

农网改造所需材料设备门类品种繁多，改造后的质量和效果，完全取决于所购进材料设备质量的好坏，采购是一个关键的环节。为了把这一重要环节把握好，农改领导小组按局党委要求，坚持重要设备、大宗材料、仪表实行集体采购；重设备、材料质量，坚持产品合格证、生产许可证和质量鉴定证齐全，能经得起技术监督部门的检查，材料采购，按农改物价政策，把所需设备材料价格压到较为合理的价位上。做到了坚持财务管理原则，把住了质量关，以财务负责人的资产组，他们始终做到以上"三个坚持"。如 7 米电杆由 220 元每根降到 170 元每根，又从 170 元每根降到 150 元每根，在质量同等的条件下，每根平均在报价基础上下降了 30 元，就这一笔材料节省投资 15 万元左右，其他如变压器、开关柜、电表等也一样。材料设备到位后，虽然有生产许可证、产品合格证、质量鉴定证，但仍然坚持结账必须留相应质保金，到场验收不合格，则当即退货，严格履行合同不打折扣。材料设备进库坚持收货验收，出库坚持按计划办理出库领用手续，严格账物混乱现象发生。在材料管理上，坚持按审批计划发材料的原则，这三年的工作，从购、管、发各方面上都确保了一个"好"字。

（四）工程施工

农网改造工程质量是保证工程效益发挥的关键，关系到农村经济持续快速健康发展和广大人民群众的生产生命财产安全；同时也是一项"德政工程""民心工程"，必须要把好质量关。在时间紧、任务重、要求高的情况下，根据供电营业区实际，认真落实了工程质量保证措施。

（1）建立和落实工程质量领导责任制，农网领导小组全面负责农网改造工程包括工作质量在内的各项工作，领导小组按本供区技术规范对施工专班进行检查，施工专班负责人与施工作业组签订责任，形成全方位，全过程的质量责任体系。

（2）试点开路。在总结经验中学习，在学习中改进施工方法。2000年4月26日启动农网改造工作后，在33个村中，首先对四方桥、麻砂滩、后坪、新场坡等四个村进行试点，实行每个村放一个施工组，以一个组独立完成一个村的农改任务的施工方式。通过一段时间的实践总结，发现窝工现象严重，施工工具出现严重不足，而施工质量又缺乏有效监督，一是影响进度和质量；二是施工投入相应增大；三是材料运输跟不上，在管理上造成混乱。2000年8月28日，发生了人身伤亡事故，教训惨痛。2000年9月6日，管理局党委决定迅速调整施工方式。9月12日，召开了农网改造领导小组全体成员会议，以总结前段农改工作经验，吸取教训，调整施工组织机构为主题的会议。通过这次会议，统一了思想认识，总结了经验，吸取了教训，确定了新的施工组织形式，即以单项工程量分组负责完成的流水线路施工作业方式。按工程特点，分为立杆、放线和装表三个作业组，使负责的工程量专业化，工具使用专套化，安全监督专人化，形成了你追我赶、互比质量、互相配合、互相监督、互比进度的氛围，在确保工程质量的前提下推动了农网改造进度。

（3）严格纪律，树立施工队伍形象是农改工程顺利竣工的保证。顾名思义，农网改造在农村开展工作，离管理局机关较远的在15千米以外，为了工作方便，必须住下来，为了不损坏群众的利益，为了保证每个施工人员能够心情舒畅，必须加强纪律教育，每到一个村，张天峰同志首先组织施工人员学习，要求尊重当地民俗，不拿群众一针一线，不摘群众一瓜一果，不向群众要物品和香烟，同时做到"三队"，即施工队、宣传队、服务队。通过经常性学习，加强纪律教育，在3年的施工中，没有违法违纪损坏群众的现象发生，即使施工人员与群众发生纠纷，也得到了及时解决，没有扩大施工人员与群众的矛盾。"这施工队能吃苦，讲规矩，是一个好队伍。"施工队赢得了群众的好评，赢得了群众对工作的支持，从而保证了农改工作保质保量完成。

（4）树立质量第一的观念，加强各个环节检查，确保工程标准不降低。第一，按工程施工进度，按立杆、放杆、装表三步运作方式，分阶段实地检查，如有与设计不符或因地势条件影响工程质量，需要变更设计，现场研究，立即作出处理意见予以更正。第二，一个村施工结束后，通过一周或10天的试运行进行预验收。听取用户和村级组织的意见，对发现的问题和提出的合理意见由施工组立即处理。第三，由农改领导小组组织有关镇、村负责人，供电管理单位和技术人员参加的验收班子对竣工村以"一听、二看、三评议"的方法进行竣工验收。对验收提出的问题，分责任方限期进行整改并写进验收会议纪要，确保问题处理落实，运行管理接受方对工程质量实施了有效的监督，严把整体质量关。第四，在33个村农改即将全部竣工时，按要求组织质量检查整改"回头望"专班，对已改村的电网逐一进行全面检查，发现问题和村电工提出的问题又一一进行处理。通过以上方法，确保工程质量标准，并随时迎接上级主管部门的验收。

工程施工人员战酷暑、斗严寒、抓晴天、抢雨天，统筹安排，精心施工，不怕苦，不怕累，施工讲创新，技术讲革新，工作讲奉献，施工讲团结。

（五）现场作业

"安全重于泰山、安全就是效益"，为保证农网改造工作安全顺利进行，管理局采取了强有力措施。第一，先后制定了一系列有关安全工作的规定，如《农网改造安全工作制度》《触电急救救护法》《安监员工作职责》《工作纪律》《材料员职责》等印发给农改施工人员，人手一份，并按2000年7月25日安全工作会议纪要要求严格执行。第二，对聘请大工杜绝无证上岗，并为每个大工购买安全保险。第三，依据《安全工作制度》层层签订安全责任合同，明确第一责任人，每个作业组设专职安全监督员一名，坚持"安全第一，预防为主"的方针。第四，管理局安全领导小组和农改领导小组经常深入现场检查、了解安全作业情况，发现不安全苗头立即指出整改。第五，定期检查登高工具，对有安全隐患的工具停用更新，防微杜渐。第六，对发生的安全事故坚持及时分析、整改、教育、处理四落实，从中吸取教训，以防类似事故发生。按照以上六方面的措施，除因个人工作不按规范操作发生3起伤亡事故外，3年来没有发生一起因人为指挥失误、工作衔接失误、操作程序不当而发生的安全事故。同时，还狠抓了防暑、防意外事故发生，保证了农改工作的顺利进行。

二、经验与教训

（一）主要经验

（1）施工组要专业。专业化能保证质量和进度，在较长施工实践中，能体悟出施工方法创新的路子，增强质量监督意识，能保证施工工艺好、效率高。如在

2002 年 3 月开工，到 2003 年 1 月 12 日，全部竣工完成 15 个村，是全部工程量的 45.5％，除去 108 天雨天外，平均每 15 天能完成一个村的农改任务。

（2）农改专班与村专班一体化。进村后，必须依靠村级组织的支持，并和群众搞好关系，这样才能保证进村后施工顺利。

（3）规范设计科学化，农网改造要兼顾群众和电力企业自身效益相结合，本着厉行节约、避免浪费、又要合理的原则，在确保供电质量和大幅度降低损耗的前提下，充分利用原有可用设施设备，以改造为主，辅之以必需的新建项目。

（4）安全措施规范化。施工中总结了六不准：人员未组织好不准开工，聘请电工无证不准登杆，设备准备不齐全不准动工，现场条件不具备不准施工，指挥人员不发布命令不准操作，办停电票后不消票不准送电。

（5）材料设备集体采购，做到了财务公开，保证了材料设备的质量。

（6）培养了自己的电工队伍。通过电网改造这个大课堂三年的磨炼，炼出了一支过硬的电工队伍。管理采取自己组织施工队是正确的，以老带新，现场教学，使年轻职工学到了本领，为后继培养了专业人才，农电工聘请参战，规范了他们的作业技能，为农村供电服务造就了人才。

（二）主要教训

（1）在使用劳务工时，首先考核，并要有上岗证，不能雇请生手和无证人员。

（2）加强素质教育，必须按规范办事。如 2000 年 8 月 28 日、2002 年 6 月 30 日和 2002 年 7 月 21 日发生的几次大事故，就是没有按《安全规范》作业而造成的，经济损失巨大，教训惨痛。

（3）克服麻痹思想、侥幸心理。在今后的管理和电力工程的维护中，施工人员必须加强安全规章制度的学习，要吸取教训，绝不能存有麻痹思想和侥幸心理。

（4）严把材料及设备关，禁止使用不合格产品。如包箍材料不合格，使用后受力就断裂，严重影响工程质量和运行安全。

第五节　西斋水电站增效扩容工程

一、概况与改造原因

西斋水电站为水库重点枢纽工程，属坝后式电站，有效利用水头在 24.3～30.00 米，由管理局开发管理。电站始建于 1965 年 10 月，站内装设 4 台立轴混流式水轮发电机组。1970 年 4 月第一台机组并网发电，1971 年 5 月第二台机组发电，1972 年 4 月第三台机组发电，1976 年管理局自筹资金安装了第四台机组，电站总装机容量 1.24 万千瓦（2×3000 千瓦＋2×3200 千瓦），多年平均发电量为 4000 万千瓦时。

电站运行近 50 年，主厂房、升压站、厂区、输水压力隧洞等土建工程出现不同程度风化和破损，严重影响了安全稳定运行；一次设备、二次设备、辅助设备等严重老化，严重影响了发电供电的灵敏性、稳定性、可靠性和安全性。同时，因机组设备设施老化导致水能利用率降低及安全性下降，既造成水资源浪费，也不符合国家经济发展要求，亦相背于资源节约型和环境友好型社会建设。

鉴于电站更新改造的必要性，同时按照国家产业政策要求，为建设资源节约型、环境友好型社会，提高电站电力质量、自动化水平和管理效益，电站委托武汉大学设计研究总院进行详细勘测设计，编制了《西斋水电站更新改造工程可行性研究报告》。荆州市发改委组织有关领导和专家对可行性研究报告进行了审查，形成了基本同意该可行性研究报告的审查意见。

按照湖北省水利厅鄂水利函〔2011〕465 号《关于做好农村水电增效扩容改造试点项目前期工作的通知》的要求，电站委托宜昌水利水电勘察设计院进行了勘察设计，省水利厅以鄂水利函〔2011〕654 号文下达了《关于荆州市西斋水电站增效扩容改造项目初步设计报告的审查意见》，批复概算总投资 3897 万元。

二、改造机构设置

为保证增效扩容改造项目顺利实施，电站多次组织召开增效扩容改造项目专题会议，组建项目领导小组，由管理局党委书记王联芳亲自挂帅，管理局工会主席肖习猛任施工总负责人，电站站长张天峰任现场责任人。

三、改造任务

2011 年 11 月 25 日，西斋水电站增效扩容改造一期工程正式开工，到 2012 年 6 月 7 日，1～2 号水轮发电机组增容改造，1～4 号机组调速器、主阀、励磁系统、直流系统、自动化监控保护系统和测温制动系统等主机辅助设备更新，1～2 号主变、1～2 号厂变更新，所有高、低压配电装置更新，全厂油、水、汽等辅助设备更新，厂房、升压站改造等工程完工且调试完毕，西斋水电站增效扩容改造工程第一期工程完工。

2012 年 9 月 10 日—11 月 28 日，3～4 号水轮发电机组增容改造，压力隧洞改造，尾水闸门更新，调度通信设备更新等工程完工且调试完毕。

2013 年 3 月 20 日—8 月 20 日，遗留工程办公楼及厂区改造工程完成。至此，西斋水电站增效扩容改造工程基本完成。

四、改造效果

通过核算，装机容量由 12400 千瓦提高到 14200 千瓦，增效 14.52%；设计年发电量由 4000 万千瓦时提高到了 4920.2 万千瓦时，提高了 23.00%；水能利用率由 53.72%提高到了 77.98%；改造后，额定工况下，1 号、2 号机组综合效率由 77.8%提高到 88.9%，3 号、4 号机组综合效率由 78.2%提高到 86.83%。

运行管理人员由 47 人减少为 32 人，减少 31.2%，年均产值增加 520 万元。发电机组及设备改造前后对比见图 3-9。

（a）技改前发电机组

（c）技改前设备

（b）技改后发电机组

（d）技改后设备

图 3-9　发电机组及设备改造前后对比

第四章

企业经营管理

　　洈水水库建库以来，管理局一直致力于自力更生、艰苦奋斗，积极探索多种经营门路和办法，取得了较好的经济效益。在财政资金极其有限的情况下，保证了水库防洪安全和单位正常运行。

　　1996年以来，管理局为发展水利经济进行产业结构调整和优化升级，在抓好发电、供电、供水、建筑安装、装潢、养殖、商贸、餐饮住宿和汽修等传统产业的基础上，先后发展了水库银鱼养殖、特种养殖、硅铁联营与成品油销售等经营项目，使生产经营门类不断优化和丰富，产业逐步稳定，形成以发供电为支柱，以建筑安装、生态农业为两翼，以供水、成品油销售、酒店服务业为补充的产业格局。至2016年，管理局紧密结合行业特点，进行科学规范管理，并制定考核奖惩办法，实行量化考核，使产业规模进一步扩大，经营效益不断提高，实现了洈水水利经济跨越式发展。

第一节 发　　电

一、管理机制的变化和主要职责

　　西斋水电站是管理局领导下独立自主经营、单独核算的经济实体，自建站之日起至1998年，另设西斋供电所（35千伏变电站一座，10千伏开关站一座），修制厂和卓家山庄（水电技术培训中心）3个二级单位。1998年洈水实行事企分开、经管分离，电站经营模式发生较大变化，管理范围转变为发电经营，财务管理实行费用包干报账制；发电运行管理以提高工作效率、保证安全生产为目的，按照因事设岗、以岗定员的原则，打破干部工人界限，实行全员竞争上岗，因才适用、人才资源配置合理，改变职工择业理念；为电站长足发展提供了动力，注入了新的活力。该模式一直持续到2016年。

　　西斋水电站的主要职责：一是贯彻执行党的路线、方针、政策，遵守国家法律法规，严格执行规章制度和局党委的决议；二是贯彻"安全第一、预防为主、综合治理"的安全生产工作基本方针，坚持安全发展，强化管理，确保全年生产无安全事故；三是加强发配电设施设备维修保养，及时消除发配电设备隐患，保证随时投入运行，严格执行"自发自供、余电上网、以供定发"的科学合理化调度原则，充分发挥发电最大综合效益；四是加强与电力部门联系协调，确保自供区正常用电，准确计量，及时结算电量电费。

二、发电调度

　　西斋水电站在确保安全生产的基础上，按照管理局党委的要求，在发电科学合理化调度上下功夫，贯彻"尽量减少上网电量、尽量减少下网趸售电量、尽量减少上网弃水电量"的调度理念，针对供区负荷日益增加、日负荷曲线波动较大的情况，采取峰段增开机组、谷段减少机组、调整机组开度等方法尽量满足自供区用电，减少下网购售电量；根据水库水位调度曲线及来水情况、自供区负荷预测情况、上网电量统计情况精心测算，采取灵活多变的开机方式合理调峰，每年开停机操作就达300多次，并且加强同电力公司多个部门联系协调，力争将发电弃水量依据政策最小化。

2010年以来，电站在管理局党委的正确领导下，积极主动、科学合理调度，确保发、供电综合效益最大化，每年增加收入200万元左右。

（a）调度

（b）运行

图4-1　发电运行与调度

三、安全达标

自建站以来，西斋水电站始终坚持"安全第一、预防为主、综合治理"的方针，遵守国家有关安全生产的各项法律法规，组建以站长为组长的安全生产领导小组，配备安全员，并形成电站与生技办、生技办与运行、检修班组、班组与班员的安全生产网络，层层签订安全生产责任书，明确责任。

2013年12月，西斋水电站成立安全生产标准化达标评级工作小组，严格按照《农村水电站安全生产标准化达标评级实施办法（暂行）》，对安全生产目标、组织机构和职责、安全生产投入、法律法规与安全管理制度、教育培训、生产设备设施、作业安全、隐患排查和治理、重大危险源监控、职业健康、应急救援、事故报告与调查处理以及绩效评定和持续改进 13 类项目进行自查自评，针对存在的问题逐一整改落实。查评项 97 项，实际查评 85 项，得分 78.8 分，得分率为 87.5%，自评得分 87.56 分，达到《农村水电站安全生产标准化达标评级实施办法》第二章第九条农村水电站安全生产标准化等级为二级的评审要求。

2014 年 10 月 31 日—11 月 1 日，湖北省水利厅水电工程检测研究中心组织专家评审组对西斋水电站进行现场评审（图 4-2）。项目共 13 大类 99 项内容，总分 1000 分，其中合理缺项 100 分，实际得分 774 分，评审得分 86 分，专家评审组认为荆州市沅水供电公司西斋水电站安全生产标准化符合二级标准要求，请湖北省水利行政主管部门核定。

2015 年 5 月，经湖北省水行政主管部门核定荆州市沅水供电公司西斋水电站为二级标准化电站，并颁发证书。

图 4-2　安全标准化建设达标评审

四、2 号机大修

西斋水电站属坝后混流式电站，共装机 4 台，总容量为 1.24 万千瓦。2012 年增效扩容改造后，容量增加到 1.42 万千瓦。1998 年 12 月，针对电站 1 号、2 号机组运行时间长、设备绝缘老化、故障增多、影响安全生产，又受到 20 世纪 70 年代制造技术条件的限制，出力长期达不到铭牌出力，造成水资源浪费的实际情况。为更好发挥水库综合效益，经过多次论证提出了技术改造方案，选定哈尔滨电机厂银河电机分厂对 1 号、2 号机组进行了分期增效改造。

由于 1 号机 1999 年初进行增容改造后存在甩油和出力未达到设计要求的问

图 4-3　二级标准化电站证书

题，导致 2 号机增容改造未按原计划进行。2003 年 12 月，经过双方重新协商签订补充协议，将 2 号发电机改为 SF3300 - 18/3250 型，水轮机改为 HLA296 - LJ - 132。由于双方对 1998 年所签订合同执行上存在分歧，厂家制造工作轮存在严重质量问题以及消除改造过程中存在振动和其他缺陷等不可预见因素的影响，改造工作反反复复进行了 8 次。水轮机更换为 HLA551 - LJ - 134，水导轴承采用弹性塑料瓦，2004 年 11 月 27 日改造结束。2 号机通过增容改造出力增加 200 千瓦左右，各部轴承温度及振动基本符合要求，可以投入监视运行条件，但仍存在甩油和振动值偏大的缺陷。

2008—2016 年近 10 年运行和 5 次大修，经验教训是深刻的。

（1）机组新部件在原保留部件的配合尺寸一定要准确测量，适当留有裕量，否则影响工期与安装质量。如水轮机主轴与新工作轮要同镗铰孔，中心偏差不得超标，要进行静平衡试验；水轮机顶盖，底环尺寸要实测，以利于与新工作轮配合，若间隙过大，应重新加工复原至设计值。

（2）对设备加工，应全程跟踪监测，根据设计和技术规范进行验收，如工作轮、定子、转子加工组装、试验等。

（3）严格执行合同签订、公证，发生合同纠纷应当寻求法律援助，不得盲目执行。

（4）对机组的技术革新，应遵循科学原则，经过充分论证考察，要选国家标准成熟定型产品，不能作为试验新型机组的基地。

（5）2 号机每两年要进行一次大修，水导轴承磨损严重，存在振动偏大的问题，甩油情况突出，导致发电机定子、转子绝缘降低，存在不同程度的安全隐患，且 2 号机运行特性要通过降低开度，才能达到最佳运行开度，有效减少振动，年利用时间少，在 90 米以上水头，才能在最优工况区域附近运行，才能确保 2 号机运行不出问题。故必须对 2 号机组彻底消除缺陷和隐患，既保证安全稳定，又充分发挥经济效益（图 4-4）。

五、历年发电量统计表

西斋水电站历年发电量统计表见表 4-1。

（a）2 号机组扩大性检修（1）

（b）2 号机组扩大性检修（2）

（c）2 号机组扩大性检修（3）

图 4 - 4 2 号机组扩大性检修

表 4 - 1 历 年 发 电 量 统 计 表

年份	发电量/万千瓦时	上网电量/万千瓦时	自供区电量/万千瓦时
1996	4648	2377	3394
1997	3383	1514	2845
1998	4582	2874	2638
1999	4708	2698	3209
2000	4199	2145	2908

年份	发电量/万千瓦时	上网电量/万千瓦时	自供区电量/万千瓦时
2001	1963	1188.32	1729.27
2002	5717	4516.89	1383.8
2003	5588	3814.68	2030.1
2004	4150	2439.75	2736.54
2005	3527.66	1295.28	3084.43
2006	2307.46	630.78	3503.97
2007	4249	1513.68	3398.91
2008	4579.58	2622.06	2770.71
2009	4152.84	2481.57	2615.18
2010	4223.81	2286.65	2229.05
2011	3313.73	1445.64	2701.02
2012	4469.96	2327.21	3066.99
2013	4288.97	1412.53	3473.51
2014	4316.74	1685.86	3302.08
2015	4826	2269.05	3485.14
2016	5380	2203.37	3922.48

第二节　供　　电

一、建所历程

1997 年，为满足供区发展，适应市场经济需要，按照事企分开的原则，管理局成立荆州市洈水供电公司，西斋供电所成为供电公司的二级单位。经过多年运行，管理方式不断完善，管理水平日渐提高，逐步形成了安全生产、工作职责、人员经费、劳动纪律、业务培训、设备管理、优质服务、经济指标（供电量、电费、电度回收率、综合电价及包括业务的利润率）及效益考核指标体系，最大限度增强了干部职工的积极性和主人翁意识，并为水库发展提供了强大的经济保障。2016 年，为适应新形式，荆州市洈水供电公司确定为洈水投资发展集团有限公司分公司，西斋供电所的管理职能集中到了洈水供电公司，现和西斋水电站、南闸水厂并列为供电公司的生产单位，履行供电运行职责。

1999—2003 年，为全面贯彻落实国务院国发〔1999〕2 号文件精神，管理局采取职工集资、银行贷款等措施，筹集资金近 1000 万元进行农村电网改造和农村电力体制改革，有效实现了"两改一同价"目标。由于城乡经济发展，供区人民生活水平提高，供电量逐步提升，为有效保证供区供电安全质量，近几年，管理局每年投入 200 万元左右，不断改造供区设备设施，2005 年将 1 号主变 3200 千伏安更新为 10000 千伏安节能变压器，2014 年将 2 号主变 5000 千伏安更新为 16000 千伏安节能变压器。

经过多年建设和发展，自供区供电面积达到 280 平方千米，覆盖松滋市涴水镇、涴水开发区、湖南澧县火连坡镇共 19 个行政村，供区人口 7.93 万；供区现有 35 千伏变电站 1 座，10 千伏开关站 1 座，35 千伏线路 2 条，10 千伏线路 19 条 170 千米，供电容量 26000 千伏安，年均供电 4000 万千瓦时。

二、"两改一同价"工作

1. 先期工作安排

根据国发〔1999〕2 号《国务院批转国家经贸委关于加快农村电力体制改革加强农村电力管理意见的通知》的精神，2000 年 4 月，管理局在西斋供电所召开了涴水供电区农电体制改革和农网改造（"两改"）工作会议。涴水镇、大岩嘴乡、涴水开发区三个乡镇分管领导参加了会议。会议成立了由黎孔明为组长，张宏霞、周文华、周传林为副组长，王联芳、雷体福、张天峰为成员的涴水供电区"两改"工作领导小组。会议明确农电体制改革首先要依据通知精神成立涴水供电公司，收编三个乡镇农电管理站并改为涴水供电公司的三个供电所，即西斋供电所、大岩嘴供电所、开发区供电所；原农电管理债权债务自理；乡村集体电力资产无偿移交给涴水供电公司；农电工由涴水供电公司收编，其职责不变，待农网改造完成后，经考试考核合格择优录用，实行合同制管理。

2. 工作实施情况

2000 年 5 月前，涴水供区共有两个地方农电管理站，即西斋电管站 4 人、大岩嘴乡电管站 3 人、直供区自然村 33 个，农电工 30 人。2000 年 5 月，涴水供电公司依据相关文件精神正式收编两个电管站。2002 年，涴水供区第一次农网改造结束之前由管理局组织考试考核择优录用农电工 37 人。2004 年，正式成立荆州市涴水供电公司。此后，农电管理站 7 人与农电工 37 人共计 44 人属供电公司合同人员，统一考核，统一计酬。2004 年 1 月—2017 年 6 月，均已购买工伤保险和养老保险。以后除购买工伤、养老险外另增加购买了医疗、失业、生育三个险种。

3. 现行状况

历经 3 年艰辛，涴水供电营业区"两改一同价"工作施工任务圆满完成，实现了按照电力企业销售到户、抄表到户、收费到户、服务到户的"四到户"目标，使营销管理上的"人情电、权力电、关系电"现象逐步被电量公开、电价公开、电费公开所取代。

然而，由于农电工招聘时年龄大部分偏高，所以逐年均有退休人员，据统计，2016年有农电工28人。随着第二次农电整改，将逐步实行集控集抄，减员增效。公司实行凡一到退休年龄即刻办理退休，不再招聘农村电工，逐步取消农村电工的原则。

虽然如此，但大量管理工作还在后面，如线路的巡查维护、用电的管理，以及改后农村台区中32.5%的台区变压器为高损耗的老变压器有待更换，部分中、高压线路及电器设备有待改造完善，要求继续发扬农改精神，为把供区建设成为设备先进、管理科学的现代化供区而奋斗。

三、历年供电量统计和电费回收情况

历年供电量统计和电费回收率见表4-2。

表4-2　　　　　　　　　历年供电量统计和电费回收情况表

年份	供电量 /万千瓦时	供电收入 /万元	电量回收率 /%	电费回收率 /%	供电均价 /元每千瓦时
1996	3002	841	90.0	100	0.28
1997	2545	764	91.3	100	0.30
1998	5160	1651	92.0	100	0.32
1999	5494	1758	89.1	100	0.32
2000	3150	1133	91.2	100	0.34
2001	1805	830	89.1	100	0.42
2002	1962	746	87.0	100	0.38
2003	2274	1073	85.9	100	0.41
2004	2683	1352	87.9	100	0.43
2005	3530	1559	86.7	100	0.44
2006	3776.4	1802	87.8	100	0.48
2007	3787	1881	88.9	100	0.49
2008	2593.17	1626	87.3	100	0.52
2009	2501.16	1292	84.2	100	0.52
2010	2560.72	1359	84.5	100	0.53
2011	2923.83	1584	84.4	100	0.54
2012	3318.59	1852	84.2	100	0.56
2013	3732.30	2150	84.8	100	0.58
2014	3637.18	2124	85.0	100	0.58
2015	3851	2212	85.0	100	0.58
2016	3637	2432	85.2	100	0.57

四、当前存在的主要问题及对策

1. 存在的主要问题

（1）变电站布点不足：由于变电站布点不足，线路供电距离长、负载率高，

进而直接导致末端用户电压偏低。

（2）配变卡：2016年迎峰度夏期间，沧水镇负载率在80%及以上的10千伏配变有102台。造成重载的主要原因是农网配变容量普遍偏小，农村生产用电、居民用电负荷稍有增长即发生主变重载。

（3）线路卡口问题：部分线路已处于重载运行状态，其中线路负载大于81%的线路共有8条，占总数的47%，急需对这部分负荷进行分流。

（4）单线问题：截至2016年年底，沧水镇电网有电源35千伏电站1座单路电源供电。

（5）低压台区问题：沧水镇农网用户端电压质量低的状况在夏季用电高峰期间全面凸显，其主要原因有三方面：一是10千伏线路供电半径过大；二是配电变压器布点不足，造成低压线路供电半径过大；三是部分农村地区负荷发展较快，导致配变供电卡扣，直接影响供电质量。

（6）非节能配变问题：10千伏配变中S7型及以下有102台，占配变总数的60%。

2. 自供区改造措施

2011年，水利部启动减排增效工程，沧水供电农网改造规划上报水利部，2012年启动新一轮小水电农网改造升级工作，主要项目有：对35千伏西斋变电站进行整体改建和增容；原址新建35千伏变电站一座，变电站主变8500千伏安增容为26000千伏安，拆除现有大岩嘴开关站设备及开关室，原址新建10千伏开闭所，新增35千伏电站至开关站5千米线路，更新改造200千米10千伏线路及变电设备、杆塔；变压器选用S11新型低耗能变压器；城网线路使用绝缘电缆，实现城区电网绝缘化；农村电网按"小容量、密布点、短半径"原则新增和增容台区；安装集中抄表装置，有计划开展智能电表运用，逐渐提高信息化管理水平。

第三节 建 筑 安 装

湖北沧水水利水电建设公司是一家国有施工企业，建筑工程施工和水利水电施工总承包二级资质，注册资金2000万元，年产值1.5亿元。截至2016年3月，公司注册一级建造师11人，二级建造师35人，有专业技术职称和经济职称人员103人，高、中级职称52人。公司设总经理1名、副总经理3名，负责公司日常事务管理；下设综合部、成本控制部、信息部、工程部、质量安全部和财务部6个部门。

1992年12月17日，管理局出资成立荆州市沧水水利建筑安装工程公司。2010年2月，公司更名为湖北沧水水利水电建设公司。

在二十几年的发展历程中，公司恪守用户至上、信守合同、竭诚服务的原则，获得了多项荣誉。2016 年，被国家工商行政管理总局授予"全国守合同重信用"荣誉称号，被中国水利工程协会授予施工类 AAA 级信用等级企业；2015年，被评为水利安全生产标准化二级单位；2014 年，被湖北省总工会授予"工人先锋号"荣誉称号；被湖北省、荆州市多次评为"守合同重信用企业"。

公司始终坚持"建一座工程，树一块丰碑"的企业精神，坚持"质量第一、诚信为本、安全生产、文明施工"的企业宗旨，为国家水利、建筑工程建设做出了积极贡献。

一、培养人才，内强素质

多年来，公司十分重视人才培养，根据公司性质特点，鼓励广大员工自学，参加自考提升自身学历层次，报考建造师、造价师等，增强公司人才储备。截至2016 年 3 月，公司大学专科以上学历人员提升至 84.9%。公司每年年初制定培训计划，组织员工赴武汉、荆州等地参加岗位培训，增强员工理论水平。同时，让年轻员工深入工地实践开展实操学习，增强实操能力，实现"一岗多能"目标，打造优秀团队。2016 年，按照公司转型发展目标要求，结合员工结构现状，招聘一批新员工，引进专业人才或急需人才，解决管理、技术层以及操作作业层人才短缺的问题。在此基础上，逐步建立和完善绩效考核方案，将绩效分数纳入薪酬管理，提高员工的危机意识，增强员工自主学习、高效工作的积极性。

作为施工企业，公司深知资质基础的重要性，专门设立了资质维护岗位，负责公司和人员各类证件的申报与延期事宜，确保满足业务开展需求。同时，为了提升企业竞争优势，积极开展资质升级工作：2008 年，公司水利水电施工总承包资质由三级升为二级；2014 年，建筑工程施工总承包资质由三级升为二级。

二、规范运作，走向市场

一直以来，公司主要业务是水利水电工程施工，而松滋及周边地区水利水电工程施工项目较少，加上资质不能承揽大型水利水电工程，制约了公司发展。2009 年，公司将水利水电和建筑工程业务一起抓，广泛开展业务，承揽工程，遂逐渐迈入快速发展时期。2016 年，随着公司转制，加之国家营改增和一体化平台的政策出台，以前开放式开展业务方式已经不适合公司发展，为此公司及时调整思路，实施转型发展和可持续发展，不仅"拿项目"，更要"做项目"。其一，注重行业未来发展趋势，密切关注国家关于工程建设方面的新政策新方向，积极应对行业政策变化对公司发展带来的影响。其二，转变经营方式，收回一些仅以投标"拿项目"、不以中标"做项目"为目标的分公司，鼓励员工拿项目、做项目、创业绩，规避经营风险。其三，针对松滋建筑市场业务饱和的实际情况，利用品牌和信誉优势，广泛关注外地项目，进军外地市场，为企业发展开辟新空间。公司的经营产值由 2015 年的 1.4 亿元提升到 2016 年的 2 亿元，业务范围也扩大到武汉及周边地区，以此迎来新的发展机遇期。

三、主要业绩

公司代表工程一览表见表4-3。

表4-3　　　　　　　　　代 表 工 程 一 览 表

序号	工程名称	工程地址	招标人	合同金额/万元	开工日期	完工日期
房屋建筑工程						
1	洈水大酒店	松滋市	湖北洈水旅游发展有限公司	2464.21	2013-02-20	2013-06-15
2	松滋市第四中学教师公租房工程	松滋市	松滋市第四中学	760	2014-10-18	2015-07-18
灌区改造工程						
1	荆州市洈水灌区续建配套与节水改造工程2010年度项目第1标	松滋市	管理局	2431.9113	2010-12-28	2012-12-20
2	钟祥市温峡口灌区续建配套与节水改造工程2012年度项目4标	钟祥市	钟祥市温峡口灌区续建配套与节水改造项目管理办公室	665.0239	2012-12-28	2013-08-28
3	荆州市洈水灌区续建配套与节水改造工程2012年度项目1标	松滋市	管理局	1394.9734	2013-02-01	2013-07-30
4	阜城县2015年地下水超采综合治理试点地表水灌溉项目4标	阜城县	阜城县水利局	638.7193	2015-11-10	2016-03-31
水库加固工程						
1	阳新县小（2）型水库除险加固工程2012年度项目四标	阳新县	阳新县小型水库整险加固工程建设管理处	896.8945	2012-12-18	2013-09-15
2	松滋市一般小（2）型水库除险加固工程第1标段（范家冲、西流、望月水库）	松滋市	松滋市小型病险水库除险加固工程建设管理办公室	418.9118	2014-02-13	2014-08-28
3	枣阳市粉房大堰等28座新出险小型水库除险加固工程2标	枣阳市	枣阳市一般小（2）型水库除险加固工程项目办公室	605.736288	2015-09-30	2016-07-25
4	松滋市和平等4座小型水库除险加固工程	松滋市	松滋市小型病险水库除险加固工程建设管理办公室	609.839451	2015-11-20	2016-07-16
5	团风县李家边等11座新出险小（2）型水库除险加固工程1标	团风县	团风县新出险小（2）型水库除险加固工程项目部	997.332724	2016-01-15	2016-08-12

序号	工程名称	工程地址	招标人	合同金额/万元	开工日期	完工日期
河道治理工程						
1	湖北省洞庭湖区四河堤防加固工程 2013 年度第一批项目 4 标	张家巷子、小南海	湖北省河道堤防建设管理局	1337.2893	2013－09－28	2014－04－30
2	襄阳市襄州区中小河流治理重点县综合整治和水系连通试点项目石桥项目区 3 标	襄阳市	襄阳市襄州区中小河流重点县综合治理和水系连通试验点项目办公室	746.6544	2014－11－08	2015－11－08
3	湖北省洞庭湖区四河堤防加固工程 2014 年度第一批项目 1 标	新场、毛家尖、粮管所下	湖北省河道堤防建设管理局洞庭湖区四河堤防建设管理办公室	1575.0571	2014－12－15	2015－10－10
4	松滋市庙河治理工程 1 标	松滋市	松滋市中小河流治理工程建设管理办公室	1071.97525	2015－04－01	2016－04－01
5	湖北省洞庭湖区四河堤防加固工程 2015 年度第一批项目 2 标	松滋市	湖北省河道堤防建设管理局	2202.354	2015－07－10	2015－12－31
6	湖北省洞庭湖区四河堤防加固工程 2015 年度第二批项目 2 标	公安县	湖北省河道堤防建设管理局	1620.89729	2015－07－10	2016－02－28
农田水利及农业综合开发工程						
1	松滋市小型农田水利重点县旱涝保收高标准农田示范 2014 年度项目 3 标	松滋市	松滋市小型农田水利重点县建设管理办公室	527.9675	2015－01－10	2015－06－10
2	仙桃市 2015 年度高标准农田水利示范县项目 6 标	仙桃市	仙桃市小型农田水利重点县建设管理办公室	316.8503	2015－09－25	2016－04－20
3	松滋市 2015 年度中央财政农田水利项目县建设工程 4 标段	松滋市	松滋市小型农田水利重点县建设管理办公室	346.760229	2015－11－15	2016－04－15
4	松滋市 2015 年度高标准农田建设项目第 1 标段	松滋市	松滋市农业综合开办公室	405.221009	2015－12－30	2016－04－27
5	松滋市 2015 年度新增千亿斤粮食产能规划田间工程	松滋市	松滋市农业技术推广中心	1065.9	2016－01－18	2016－07－15

续表

序号	工程名称	工程地址	招标人	合同金额/万元	开工日期	完工日期
电站增效扩容工程						
1	湖北省荆州市洈水西斋电站增效扩容改造工程施工第1标段	洈水镇	管理局	2348.3109	2011-12-12	2012-12-12
2	松滋七里庙电站更新改造工程1标（2013年）	洈水镇	松滋七里庙电站	119.0395	2014-01-15	2014-03-15
3	宜昌市张湾水电站增效扩容改造工程	宜昌市	宜昌市东九水务有限公司	209.7045	2014-03-26	2015-02-18
饮水工程						
1	303省道改扩建迁移供水管道工程1标	襄阳市	襄阳市襄城区农村饮水办公室	481.229591	2014-08-31	2015-08-30
2	荆州市洈水水库饮用水水源地安全保障达标建设2014年度工程	松滋市	荆州市洈水水库饮用水水源地安全保障达标建设办公室	300.15	2015-07-10	2015-12-08
3	松滋市2015年度农村饮水安全工程1标	松滋市	松滋市农村饮水安全工程建设管理办公室	766.458796	2015-05-27	2015-12-27
4	荆州市洈水水库饮用水水源地安全保障达标建设2015年度工程	松滋市	荆州市洈水水库饮用水水源地安全保障达标建设办公室	599.522	2015-12-10	2016-12-08
土地整理工程						
1	建始县茅田乡太和2013年高标准基本农田土地整治项目	建始县	建始县国土资源局	512.900968	2015-07-31	2016-07-30
2	枝江市安福寺镇金狮湖高标准基本农田土地整理项目（2标）	枝江市	枝江市安福寺镇金狮湖高标准基本农田土地整理项目建设管理办公室	824.635579	2015-10-05	2016-10-05
3	罗田县九资河、白庙河、大河岸等3个乡镇2014年度高标准基本农田土地整治项目	罗田县	罗田县国土资源局	577.2082	2015-10-20	2016-10-18
4	2013年度南水北调汉江沿线土地整治重大工程郧西县关防乡等3个乡镇项目	郧西县	郧西县国土资源局	567.444158	2015-11-07	2016-11-07

四、代表工程图片

1. 浥水假日酒店

（a）浥水假日酒站（1）

（b）浥水假日酒站（2）

图 4-5　浥水假日酒店

2. 浥水灌区

（a）渡槽

（b）干渠

图 4-6　浥水灌区

第四节　供　　水

浥水水库建成之初，只有一处小型提水泵，采用简易泵房、滑道，泵车从主坝南头取水，另在机关院内建有一水池，专供机关食堂及少量职工家庭用水。

1980 年，在主坝与南副坝坝脚交界处，水库管理处新建一座容量为 50 立方米的水塔，除供应机关食堂及职工用水外，还供应大岩嘴乡政府、卫生院和中学等单位。

1990 年，为扩大供水规模，为附近机关、学校供应生活用水，管理处投资

47 万元，新建一座日产 4400 立方米的直供式水厂，泵房建在南副坝头，与棉纺厂泵房毗连，其滑道、进水池等水工建筑与棉纺厂类同。该厂先后由管理处办公室、计财科代管。1994 年，管理局将供水经营从机关分离，成立供水站，专门从事供水、管道安装及小型加工维修。

2009 年，经管理局与松滋市水改办共同协商，将供水站纳入松滋市农村安全饮水工程项目，并按农村安全饮水标准进行申报、设计、建设，将供水范围扩大至邻近地方。

2014 年 5 月，废除原供水站，组建荆州市洈水供电公司南闸水厂。

一、农村水改工程

洈水镇是典型的丘陵地区，集镇规模小，受地理环境、气候条件影响，供水较为分散，部分居民依地势以沟渠、堰塘为饮用水水源。

洈水镇的用水现状及饮水安全问题十分突出。其中，南闸项目区沟渠、堰塘水源受外部环境影响，水质易受到破坏；现有的饮用水水源钉螺密布，血吸虫病流行严重，人群血吸虫病感染率高；丘陵地区地下水水质较差，碳酸钙、硝酸钙含量较大，且沟渠、堰塘、地下水受地理、气候条件影响，逢干旱年，降水明显减少，地下水位低，水源无可靠保证。因此，广大居民身体健康受到严重威胁，且与党中央、国务院部署的建设社会主义新农村的宏伟战略目标极不相适应。因此，水厂建设势在必行。

2009 年，经管理局与松滋市水改办共同协商，将供水站纳入松滋市农村安全饮水工程项目。当时将供水范围扩大至南闸、金花、杨河、麻砂滩四个行政村和大岩嘴社区，按 3650 户、16000 人和供水量 1300 立方米每天进行设计建设；实际拥有用户 3696 户（其中：学校、医院、企事业单位等 32 家），2016 年日均供水量 5040 立方米，日最高供水达 6400 立方米。

此次水改工程项目的实施，解决了农村群众饮水安全问题，提高了农村群众生活条件和健康水平，密切了党群干群关系，被群众称为"惠民工程"。

二、管网建设

2009 年，供水站水源选定在水库南副坝 0＋100 处，取水口高程 82.50 米，水厂建在水库大坝背水面平地上，地面高程 86.0 米。水厂占地面积 1400 平方米，水厂内新建 800 立方米清水池 1 座，新建水处理净化设施 1 座。新建生产管理用房 1 幢，新建加压泵房 1 幢。送水管网采用树枝状布置，按照供水区域的分布情况以及为售后维修安装方便，沿桥、公路、沟渠、耕路等以最短的管线布置到最大供水范围，供水到每一用户，每户设置一个水表，以便计量。建设总投资806.88 万元。

2015 年 7 月，经松滋市水改办重新配套设计，投资 500 余万元对原城网及主供水设备进行升级改造。

主要设备的基本数据，见表 4 - 4。

表 4 - 4　　　　　　　　　　　　主要设备的基本数据

序号	名　　称	型　　号	单位	数量
1	取水泵	250QJ140 - 30/2/18.5 千瓦	台	2
2	取水泵（离心泵）	18.5 千瓦	台	1
3	卷扬机	5 吨	台	1
4	一体化净化水处理设备		套	1
5	数字式电机软启动器	22 千瓦	台	2
6	加压泵（农村线）	BLT90 - 2/15 千瓦	台	2
7	加压泵（集镇线）	250QJ80 - 40/15 千瓦	台	3
8	数字远传压力仪表		套	1
9	数字式水位控制仪		套	1
10	一控三 ABB 变频器控制柜	18.5 千瓦	台	1
11	动力自动控制柜	15 千瓦	台	1
12	PE 管 DN250	0.6 兆帕	米	508
13	PE 管 DN200	0.6 兆帕	米	939
14	PE 管 DN160	0.6 兆帕	米	1632
15	PE 管 DN125	0.6 兆帕	米	3500
16	PE 管 DN110	0.6 兆帕	米	11035
17	PE 管 DN90	0.6 兆帕	米	5559
18	PE 管 DN75	0.8 兆帕	米	14375
19	PE 管 DN63	1.0 兆帕	米	30654
20	PE 管 DN50	1.25 兆帕	米	35665
21	PE 管 DN40	1.25 兆帕	米	28292
22	PE 管 DN32	1.25 兆帕	米	28485
23	PE 管 DN25	1.25 兆帕	米	31160
24	PPR 管 DN25	进户管	米	14523
25	PE 管 DN20	入户（分管）	米	73000

三、松滋"引洈济城"工程

　　受长江三峡枢纽工程蓄水影响，长江松滋段河床抬高，断流现象逐年加剧，直接导致松滋城区自来水取水困难。经松滋市委、市政府积极向上争取，"引洈济城"项目得以立项并开工建设，2015 年年底项目完工。"引洈济城"项目将洈水水库作为中心城区的供水水源，输水管按双管线设计，途经大岩嘴、后坪、石嘴、断山口、南海镇至松滋市第二水厂，管线总长 30.1 千米。

2016年3月10日上午8：08，松滋历史上最大的民生工程——"引洈济城"工程正式通水试运行。工程沿途8个乡镇和城区总计39.6万人饮上了从洈水水库直接导出的国家二级饮用水。

四、经营服务管理

南闸水厂自扩大供水范围后，按现代企业管理模式经营管理，规范市场行为，理清用水收费关系，改包月制水费为按方收费。2013年，水厂获得"松滋市消费者满意服务窗口"荣誉称号。2014年7月，水厂对管理局内部用水全部安装关口表进行计量，实行成本核算，理清财务账。2015年12月，水厂购置湖南成聪软件公司的水费管理系统软件，改变原始台账、手工收费模式，建立科学化、信息化、智能化收费管理系统，实现了窗口收费，见表4-5。

表 4-5 供水用户、供水量运营收入一览表

年份	供水用户户数	供水量/万立方米	水费/万元
1996	545	21.6	9
1997	550	25	15.2
1998	558	31	16.8
1999	561	33	17.3
2000	566	21	18.5
2001	573	23	18.8
2002	581	25	19.7
2003	585	28	19
2004	587	31	20.4
2005	599	27	18.6
2006	603	29	18.56
2007	615	35	19.11
2008	618	37	20
2009	629	45	19.8
2010	682	87	20.8
2011	2787	132	31.5
2012	3343	165	40
2013	3545	170	43
2014	3557	169	55.8
2015	3645	175	63.56
2016	3696	184	66.3

第五节　水　库　渔　业

渔业生产一直是浥水水库的主要经营项目之一。水库建成后，1971年组建了水库渔场（后改为"养殖场"），大力发展"以大水面经营为依托、以精养库汊鱼池养殖和鱼苗孵化为主体、以湖库岛屿林果生产为补充"的种养业综合经营生产，充分发挥了水库、滩涂及周边荒山荒地、湖库岛屿的养殖功能。

从修库建场以来，水库渔业大致经历了四个阶段。第一阶段为1971—1983年，实行养殖场鱼苗自繁自育、大库自投自管、单位组织平时捕捞和冬季集中赶网捕捞相结合的运行方式；第二阶段为1984—2003年，实行"库群联营"经营模式；第三阶段为2004—2014年，实行大水面对外承包经营模式；第四阶段为2015年至今，实行养殖场独家经营的"人放天养"绿色保水养殖模式。

一、库群联营模式

1984年初，根据上级库区扶贫政策要求，加上养殖场几处精养鱼池基地和李家河林果基地基本建成，养殖场派驻大水面经营主体成鱼队在库区王马堰经营，到1981年年底解散，只留2名工人看守房屋设施，成鱼队人员绝大多数转为经营李家河内库，部分充实到孵化、苗种培育基地，水库探索向部分库区群众开放大水面捕捞权。特别是1986年湖北省委山区工作会议后，以库区扶贫为主要目的的"库群联营"模式正式确立。水库实行"水面国有、库群联营、共同投放、共同管理、共同捕捞、收益分成"的经营方针。具体做法是：水库管理部门与申请批准的渔民签订捕捞合同，捕捞人员按船（每船2人）向管理部门缴纳一定的鱼种投放费用，管理部门用绝大部分（80%）收缴的鱼种投放费向养殖场定向采购四寸以上大规格鱼种投库，另一部分费用（20%）补偿给参与平时库区管理的乡镇村级组织。

"库群联营"模式一直持续到2003年，库区捕捞渔船逐年从30条发展到80条，年均捕捞量25万～30万千克，不少渔民因此脱贫致富。在此期间，养殖场"民进国退、让利群众"，除1989年从辽宁大伙房水库引进的"深水网泊"继续经营外，其他基本"撤离"大水面转向精养鱼池、库汊和山地林果等生产。

1986年，养殖场与湖北省水产科学研究所联合进行"水库网拦库汊网箱养殖吃食性鱼类"试验项目，经湖北省水产科学研究所魏于生所长项目实地验收，认定该项目获得成功。

1989年，养殖场从辽宁大伙房水库引进的"深水网箔"专利技术在水库获得成功，凭此技术养殖场每年捕捞成鱼1.6万～2.7万千克，年产值5.8万～9.2万元。

1994年，管理处在养殖场"鱼鳖混养"试验成功的基础上，兴建了"特种水产养殖试验场"，开展以"中华鳖"为主的特种养殖。

1995年、1996年，分两批分别从河南陆浑水库、荆门漳河水库引种移植大银鱼、太湖新银鱼受精卵1600万粒和400万粒，当年捕捞部分大银鱼人工做卵用于水库增殖。通过后期持续监测发现，大银鱼在水库移植是不成功的，相反作为饵料鱼引进的"太湖新银鱼"在库区繁衍形成一定产量，2000年、2001年、2002年连续三年分别捕捞银鱼5.7吨、11.2吨和21.3吨，水库银鱼养殖初见发展曙光。2003年4月17号，由于水库上游封堵废弃磺矿堵墙垮塌，大量有毒废水入库，造成水库银鱼彻底"灭绝"，银鱼项目累计亏损120.7万元。

二、大水面对外承包经营

随着养殖场经营重心的转移，加上"库群联营"捕捞船只的无序增加，水库渔业资源极度匮乏，捕捞渔民积极性不高。养殖场在继续执行"库群联营"政策的前提下，对部分库汊、水域实行对外承包经营。

2001年，引进长江中华鲟科技有限公司在水库北闸水域开展中华鲟网箱养殖，年度收取水面承包费8万元。2005年解除合同。

2001年，对欧家峪、洞马口、羊耳溪、花溪峪、芦苇汊、北庙冲、梦里水乡等水域进行对外承包，承包人自建拦（养）鱼设施、自投种子、自养自捕，累计缴纳水面租赁费1.85万元。除欧家峪坝拦库汊外，2005年终止对外承包。

2003年年底，全面解除"库群联营"捕捞合同。

从2004年4月开始，河南省罗山县涩港镇包祥忠（忠祥渔业公司法人）多次来浠水洽谈大水面承包经营事宜。2003年年底，管理局党委本着借势终结"库群联营"，收回水面经营权，分步实施大水面综合养殖开发的目的，原则上同意大水面对外承包经营。时任管理局局长王联芳委派副局长黎孔明带队，率综经办、财务科、水政大队、养殖场等部门组成专班，一是对拟承包人包祥忠进行原籍资格审查，二是对周边实行大水面对外承包经营的水库经营情况进行考察。根据考察可行性结论，2004年4月，管理局与包祥忠组建的松滋市忠祥渔业公司签订《水面承包经营合同》。为了方便统一管理，根据从2001年开始对外承包的网拦库汊经营陆续到期的实际，截至2005年，将所有大水面全部收回承包给忠祥渔业公司，年度水面租赁费82万元。

忠祥渔业公司在承包经营之初也遇到了很多困难。一是从2005年开始连续3年水库来水量只有多年平均的67%左右，水库鱼类"食物链"严重不足；二是水库大水面经营权承包后，周边群众"靠水吃水"的思想根深蒂固，滋事、偷捕事件频发，经营环境极为不佳，连续3年松滋市忠祥渔业公司累计经营亏损250余万元。随着2007年开始水库连续"丰水"，忠祥渔业公司同时在管理上也持续得到水库、地方部门的协助和支持，与周边群众和村级组织的管理关系不断理顺，经营环境稳定趋好，浠水大水面养殖才走上了快速发展之路。2008年，渔业公司扭亏为盈，2009—2014 年，大水面养殖综合产值稳定在 650 万～700 万元，养殖效益凸显。

2012 年，水库"洈河源"牌"鳙、鲢、草、鲤、鲌"五种鱼类经申报被农业部中绿华夏认证为有机鱼。2013 年、2014 年、2015 年续认证成功。

三、绿色保水养殖

连续 10 年的水库对外承包经营模式在充分发挥大水面养殖功能、取得较好经济效益的同时，也出现了一些问题。最突出的是承包方在经营过程中，鱼苗投放结构失衡：一是过度投苗，密度偏大；二是过分偏重鳙、白鲢等上中层鱼和食草性草鱼，造成水库水生动植物群落被破坏，加上水库上游城镇化发展、农业种植结构调整等多方面因素综合影响。从 2009 年开始，水库水体发生变化，特别是 2012 年、2013 年，连续两年春秋两季，水库水质劣化特别明显，对水库周边及整个洈水流域人民生产生活和社会经济发展造成了负面影响。随着"引洈济城"项目的确立，水环境治理摆上了当地政府和管理局的议事日程。

鉴于此，本着水环境整治和自身大水面养殖综合开发的目的，管理局党委做出终止对外承包经营的决定。经与忠祥渔业公司多轮充分协商，2013 年 12 月，提前终止了大水面承包经营合同。2014 年，重新恢复 2006 年降格为"副科级"编制的养殖场，组建"洈水供电公司养殖场"，单位正科级别。

2014 年，供电公司养殖场在督办忠祥渔业公司捕捞过渡期规范生产的同时，重点开展了以"合理搭配、保水洁水"为养殖目标的考察调研，出台了 2015 年度绿色养殖方案。

2015 年 1 月，水库大水面"人放天养"的绿色保水养殖模式正式实施。当年完成产值 482.4 万元，实现利润 146.9 万元。2016 年完成产值 507.9 万元，实现利润 165.5 万元。

2016 年，"洈水"牌有机鱼获得重新认证。

在保水洁水绿色生态养殖模式下，水库生态得到迅速修复。水库水生植物群落恢复极好，全球仅有几百只、比大熊猫还稀罕、堪称"国宝"的国家一级保护生物——"中华秋沙鸭"在洈水库区繁衍生息；水库水质恢复到国家二级地表水标准，已列入国家濒危生物红色名录的"桃花水母"在库区重现；水库每年为松滋城区生活供水 2000 万立方米，为公安、松滋、澧县三县（市）农业灌溉和生态补水 6.5 亿立方米以上，极大促进了当地社会、经济的稳定发展，充分实现了水库渔业经济效益、环境生态效益和流域社会效益全面发挥。

四、特种水产养殖场

1995 年 6 月，在养殖场连续两年"鱼鳖混养"试验成功的基础上，局党委决定成立洈水特种养殖试验场，设计规模为年产 3 吨成鳖。同年 8 月，按年产 1 万只成鳖规模进行二期扩建，两期投入资金 120 万元。

　　由于 20 世纪 90 年代初社会养殖中华鳖迅猛发展，1996 年、1997 年集中充斥市场，中华鳖价格出现大面积断崖式滑坡，为缓解经营窘境，特养场不断探讨发展新路径，先后尝试了"露池鱼鳖混养、以鱼为主""设施养蛇""网箱鮰鱼"等多种养殖模式，但无奈都没有获得较好的效益，特养场经营难以为继。

　　1998 年年底，管理局党委撤销特养场，所有资产划转至养殖场，养殖场对原特养场基地实行对外承包经营，每年收取租赁费 3.6 万元。直至 2016 年兴建洈水汽车露营地时全部拆除，该经营模式方告终止。

第五章

财务管理体制及经济效益

　　洈水水库财务管理随着我国经济体制改革的不断发展而变化，从计划经济体制下"收支两条线"管理到市场经济体制下事业单位企业化管理，财务管理模式和措施与时俱进，达到了规范会计工作秩序、提高财会工作质量、促进财会工作规范化运行的目的。随着我国事业单位和财政管理政策的调整和实施，特别是财政"三大改革"的稳步推进，要求逐步建立起更为"规范、有效、安全"的预算管理和财会管理机制，实现由投入型、用财型向效能型、质量型的进一步转变。管理局党委按照国家财政管理的要求，采取有效措施，努力开源节流，降低成本，最大程度确保工程设备设施完好，确保职工收入和队伍稳定，使水库各项事业取得全面进步。

第一节　财务管理体制

　　1996—2016 年，洈水水库财务管理体制在财务机构设置、财务核算形式、会计人员管理和财务内部监督上实现了四个转变。

　　（1）财务机构设置上，由计财科和财务部分设向计财科合并统一转变。水库 1998 年实行"事企分开、经管分离"改革，管理局为事业法人，新设立荆州市洈水水利产业总公司为企业法人，实行"两块牌子、一套班子"管理模式。与此同时，财务管理机构也发生变化，荆州市洈水水利产业总公司单独设立财务部，将原有电站、供电所、洈水宾馆、供水站四个单位财务集中上收，由财务部统一核算管理；管理局计划财务科进行事业会计核算和全局汇总核算，同时对企业单位财务进行监督管理，基本上形成了事企单位会计业务分开核算、财务机构单独设置的财务管理格局。2000 年 2 月，荆州市洈水水利产业总公司财务部并入管理局计划财务科，财务管理机构合二为一，单位财务负责人和财务会计机构负责人也重新调整，在计划财务科内部分设事业单位会计和企业单位会计两个岗位，出纳、会计由一人兼任，至此形成了事业和企业财务管理机构合一、业务专人核算、资金统一调度的管理模式，从而集中了资金优势，提高了资金运行效率，确保了工程安全和生产生活的资金需要。

　　（2）财务核算形式上，由单一核算方式向多元核算方式转变。洈水管理局根据单位体制改革的实际情况，制定了"收支两条线""自收自支""定额上交"三种核算方式，改变了传统的"定额上交"单一核算方式。对局经济来源重点单位电站、供电所和供水站采取"收支两条线"核算形式，对收支平衡单位洈水宾馆和养殖场采取"自收自支"核算形式，对有一定盈利能力单位建设公司实行"定额上交"核算形式。这样既保证了支柱企业的主导作用不断向前发展，又充分发挥了其他企业的生产积极性。

　　（3）会计人员管理上，由各单位自行安排到局计财科统一委派转变。从

2001年1月开始，局属各单位实行会计委派制度，所有会计人员实行竞争上岗、定期轮岗和统一委派，改变了以前各单位自行安排会计人员的做法。委派会计人员工资福利由计财科统一发放，日常管理由委派单位负责，从而改变了会计人员对单位领导不敢管理和监督的被动局面，有力推动了管理局水利经济的健康发展和廉政建设。

（4）财务内部监督上，由计财科单一监管向局纪委综合监督转变。长期以来内部审计工作由计财科单独承担，从2012年开始，随着内部改革逐渐深入，内部审计改为局计财科和局纪委相互配合，进行联合审计。每年年终由局纪委和计财科有关人员组成专班，对局属各实体单位和管理单位的财务收支和财经纪律执行情况进行审计，从而既增加了工作的透明度，又保证了审计的客观公正。

第二节　水库经济收入

一、农业供水收入

农业供水是洈水水库的主要功能之一。水库设计灌溉面积52万亩，其中松滋市27万亩，公安县10万亩，湖南澧县15万亩；水库建有三条干渠，全长263千米。灌溉工程自1996年运行到2016年年底，累计为灌区农田供水50741亿立方米，收取农业水费2919.49万元，灌区因水库供水净增粮食12亿千克。

农业供水价格历来由政府定价，1996—2002年，按省物价局标准，价格为0.0313元每立方米，另加收10%库区移民扶助金。2003年省政府进行农业水价改革，省、市物价主管部门本着"农民每亩水费负担不超过改革前的负担水平"的原则，将洈水水库的农业水价定为0.066元每立方米，另加收10%的库区移民扶助金。2004年3月，湖北省政府以259号令出台了《湖北省水利工程水价管理暂行办法》，对农业供水实行"两部制水价"改革，湖北省物价局将洈水水库农业水价定为：基本水价4元每亩，计量水价0.043元每立方米；基本水价按受益区内的有效灌溉面积计收，计量水价按计量点量测的实际供水量计收。但是核定水价没有按农业供水成本全额核定，基本水价和计量水价仅占成本水价的比例为44%和69%。

农业水费征收，松滋市、公安县和澧县采取不同的征收方式：松滋市1996—2005年由各乡镇按标准向农民征收后上交给管理局，2006—2009年由"农民用水者协会"向各农户征收，再由管理局灌区各单位催收到位；2010年，管理局和松滋市政府达成协议，出台了《洈水松滋灌区管理办法（试行）》，农业水费纳入松滋市政府统筹安排，由市农村财政管理局支付，农业水费难收和被乡镇拖欠的情况得到根本改变。公安县农业水费由公安县章庄镇水利站负责直接交纳，澧县农业水费由澧县洈水灌区管理处负责直接交纳，每年农业水费做到了及时清缴到位。

农业供水收入明细表见表 5-1。

表 5-1　　　　　　　　农业供水收入明细表

年份	计费水量 /万立方米	单价		收入 /万元
		基本水费/元每亩	计量水费/元每立方米	
1996	153	0.0313		105
1997	8413	0.0313		215
1998	330	0.0313		112.5
1999	4343	0.0313		166
2000	7548	0.0313		288
2001	7698	0.0313		287
2002	0	0.0313		0
2003	1925	0.066		114
2004	204	0.066		12.24
2005	3592	4	0.043	215.52
2006	1369	4	0.043	103.34
2007	1058	4	0.043	90.42
2008	626	4	0.043	65.8
2009	3378	4	0.043	201.99
2010	1294	4	0.043	118.72
2011	4679	4	0.043	279.36
2012	0	4	0.043	66.4
2013	2931	4	0.043	204.28
2014	0	4	0.043	66.4
2015	1200	4	0.043	141.12
2016	0	4	0.043	66.4

二、工业及城镇生活供水收入

1. 工业供水

沧水水库的工业供水用户主要有两家，即湖北望春花股份公司和襄樊铁路段西斋火车站，年均供水 300 万立方米，2016 年供水收入近 50 万元。

湖北望春花股份公司前身为松滋纺织总厂，该厂始建于 1977 年，建厂初期，该厂筹建指挥部与水库管理处签订协议，自建提水站解决供水问题。1980 年 3 月建成投产，年供水量 320 万立方米。1990 年，松滋纺织总厂依托水库底层冷水资源（7~9℃），开发出"深层取水调控厂房气温"方法，并取得专利。"深水空调"

取代原大型压缩制冷机后，节约了大量电能，而且效果很好，产品质量十分稳定。

襄樊铁路段西斋火车站为枝（城）柳（州）线上郑州、广州两个路局的交界点，是郑州局襄樊分局管辖的四等县级车站。南来北往的机车均在西斋站加水。1984年，襄樊铁路分局水电段与洈水水库管理处签订协议，由铁路在水库南副坝自建提水工程，该项工程于1985年1月竣工，管线全长近5000千米，年均供水量只有30万立方米左右。但是随着张家畈火车站投运，西斋火车站供水量大大减少，2010年移交给洈水镇自来水厂管理，2016年基本停止供水。

洈水水利工程工业供水价格实行政府定价，根据省物价局批复，1995—1999年为0.085元每立方米，2000—2016年为0.12元每立方米，由于政府定价限制，近十多年来工业供水价格一直未做调整。

2. 生活供水

洈水水库的生活供水用户主要有两家，即荆州市洈水供电公司南闸水厂和松滋市自来水厂，2016年供水800万立方米，供水收入近90万元。

荆州市洈水供电公司南闸水厂为管理局自建自营的自来水厂，是在原有供水设施基础上不断扩建而来，主要供应生活商品水。1994年，洈水管理局成立供水站，将供水经营从机关分离出去成为经营实体，专门从事供水及管道安装；2003年荆州市洈水供电公司成立，供水站并入供电公司，更名为洈水供电公司自来水厂；2010年以后纳入农村安全饮水建设，2014年更名为荆州市洈水供电公司南闸水厂，供水规模和供水范围不断扩大，现供水范围为洈水镇大岩嘴集镇、麻沙滩村、南闸村、杨家河村和金花垱村，供水用户4800户，近1.8万人，年均供水200万立方米，2016年供水收入70万元。

松滋市自来水公司从洈水水库抽取天然水供应松滋城区，随着松滋市政府"引洈济城"工程竣工，2015年12月开始从洈水水库取水，建有专用取水口和计量设施，由松滋市自来水公司派人管理和经营，每月管理局水政管理部门和计划财务科与其抄录、核对和确认供水量，再按协定价格上交水费。松滋城区供水远景规划为年均3000万立方米。

南闸水厂商品水价格实行政府定价，根据松滋市物价局批复，1996—2000年，水价执行标准为0.50元每立方米；2000—2010年，水价执行标准为1.10元每立方米；2011年至今水价执行分类标准：居民生活供水为1.75元每立方米、企业和事业单位为1.85元每立方米、商业供水为1.95元每立方米。

松滋市自来水公司天然取水价格，执行洈水水利工程生活供水价格标准，属政府定价，根据省物价局批复，2000年至今为0.16元每立方米，由于政府定价限制，近十多年来生活供水价格一直未做调整；为支持松滋市政府该项目建设，考虑到引洈济城项目启动初期经营实际，取水水价前三年实行协商定价，到期后按物价部门核定标准调整。

工业及城镇生活供水收入明细表见表 5-2。

表 5-2　　　　　　　　　　工业及城镇生活供水收入明细表

年份	工业供水		城镇生活供水	
	水量/万立方米	收入/万元	水量/万立方米	收入/万元
1996	480	41	23.37	20.80
1997	500	40	24.89	22.15
1998	500	85.3	24	21.41
1999	230	66	25	24
2000	193	54.9	23.65	22.7
2001	235	56	28	25.7
2002	227	50	15	17
2003	207	44	15.62	17.7
2004	225	50.83	8.06	9.13
2005	268	60.66	15.84	17.95
2006	163	39.72	15.89	18.01
2007	182	0	17.95	20.34
2008	200	50.88	17.41	19.73
2009	157	46.76	17.36	19.67
2010	178.74	50.191	17.46	19.78
2011	167.8	50.19	26.63	30.18
2012	153	42.68	33.78	38.27
2013	157	39.69	35.32	40.02
2014	183	49.46	39.60	44.87
2015	178	49.46	15.46	17.52
2016	178	49.46	759.54	152.75

三、发电及供电收入

西斋水电站现有发电机组 4 台，增效扩容后总装机容量为 1.42 万千瓦，多年平均发电 4000 万千瓦时。西斋供电所配套电网经过四十多年的完善和发展，变压器设备总容量 22.71 兆伏安，覆盖松滋市洈水镇、洈水开发区、湖南澧县火连坡镇 25 个行政村，面积 280 平方千米，供电用户近 1.7 万户，近 9 万人。30 多年来，洈水自供区形成了自发、自供、余电上网的格局，创造了巨大经济效益和社会效益，为工农业生产和人民生活做出了应有的贡献。

1998 年以前，西斋水电站及供电所独立核算，1998 年随着事业单位"企事分开、经管分离"改革，西斋水电站及供电所并入荆州市洈水水利产业总公司实行统一核算，结余资金在沌水管理局范围内调剂使用，极大提高了资金使用效率，保障了农村第一次电网改造、全员养老保险参保、职工集资住房建设等重大决策的顺利推进。1996—2016 年，累计发电 88573.75 万千瓦时，供电 70477.35 万千瓦时，上网 45741.32 万千瓦时，累计收入近 38293.44 万元，上缴税金 3576.01 万元。

西斋水电站发电上网电价为政府定价，1996—2000 年上网电价为 0.296 元每千瓦时，2001—2014 年上网电价为 0.308 元每千瓦时，2015—2016 年上网电价为 0.326 元每千瓦时。西斋供电所直供区电价严格执行湖北省目录电价，1996—2013 年销售电价呈上升趋势，2014—2016 年，随着国家政策改变，销售电价呈逐年下降趋势。

发供电收入明细表见表 5-3。

表 5-3　　　　　　　　　发 供 电 收 入 明 细 表

年份	发电量 /万千瓦时	供电量 /万千瓦时	发供电收入 /万元	净利润 /万元	上缴税金 /万元
1996	4648	3002	934.34	181.06	103.53
1997	3383	2545	817.72	147.76	112.4
1998	4582	5160	1528.81	304.7	259.7
1999	4708	5494	1517.5	316	273
2000	4199	3150	1810	182	285.2
2001	1963	1805	1101	−191.3	215
2002	5717	4516	1616.6	116	328.7
2003	5588	2274	1866	154	157.8
2004	4150	2683	1800	9.3	102.26
2005	3527.66	3530	1665.21	−168.53	177.25
2006	2307.46	3776.4	1914.57	−363	166.32
2007	4249	3787	1626	221	323.89
2008	4579.58	2593.17	1987.94	272.64	123.62
2009	4152.84	2501.16	1854.12	146.12	74.07
2010	4223.81	2560.72	2592.53	213.14	101.74
2011	3313.73	2923.83	1525.54	−2.81	78.94
2012	4469.96	3318.59	2211.29	−42.59	134.83
2013	4288.97	3732.30	2247.68	190.79	169.70
2014	4316.74	3637.18	2276.03	201.63	122.17
2015	4826	3851	2638.56	298.16	161.27
2016	5380	3637	2762	291	104.62

四、建筑安装工程收入

沧水建设公司从最初的内部维修队到现在的总承包二级资质法人单位，20多年实现了跨越式发展，经济收入每年以几何级数增长，成立之初经济收入不足100万元，2016年经济收入已达到2.04亿元，累计上缴利税近4300万元，为沧水水库水利经济发展开辟了一条新路。随着整体并入鄂旅投，业务市场范围不断拓展，建筑安装工程收入正在成为沧水经济发展的新引擎。

建筑安装工程收入明细表见表5-4。

表 5-4　　　　　　　　　　　建筑安装工程收入明细表

年份	总收入/万元	总成本/万元	净利润/万元	上缴税金/万元
1996	409.64	364.08	−10.79	6.46
1997	474.49	441.42	7.74	6.74
1998	582.6	566.7	15.9	30.50
1999	500	485.4	14.6	3.11
2000	538	527.8	10.2	18.66
2001	481.8	520	−38.2	15.31
2002	482.62	482.18	0.43	15.37
2003	383.5	380.5	3	18.04
2004	917	920.18	0.27	25.30
2005	384.05	372.06	0.47	12.9
2006	345.49	411.8	−110.13	10.32
2007	1065.51	1021.44	6.53	41.52
2008	998.96	982.51	−21.83	38.31
2009	2174.1	2025	78.54	71.95
2010	597.41	562.91	24.05	27.14
2011	7652.52	7350.96	24.86	307.81
2012	9912.54	9353.93	27.97	552.95
2013	8344.91	8023.71	−127.17	458.37
2014	11173.06	10679.55	−169.22	662.73
2015	13893.14	13918.25	−299.19	810.02
2016	20459.35	19901.61	281.18	650.95

五、养殖及种植收入

渔业养殖生产是沧水水库综合经营的主要项目之一。1996—2003年沧水水库大水面渔业生产沿袭以前做法采取"库群联营"方式，养殖场每年组织一部分沿库群众从事捕捞作业，每只渔船每年交纳一定数额的鱼种增值费，用于购买鱼种投库，以维持再生产。为更好地开发利用浣水水库渔业生产资源，为社会提供更多的优质水产品，扭转养殖场年年亏损的困难局面，从 2004 年起，浣水水库大水面由外部人员实行承包经营管理，每年收取一定金额的承包费用；2015 年因水库水质变化和各级政府要求，大水面承包经营提前终止，再次由荆州市浣水供电公司养殖场管理和经营，2016 年投放鱼种 13 万千克，实现成鱼销售收入近 560 万元。

柑橘是浣水水库种植业的主要项目，1996 年共有种植面积 400 亩，其中橙类 30 亩，分布在溢洪道 200 亩，大坝 60 亩，南副坝 40 亩、水电站 30 亩和养殖场李家河生产基地 70 亩，随着旅游业发展，水电站、李家河和大坝部分柑橘地被征用，种植业大大萎缩，目前种植面积不足 250 亩，柑橘产量不到 20 万千克。1996 年以来，种植业采取内部职工承包经营的方式。

养殖及种植收入明细表见表 5-5。

表 5-5　　　　　　　　　　　　　养殖及种植收入明细表

年份	柑橘产量/万千克	成鱼产量/万千克	总收入/万元	净利润/万元	备　注
1996	14.5	3	41.3	−0.33	
1997	26.5	2	69.06	−1.60	
1998	165	0.5	100.70	0.9	
1999	110	1.5	95.9	−1.5	
2000	150	10	88.1	−3.85	
2001	212.5	11.2	58.9	−31.70	
2002	125	15	62.96	−6.7	
2003	125	15	41.70	−17	
2004			16.38	1.13	大水面承包
2005			16.76	1.65	大水面承包
2006			42.71	2.04	大水面承包
2007			14	1.13	大水面承包
2008			17.83	2.08	大水面承包
2009			14.16	−6.92	大水面承包
2010			17.84	−2.42	大水面承包
2011	7.5		37.41	−1.12	大水面承包
2012	10		17.90	−4.4	大水面承包
2013			16.90	5.96	大水面承包
2014			16.80	−61.37	大水面承包
2015		36	403.57	146.98	
2016		40.5	557.08	165.58	

六、1996—2016 年财务收入

1996—2016 年，浥水水库累计实现收入 124853.78 万元（其中：工农业供水收入 3899.42 万元，发供电收入 38352.84 万元，建筑安装工程收入 80853.56 万元，养殖及种植收入 1747.96 万元），累计上缴税金 7630.31 万元，累计实现净利润－7215.85 万元（不含水利工程折旧）。与 1995 年相比，收入年均综合增长 11.5%，税金综合增长 6.2%，净利润综合增长 5.7%。

1996—2016 年财务收入明细表见表 5－6。

表 5－6　　　　　　　1996—2016 年财务收入明细表　　　　单位：万元

年份	工农业供水收入	发供电收入	建筑安装工程收入	种植养殖收入	上缴纳税金	净利润
1996	146	934.34		41.3	103.53	72.46
1997	255	817.72		69.06	118.40	43.87
1998	197.8	1528.81	582.60	100.70	262.70	161.39
1999	232	1517.50	500	95.9	273	137
2000	342.9	1810	505	88.10	301	88
2001	343	1101	481.80	58.90	237.80	－294.5
2002	50	1676	482.62	62.96	354	－178.40
2003	158	1866	383.50	41.70	196	－99
2004	63.07	1800	917	16.38	213.26	－318.98
2005	276.18	1665.21	384.05	16.76	177.73	－318.53
2006	143.06	1914.57	345.49	42.71	166.32	－891.25
2007	90.42	1626	1065.51	14	288.95	－427
2008	116.68	1987.94	998.96	17.83	187.47	－290.19
2009	248.75	1854.12	2174.10	14.16	298.84	－554.94
2010	168.91	2592.53	597.41	17.84	167.64	－733.92
2011	329.55	1525.54	7652.52	37.41	426.44	－743.46
2012	109.08	2211.29	9912.54	17.90	714.05	－849.25
2013	243.97	2247.68	8344.91	16.90	629.12	－882.64
2014	115.86	2276.03	11173.06	16.80	785.17	－21.08
2015	66.98	2638.56	13893.14	403.57	972.29	－997.26
2016	202.21	2762	20459.35	557.08	756.60	－118.17

第六章

水库法制管理

洈水水库域沿湘鄂 5 县（市），工程管理范围广，水政、渔政涉及面大，山界林权矛盾纷繁突出，尤其是灌区渠道工程战线长，建筑物分散，水事纠纷时有发生。因此，依法实施水库法制管理，妥善处理库区、灌区和供区管理单位与周边群众关系、维护社会治安，促进水库长治久安，是确保水库工程安全运行、充分兴利除弊的重要举措，也是促进库区、灌区和供区工农业发展的有力保证。

第一节　依　法　治　库

水库法制管理是水库管理的一项重要内容。长期以来，管理局以库区、灌区和供区长治久安为目标，以法律为武器，大力开展法制宣传教育，扎实推进社会管理综合治理和法治创建工作。

一、深入开展"平安水利，和谐洈水"建设

管理局根据上级要求和实际需要，大力开展"平安水利，和谐洈水"建设，完善治安防控体系，在水库重要部位、机关院落、住宅小区和重点部门安装摄像头，实行全方位监控，对水库安全和公私财物起到了极大的保护作用。同时，建立各级调解组织，形成小矛盾不出单位、大矛盾不出本局、矛盾不上交的矛盾纠纷调解格局，从而有力保证单位和谐稳定、职工安居乐业。自 2009 年始，管理局连续 7 年被松滋市委、市政府表彰为"社会管理综合治理优胜单位"。

二、全面完成普法依法治理工作

管理局党委根据湖北省、荆州市关于普法治理的规划，积极开展普法依法治理工作。①抓好以《中华人民共和国宪法》（以下简称《宪法》）为核心的法律法规学习宣传，并把学习《宪法》、国家的基本法律制度与党和国家关于民主法制建设的理论、方针、政策结合起来，努力提高干部职工的法律意识、民主法制观念、爱国意识和国家安全统一意识；②不断丰富法制宣传教育进机关、进学校、进企业、进单位、进乡村、进社区的内容和形式，不断增强法制宣传教育的针对性和实效性，全面提高干部职工法律素质，营造人人学法、懂法、守法和用法的良好氛围，取得较好的社会效益。由于措施得力、工作出色，管理局多次被湖北省水利厅、荆州市和松滋市表彰为"普法先进集体"，局普法办公室被荆州市依法治市工作领导小组评为"先进普法办"，多名同志被授予"普法先进个人"荣誉称号。

三、努力提高水库法治化管理水平

多年来，管理局坚持法制教育与法治实践相结合，全面提高水库法治化管理水平。一是积极推进依法治理工作，依法管理水工程和水资源，及时查处各类水事违法案件，有效遏制各种水事违法活动；二是开展水资源保护和水污染防治，强化渔业资源保护，围绕平安创建及群众关心的热点、难点问题，开展专项治理。突出宣传最严格的水资源保护制度、节水型社会建设等新的治水思路，切实落实依法治水、依法管水的措施，为实现水资源的可持续利用创造良好条件。由于出色的管理措施及社会效益，《荆州市水库工程管理办法》和《湖北省水库管理办法》的制定和出台，均对洈水水库法治化管理多有借鉴。

第二节　水 政 水 资 源 监 察

一、机构沿革

1991年10月15日，经荆州地区行政公署水利局以荆行水法字〔1991〕219号文件批准成立了荆州地区洈水水库水政水资源监察室。1992年2月20日，荆州地区行政公署水利局以荆行水法字〔1992〕031号《关于廖新权等同志任水政监察职务的通知》，经研究决定廖新权兼任水政监察室主任，胡圣权任水政监察室副主任，陈隆斌任水政监察员。该室的主要任务是：①宣传贯彻《水法》《中华人民共和国水土保持法》（以下简称《水土保持法》）、《中华人民共和国水污染防治法》（以下简称《水污染防治法》）、《中华人民共和国防汛条例》《水库大坝安全管理条例》以及与水有关的法律、法规；②行使水、水域、水工程、水污染防治、排污口、库区和灌溉渠道取水的监督管理权，有权现场制止违反水法规行为，有权监督检查水事案件的查处和执行情况；③协助公安、松滋等有关县市水行政主管部门查处水事违法案件和水事纠纷。自此，水库水政水资源管理步入了一个新阶段。

1995年12月26日，荆沙市水利局以荆水政资〔1995〕165号文件通知，鉴于荆沙合并的实际情况，为保证水政监察的规范化与严肃性，将荆州地区洈水水库水政水资源监察室更名为荆沙市洈水水库水政水资源监察室。

根据湖北省政府鄂政发〔1997〕49号《关于加强水利执法队伍建设的通知》精神，为依法维护水库工程合法权益，1998年12月28日，荆州市编制委员会荆机编〔1998〕187号文《关于印发〈荆州市洈水工程管理局机构改革方案〉的通知》，同意管理局组建水政水资源监察大队。水政监察的基本任务和职责是宣传贯彻《水法》《水土保持法》等法律法规；依法保护水、水域、水工程、水文、防汛通信、水土保持和其他有关设施的安全；依法对水事活动进行监督检查，对违反水法规的行为依法作出行政裁定、行政处罚或者采取其他行政措施，维护正常的水事秩序；依照法律、法规和规章的规定，负责取水许可及开发性建设项目的水土保持方案审批，依法实施水行政性规费征收；配合公、检、法机关查处水事治安、刑事案件；负责有关水事纠纷的调处，参与水行政案件的行政复议与诉讼工作等。

2000年11月16日，荆州市委机构编制委员会以荆编〔2000〕93号将管理局水政水资源监察大队更名为管理局水政监察大队，仍为内设机构。

2005年12月28日，荆州市机构编制委员会以荆编〔2005〕35号《关于印发〈荆州市洈水工程管理局机构改革方案〉的通知》，成立管理局水政水资源监察大队。主要职责是负责水事案件、库区治安、水土保护、水质监测、水污染防治、规费征收等。

2008年11月23日，荆州市委编委办公室以荆编〔2008〕104号《关于荆州市洈水工程管理局有关机构编制问题的通知》中明确"你局直属的水政水资源监察大队核定事业编制6名，所需经费由市财政定额补助"。至此，水政水资源监察大队名称、主要职责、工作任务、身份确定。

二、水行政执法

水政监察机构成立以来，为进一步加强水政监察工作，规范执法行为，提高执法效能，根据《水政监察工作章程》以及水政监察的职责与任务，开展一系列工作，为洈水水利工程完整作出应有的努力。

大力开展水法律、法规的宣传。水政大队每年利用"世界水日""中国水周"围绕宣传主题制定宣传活动方案，通过召开座谈会、出动宣传车和宣传船、拉宣传横幅、贴宣传标语、树宣传牌等多种形式深入库区、灌区、枢纽、人员密集的集镇开展宣传活动，向社会各界和广大群众宣传依法保护水工程、依法取水、节约用水、保护水资源的法律知识，力求通过对水法律法规和中央新时期治水政策的宣传，进一步增强全局干部职工管理能力和水平，进一步增强全社会对水利发展的关注、理解与支持，以水资源可持续利用为当地经济可持续发展营造良好环境，努力促进社会和谐。

调处水事纠纷，查处水事案件。每逢灌区灌溉期间，按照"先下游，再上游"的原则，全体水政及工程管理执法人员到灌区一线做好服务，化解矛盾，解决纠纷。在水政执法中，水政执法人员始终把维护水利工程安全完整当作水利执法的首要任务，常抓不懈。据不完全统计，水政监察机构自组建以来，配合上级水行政主管部门、公安机关查处水事案件近300起、制止乱耕乱种、拆除违章建筑面积近千平方千米，清除库区非法栽种的意杨近百亩。

三、水污染整治

2010年，洈水水库水体部分理化指标有超标趋势，水体开始呈现富营养化。2013年10月初，水质发生较大变化。11月7日，松滋市环保局及时向荆州市环保局反映，洈水水库可能发生水华。11月8日，荆州市环保局会同荆州市水利局组成联合调查组来洈水实地调查，通过现场取样，发现水体呈酱油色，水体透明度下降，水质趋坏，认定库区发生大面积水华。

经分析，形成水污染的原因为4个方面。①库区养殖造成的污染。2004年以来，水库大水面及部分库汊承包养殖，由于签订合同期限长，发包方对合同中

"严禁投肥精养鱼"的管理要求失管失控，导致水体逐步富营养化。②入库污染源明显增加。水库上游卸甲坪乡的黄林桥、湖南澧县边山河集镇日常生活污水、垃圾未经处理直排入库。③水库上游、周边农业生产中的化肥农药残留物也随雨水进入库区；加之水库上游及周边沿线畜禽养殖场的污染物直排入库，每年超标废水排放量约为2.6万吨。④库区内餐饮随意排放。随着洈水旅游的发展，库区及周边餐饮业逐步增多，受利益驱使，大量废水直排入库，而管理局管理乏力，进一步加剧了水质恶化。

11月12日，荆州市市长李建明主持紧急专题会议，听取洈水水库水华应急处置工作情况汇报。李建明表示，要对洈水水库污染事故进行处理，由市监察局、市环保局、市水利局组成联合调查组，严肃查处。荆州市人民政府随即责令管理局取缔洈水水库和库汊人工养鱼；责令松滋市人民政府以及周边乡镇关闭洈水周边小纸厂，搬迁养殖场。至此，一场保护洈水水库水质安全、治理水污染的突击整治活动正式拉开序幕。

按照荆州市政府统一部署，管理局与松滋市政府会商研究，共同成立了由松滋市市长李恒任组长，管理局副局长虞少东，松滋市委常委、常务副市长覃文忠，副市长谢清任副组长，有关部门和乡镇人民政府主要负责人为成员的洈水水库水环境综合整治工作领导小组，负责综合整治工作的组织协调、检查督促、情况汇总和考核考评工作。

突击整治包括4个方面内容。①坚决取缔库区水面发包养鱼行为。按照"谁发包谁解除"的原则，在2013年年底前解除水库水面养殖合同。今后一律禁止库区水面对外发包养鱼，同时严格禁止水库垂钓行为。②坚决取缔库区畜禽养殖场所。彻底取缔或搬迁库区现有的3家畜禽养殖场，拆除猪舍及其他配套设施。在水库周边设置禁养区。③坚决取缔上游非法工业污染源。彻底撤除上游5家火纸厂的生产设备，填平泡麻池，杜绝死灰复燃；加强上游2家煤矿企业的日常环境监管，完善污水治理设施，确保废水达标排放。④坚决关闭库区内违法建设的生活服务项目。对库区周边所有生活服务项目，包括酒店、餐饮等进行全面拉网式检查。对证照不全的、环保设施不全的，责令立即停业整改，整改不合格的，一律关闭，与此同时，管理局主动与湖南澧县取得联系，争取支持，澧县县委县政府高度重视，及时采取得力措施治理污染源。

经过半年的综合整治，洈水水库污染状况得到改善。①工业污染源得到控制。市环保局、安监局联动，上游煤矿污水超标排放得到控制；5家火纸厂全部停水、停电并拆除设备。②严格三产业环境准入，控制新污染源。③整治洈水库区农业面源污染；处理卸甲坪乡黄林桥和曲尺河2个集镇生活污水，建生物化粪池2个。④解除水库大水面承包合同。⑤畜禽养殖场计划全部取缔。

通过当地政府和管理局的共同努力，洈水水库饮用水水源水质明显改善。至

2015年年底，经湖北省水环境监测中心荆州分中心检测报告，沩水水库水质除总氮单项超标外，其他各项指标稳定达到 GB 3838—2002《地表水环境质量标准》Ⅱ类水质标准。

第三节　渔政船检港监管理

一、沩水水库航运管理的演变过程

水库建库初期，库内水运船只管理由原松滋县大岩嘴水库管理处统一领导。

1965年5月，因水库续建工程上马，为积极配合，松滋县交通局指示西斋交管站在水库设航管站，由吴值元受当时沩水水库续建工程指挥部领导负责库内水上船只运输管理，保障水库续建工程砂石料及时到位和库区设计洪水位96.12米以下的移民搬迁工作。

1970年，水库按设计配套工程（移民搬迁工作、孙家溪泄洪闸、南北输水闸、电站装机发电、养殖场成立）已基本建成并发挥效益，为水库大坝加固工程建设需要及库内船只统一管理，1971年3月15日，湖北省荆州地区沩水管理处革委会以荆沩革〔71〕003号文《关于接管沩水航管站的请示报告》报请松滋县革委会交邮局。由管理处党委副书记袁斌超同志持报告专程到县交邮局请示，当时因为其他原因，交邮局批准同意沩水管理处正式接管航管站，并任命管理处干部肖值卿为站长，职工袁正好为会计，设立临时码头于水库主坝南端与南副坝结合部。至此，水库内所有铁、木船只、排筏由该站统一管理，收取有关规费。

1980年初，随着水库渔业生产发展，渔政管理任务增大，管理处将养殖场3名专职渔业管理员和1名驾驶员合并到航管站，改航管站为水库库管会，将库区航运渔政由库管会统一管理，并任命胡国清为负责人，共6人。

1985年9月，湖北省公安厅以公三字〔1985〕30号文件批复，成立松滋县公安局沩水水库派出所，编制为6人。1986年《渔业法》颁布实施，根据鄂水综〔87〕503号文件精神，沩水管理处配备了3名专职渔政人员，派出所与渔政合署办公。1989年，根据《农业部、交通部关于水上交通安全管理分工问题的通知》〔1989〕农（渔政）字第19号精神——"水库航行、作业的渔业船舶，其登记、检验、船员考试等安全监督管理工作由渔政渔港监督、渔船检验部门负责"，水库渔业执法机构组建。当年，荆州市编制委员会荆机编〔1989〕187号文批准成立沩水水库渔政渔港管理机构，定名为松滋县渔政船检港监管理站沩水分站。湖北省水产局鄂渔管〔1993〕07号文件批复成立松滋市渔政船检港监管理站沩水分站。

1996年1月26日，荆沙市委机构编制委员会以荆机编办〔1996〕81号文同意将松滋县渔政站沩水分站更名为松滋市渔政船检港监管理站沩水分站，级别为正科级，定编 5 人，人员由管理局内部调剂解决，所需经费自筹。

1998 年 2 月 28 日，荆州市委机构编制委员会以荆机编〔1998〕187 文《关于印发〈荆州市洈水工程管理局机构改革方案〉的通知》，同意设立松滋市渔政船检港监管理站洈水分站。主要职责是负责库区管理、资源保护、法规宣传、渔事案件查处、规费征收等。

1999 年 4 月 19 日，湖北省水产局以鄂渔检监〔1999〕05 号同意将松滋市渔政船检港监管理站洈水分站更名为荆州市洈水水库渔政船检港监管理站，更名后管理站的职能、编制和经费渠道不变，业务上受荆州市渔政船检港监管理处领导。

2008 年 11 月 23 日，荆州市委机构编制委员会以荆编办〔2008〕104 号文《关于荆州市洈水工程管理局有关机构编制问题的通知》，将渔政船检港监管理站核定事业编制 4 名，所需经费由市财政实行定额补贴。

二、渔政站的法律地位

洈水水库渔政船检港监管理站的主要职责：负责水库辖区内的渔业行政执法、渔业船舶的检验、渔港监督工作及水生生物的养护；负责查处渔业案件，调解渔业纠纷，整治渔业经济环境，处理渔业污染案件；为渔业经济可持续发展提供监督管理，保障渔业资源的保护、增殖、开发和合理利用，保护渔业生产、经营者的合法权益，维护生态平衡。

荆州市洈水水库渔政船检港监管理站（简称渔政站）现设站长 1 人，副站长 2 人，专职渔政员 3 人，配置渔政执法艇 3 艘，按照规定配备有制式服装及电脑、彩色打印机、执法记录仪、照相机等执法装备。

三、依法管理，依法兴渔

（1）广泛宣传法律，提升公众认识。渔政站始终把对公众的法律、法规宣传放在首位，以宣传贯彻《中华人民共和国渔业法》《水污染防治法》《水法》等法律为主要内容，采取发放传单、张贴标语、拉横幅和立宣传牌等形式，增强库区周边群众保护水生态环境、保护渔业资源的意识。

（2）严厉打击违法捕捞。渔政站在加强宣传的同时，采取多种措施坚决取缔违法违规捕捞作业方式方法。每年配合水产局开展打击毒鱼等非法捕捞作业专项行动 10 起以上，处理非法垂钓、偷捕等案件 15 起左右。通过严厉打击违法违规行为，为库区社会稳定、正常渔业生产秩序及库区水产种质资源有效保护和合理利用营造良好氛围。

（3）建立联防群防工作机制。成立以洈水渔政站为主、洈水水陆派出所为辅的洈水水库警务室和资源环境保护工作专班，每年邀请库区周边湖南澧县火连坡镇、松滋市刘家场镇、洈水镇三个镇主要领导及分管领导，澧县公安局、松滋市公安局分管领导和三个镇派出所长以及库区周边 11 个村（居）书记召开 1～2 次库区管理工作联席会议，通报库区管理及保护情况，争取有关方面的配合支持。

（4）建立禁渔期制度。根据湖北省水产局的要求，水库禁渔期为每年 4 月 15 日—6 月 15 日，为期 2 个月，渔政站在水库禁渔期内严格执行此项规定，形成水陆配合、内外配合、行政手段与市场管理配合的控制网络，有效保护水库渔业资源和库区正常秩序。

第四节　洈水渔港的兴建与认定

一、洈水渔港的建设

（1）按照鄂政办发〔1996〕183 号文件精神，根据水库渔业生产规模的发展形势，特别是水库银鱼成功养殖需要有相应的水产品集散和鱼需物质供应基地，管理局于 1997 年 3 月动工兴建渔港，9 月渔港主体工程建设竣工，总投资 42 万元。荆州市人民政府办公室以荆政办发〔1997〕88 号文《关于认定和建设洈水水库渔港的通知》，认定水库码头为洈水渔港。其主要内容是：

1）洈水水库水域属国有，渔港由洈水水库建设和经营管理。

2）洈水水库渔港码头位于水库南副坝 0＋500 千米处，渔港水域面积 2000 亩，陆地为上述水域的堤岸及岸脚。

3）洈水水库渔港经营管理部门要严格按照农业部、国家计委《关于发布渔港费收规定的通知》〔〔1993〕农（渔政）字第 15 号〕精神，明确管理权限，加强管理，照章收费。

（2）1998 年 4 月 7 日、4 月 20 日和 5 月 30 日，荆州市政府副秘书长主持召开了市洈水水库船舶管理和规费征收等问题协调会议，市交通局、港监局、水利局、物价局、水产局、渔政处、管理局及松滋市交通局等单位负责人参加了会议。会议的主要议题是：

1）关于认定和建设市洈水水库渔港的问题。根据《国务院办公厅转发农业部关于加强群众渔港建设报告的通知》（国办发〔1991〕29 号）和《湖北省渔港认定办法（试行）》（鄂渔检监字〔1995〕03 号）精神，经征求市交通、港监、水产、渔政、水利、财政、土管、工商等部门意见，市政府认定洈水水库南副坝码头为渔港，由管理局建设和经营管理。

2）关于洈水水库船舶管理的问题。洈水水库运行的渔业船舶，其登记、检验、船员考试、安全监督和事故调处等工作由渔政部门负责；洈水水库运行的其他船舶登记、检验、船员考试、安全监督和事故调处等工作由松滋市交通部门负责；洈水水库水域的水上交通安全秩序管理工作由交通部门负责，渔业船舶与其他船舶间的事故，由双方共同调处。

3）关于洈水水库船舶规费征收的问题。洈水渔政部门对进出渔港的所有船舶收取船舶港务费、停泊费、靠泊费和货物港务费。交通部门按照有关政策规定收取运管费、航养费和客货附费。双方收费项目及费率由市物价局调查核定后执行。

二、洈水渔港得到农业部确认

1998年5月18日，农业部以农渔函〔1998〕22号文对荆州市洈水水库渔港予以认定，并确认公布。要求渔港所在地渔业行政主管部门加强对渔港监督管理工作的领导，建立和健全管理机构，充实管理力量，制定和完善港章等规章制度，做好渔港费收征缴工作，更好发挥渔港的服务功能，以促进渔业生产发展。

图 6-1　洈水渔港

三、实行禁渔期（区）制度，保护水库渔业资源

洈水水库的禁渔区制度自1985年管理处根据鱼类繁殖期提出并开始实行，1991年又规定了禁渔期，时间为2个月（每年4月15日—6月15日），全库封库禁捕。2009年4月13日，湖北省水产局以鄂渔函〔2009〕32号文《关于洈水水库实施禁渔期制度的批复》，同意洈水水库水域实施禁渔期制度，禁渔期为每年4月15日12时—6月15日12时。洈水渔政站严格按照批复精神，在库区周边大力宣传，严格管理，真正做到了"库边无渔网、水面无渔船、市场无库鱼"。通过长期管理，保证了亲鱼种源，使水库鱼类繁殖有了安定的环境，洈水水库特有的大白刁、黄尾鱼、红尾鱼得到了较好保护。

四、增殖放流

由于近年来人类社会经济活动的不断增加，洈水水域生态系统结构和功能的多样性、完整性正面临威胁，有必要通过人工增殖放流来保证鱼类自然繁殖效果。2015年，管理局争取资金10万元，购买鳜鱼苗投放到水库。2016年，争取资金20万元，购买鳜鱼、鳙鱼苗投放到水库。

五、洈水鳜省级水产种质资源保护区的建立

1. 洈水鳜省级水产种质资源保护区的批复

洈水鳜保护区于 2013 年 8 月 27 日由湖北省水产局以鄂渔函〔2013〕43 文《关于建立天堂湖鲌类等十二个省级水产种质资源保护区的批复》确定，主要职责是贯彻执行国家有关种质资源保护的法律、法规和方针、政策，制定保护区的各项管理制度。

2. 保护区的组成与范围

洈水鳜国家级水产种质资源保护区位于洈水水库，保护区总面积 2180 公顷，其中核心区面积 838.5 公顷，实验区面积 1341.5 公顷，核心区特别保护期为每年 4 月 1 日—9 月 30 日。保护区地理坐标为东经 $110°26'14''$～$111°34'45''$，北纬 $29°55'57''$～$29°59'28''$，其地理位置边界为东至洈水大岩嘴，西至三星伴月，南至六合桥站，北至北闸。

保护区主要保护对象为鳜、鳙、菱、莲等重要经济水生动植物物种及生态环境。

3. 保护区管理机构及职能

洈水鳜水产种质资源保护区管理站挂靠荆州市洈水水库渔政船检港监管理站，负责保护区的管理工作。管理站是水产种质资源保护区的基层保护实施单位，也是保护区管护能力建设的重要组成部分。其职能是对辖区内生物资源和生态环境进行监督管理，具体包括保护对象及其生态环境的保护、保护区生态系统的维护、生态监测等，并协助有关部门实施科研教学实习活动等。

第五节　坝区、灌区确权划界

一、坝区、灌区确权划界

为依法确认洈水水利工程用地的所有权、使用权，保障水库工程安全运行，根据国家土地管理局、水利部〔1992〕国土（籍）字第 11 号文《关于水利工程用地确权有关问题的通知》的精神，1997 年 11 月，管理局以荆危政〔1997〕61 号文《关于要求开展水库工程用地注册、登记发证工作的请示》报请荆州市政府按照湖北省水利厅、土地管理局鄂水办〔1991〕397 号文规定，对洈水水利工程管理范围组织确权划界。1998 年 2 月 18 日，荆州市政府下发专题会议纪要，明确洈水水利工程用地确权划界工作由荆州市土地管理局负责实施。

（1）组建专班，明确任务。为有序开展洈水水利工程用地确权划界工作，5月 4 日，管理局党委成立"洈水水利工程用地确权划界领导小组"。其中，裴德华任组长，邹法享、陈能武任副组长，胡圣权、胡国清、曾平为成员，廖新权为顾问，并由张兰华、廖晓云、揭勇军、孙青桥、吴春霞、吴夕玲组成工作专班。

办公室设在政法办公室，胡圣权负责专班工作，胡国清负责后勤保障，曾平负责资料查找。

（2）争取支持、主动作为。荆州市政府下发专题会议纪要后，管理局积极同荆州市土地管理局联系，争取确权划界工作尽早启动。5月6日，荆州市土管局副局长杨进武率领松滋市土管局局长、副局长、地籍科长、土地勘测规划院长、各乡镇土管所长、大岩嘴乡负责人、洈水风景区管委会负责人在管理局研究部署水利工程用地确权划界工作，党委书记雷正立发言表明立场和态度。5月13日，荆州市土管局副局长杨进武、荆州市水利局副局长张玉峰带领土管和水利部门相关人员再次来到管理局，与大岩嘴乡周民、洈水风景区管委会周传林就管理局水利工程用地确权划界工作有关事宜进行协商，最后形成《关于洈水水库工程用地确权划界协调会议纪要》。

（3）确权划界依据、原则、范围。

1）主要依据鄂水办〔1991〕397号《关于认真做好水利水电工程用地注册登记发证工作的通知》。

2）洈水水库设计洪水位96.12米由湖北省水利局鄂革水技〔76〕060号文件认定批准。

3）库区设计洪水位以下消落区土地和库区岛屿，松革发〔71〕113号第二条第一款：库区山包（岛屿）76个，约8000亩山林面积，均属水库所有，由此认定权属。

4）库区设计洪水位96.12米以下消落区的土地已由农民集体耕种的继续由农民耕种，在工程需要时应无条件满足。

5）根据法律和上级文件精神明确水利工程用地确权划界的基本原则：本着尊重历史、正视现实，依照水利和土地法规及有关政策，有利工程管理和群众生产，有利团结、公正妥善处理。

6）通过协商确定库区范围内土地所有权的确权范围。根据国家土地管理局1995年3月11日发布的《确定土地所有权和使用权的若干规定》（以下简称《规定》）第十二条：县级以上（含县级）水利部门直接管理的水库、渠道等水利工程用地属于国家所有。按照此规定确定洈水水库设计洪水位96.12米以下消落区的土地和库区岛屿；水库大坝、副坝、溢洪道禁脚地（大坝禁脚地为坝高的7～10倍，副坝为坝高的5～7倍，溢洪道为开口面的3～5倍）的土地属国家所有。设计洪水位96.12米以上的土地（不含库区岛屿）的所有权属不变。

7）库区内土地使用权的确权范围。① 设计洪水位96.12米以下消落区的土地及水面的土地使用权属管理局。②设计洪水位96.12米以上的土地按现状确定使用权，库区岛屿按实际使用情况确定土地使用权，具体为：管理局直接使用的岛屿及库区的无主岛（28个岛），土地使用权确定给管理局；北大山林场及有关村、组使用的岛屿（已有耕地或林地且与村民签订承包合同的）土地使用权确定给淝水风景区管委会。

8）枢纽工程土地使用权的确权范围。水库大坝、副坝、溢洪道及其禁脚地的土地使用权确权给管理局，但是已在禁脚范围内使用土地的单位其使用权确定给实际使用单位（在使用证上注明限制条件），实际使用单位不得擅自改变原有用途，不得擅自拆旧建新，如国家工程确需用地时，应无条件搬迁，按有关规定进行补偿。

9）渠系工程用地确权范围。淝水灌区南、北、澧三条干渠，在湖北境内属管理局管理的干渠总长107.4千米，其中南干渠94千米，北干渠首1千米，澧干渠12.4千米。根据鄂水办〔1991〕397号文件第二条第七款：干渠禁脚地为5米。由土管部门按文件规定划定禁脚，核发土地使用证。渠系工程保护区按鄂水办〔1991〕397号文件第四条第四、第六款规定划定并依法注册。

（4）实地踏勘，明确界址。在全面查阅历史资料，找准法规政策的基础上，1998年5月23日，淝水确权划界工作专班同荆州市土地勘测规划院、当地土管所工作人员、淝水风景区管委会负责人到淝水风景区响水洞、罗家冲村实地勘测。但由于事先宣传不够，工作受阻，最后无果而归。在总结分析经验教训的基础上，工作专班反复与相关乡、村协商后，10月20日，管理局副局长陈能武带领工作专班到各个乡镇开展勘测工作。历时24天，涉足湘、鄂2县（市）6个乡镇43个行政村，共设定位界桩207个，绘制草图67张，记录界桩点及文字说明250个。

（5）友好协商，签订协议。按照鄂水办〔1991〕397号文件规定，与水利工程周边各行政权签署权属界线协议，是确权划界登记颁证的主要依据。12月16日，应管理局邀请，松滋市副市长肖夕映、政府办公室副主任桂龙亚来淝水主持会议，专题研究确定"权属界线协议书"条款。参加会议的有：荆州市土管局杨进武、杨卫东，松滋市土管局张珂敬、付电、罗贤民，大岩嘴乡政府陈圣华、周民，淝水风景区管委会付良全、周传林，管理局邹法享、陈能武、胡圣权等。会上进行了严肃认真的讨论。管理局坚持：严格按照鄂水办〔1991〕397号文件规定的标准界定，在水利工程用地权属界线内维持集体、农民生产、生活现状不变，一旦水利工程需要，必须无条件服从；在水利工程用地权属内进行非水利工程项目的开发和建设，必须经管理局报上级水行政主管部门批准后方可实施。最后形成共识，签订《淝水水库水利工程用地权属界线协议书》。

1999年3月17日，副局长陈能武带队到各村签订《权属界线协议书》。专班人员千方百计做村组干部工作，讲法律政策启发他们，讲相互支持引导他们，请乡镇领导教育他们，以送去温暖感化他们。2000年11月底，与周边43村共签订《协议书》及附件49份637张。

（6）规范资料整理，政府认定颁证。2000 年 12 月 6 日，管理局将所签《权属界线协议书》及附件报送荆州市土地勘测规划设计院制图，市规划院将洈水水库水利工程用地分为五宗地（即水库库区、坝区、北干渠首、南干渠松滋段、澧干渠松滋段）制图。2000 年 12 月 18 日，荆州市土地勘测设计院将五宗地宗地图一式四份送到管理局。管理局再次邀请荆州市土管局领导来松滋协调颁发《国有土地使用证》。2001 年 3 月 19 日，荆州市土管局副局长杨进武带领松滋市土管局副局长张平、地籍科长付电、副科长罗贤民来洈水审阅相关资料，商定登记颁证事宜，并将松滋市土管局罗贤民留洈水帮助查漏补缺、完善全部资料。

2001 年 4 月 3 日，松滋市土管局按照湖北省水利厅、土管局鄂水办〔1991〕397 号文件规定，代表松滋市人民政府为管理局水利工程用地颁发《国有土地使用证》，共五宗地，见表 6-1。

表 6-1　　　　　　　　　　　《国有土地使用证》一览表

宗地	位置	证号	图号	地号	使用权面积/平方米
第一宗地	南干渠松滋段	松国用〔2001〕字第 059 号	981020192	15-01-00-0001	2038400
第二宗地	澧县干渠松滋段	松国用〔2001〕字第 060 号	981020193	15-01-00-0002	471300
第三宗地	库区	松国用〔2001〕字第 061 号	981020191	15-01-00-0003	40817100
第四宗地	北干渠首	松国用〔2001〕字第 062 号	981020196	15-01-00-0004	40000
第五宗地	坝区	松国用〔2001〕字第 063 号	981020194	15-01-00-0005	1307500

确权划界工作的圆满完成，为保证洈水水库工程安全运行，保护水管单位合法权益提供了法律保障。由此，管理局过去和周边单位或组织签订的与本次确权划界颁发的五宗《国有土地使用证》相关的所有协议、合同或调处意见等等随之失效。

二、北干渠确权划界

根据荆州市政府专题会议纪要 25 号《关于理顺洈水北干渠管理体制有关问题的会议纪要》（2006 年 6 月 6 日）精神，松滋洈水北干渠交管理局管理移交前松滋市政府负责完成北干渠确权划界和工程清淤除障工作。但到 2008 年 4 月，《纪要》明确松滋市政府应承担的工作没有完成，北干渠确权划界和工程清淤除障没有启动，移交工作无法完成。鉴于此，管理局以荆洈办〔2008〕10 号文向荆州市政府呈送《关于松滋北干渠移交中必须要落实有关问题的报告》，请荆州市政府督办。2008 年 9 月 18 日，松滋市政府召开洈水北干渠确权划界清淤除障动员会，参加会议的单位有市水利局、市国土资源局、管理局、北干渠沿渠各乡镇、国土资源所、水利站等，在会上专门部署确权划界、工程清淤除障工作，7个镇负责人表态发言、与市政府领导签订责任状，正式拉开北干渠确权划界、工程清淤除障工作序幕。

2009 年 5 月 20 日，松滋市副市长郑海云召集管理局、市水利局、国土局等部门相关领导，召开"关于北干渠水利工程确权问题"会议。经集体协商，在"尊重历史、面对现实、恢复原貌、友好协商"的基础上，达成综合意见。

2009 年 6 月 30 日，松滋市国土资源局代表松滋市人民政府为管理局颁发 10本《国有土地使用证》，见表 6 - 2。

表 6 - 2　　　　　　　　　　北干渠国有土地使用情况表

编　号	位　置	地号	使用权面积/平方米
松国用〔2009〕第 2400 号	松滋市王家桥镇	0823231	409143.66
松国用〔2009〕第 2401 号	松滋市洈水镇	150109238	121020.69
松国用〔2009〕第 2402 号	松滋市街河市镇	170102061	1201154.70
松国用〔2009〕第 2403 号	松滋市街河市镇茶市村	170102062	29709.39
松国用〔2009〕第 2404 号	松滋市斯家场镇青竹湾村	1018341	30382.68
松国用〔2009〕第 2405 号	松滋市洈水镇	150109239	680344.56
松国用〔2009〕第 2406 号	松滋市南海镇断山口村	01004244	82766.39
松国用〔2009〕第 2407 号	松滋市南海镇	0111004243	449050
松国用〔2009〕第 2408 号	松滋市新江口镇	0210000002	180500
松国用〔2009〕第 2409 号	松滋市新江口镇	0210000001	385459.63

三、界碑、界桩埋设

2009—2010 年年底，为确保水利工程安全与完整，确保工程用地不被侵占，水政水资源监察大队依据水库库区、枢纽工程用地确权划界实际情况，通过多方联系与协调，完成库区、枢纽界碑、界桩埋设工作。

库区、枢纽确权划界是近 10 年前的事情，由于当时没有埋设界桩，加之村组合并、村组干部变化大，村干部调整后《权属协议书》移交不及时，或者没有移交，村级存档不多，要埋设界桩，相当于再次确认权属界线，因此工作难度可想而知。水政大队积极主动与国土资源部门联系，争取他们支持和配合，对原来签订的土地权属予以确认。根据实际情况，枢纽工程管理范围内的界桩按两条线埋设，实行分类管理。①确权划界线，沿线埋设界桩并对界桩进行编号管理；②实际控制使用线，埋设界桩不编号，主要是防止土地被蚕食和侵占。枢纽工程范围内共埋设界桩 148 个，见表 6 - 3～表 6 - 6。

表 6-3　　　　　　　　　　　　沧水水库库区枢纽界桩分布表

序号	管理单位	界桩界址	坐标	高程/米	界桩号	备　注
1	南副坝	位于南闸村元水泥厂，六泉公路旁，距截流沟 45 米处	555921 3314094	100	1	
2	南副坝	位于六泉公路与南副坝连接拐角处距截流沟 11 米	555887 3314120	100		农田距离 39 米×38 米
3	南副坝	南副坝坝首水塘边距截流沟 11 米	555906 3314155	92		
4	南副坝	澧干渠渠首右侧距截流沟 45 米	555959 3314279	91	2	
5	南副坝	澧干渠渠首左侧距截流沟 45 米	555901 3314309	88	3	
6	南副坝	南闸村向选月屋后竹林内，距截流沟 45 米	555930 3314309	106	4	
7	南副坝	澧干渠渠首原基地边界	555922 3314366	106		
8	南副坝	澧干渠渠首原基地边界	555920 3314348	106		
9	南副坝	澧干渠原基地边界	555922 3314390	110		
10	南副坝	澧干渠渠首原基地边界	555904 3314347	106		
11	南副坝	澧干渠渠首原基地边界，距截流沟 28 米	555902 3314432	106		
12	南副坝	澧干渠渠首原基地边界，距截流沟 20 米	555901 3314388	109		
13	南副坝	张华房屋帝，距截流沟 46 米	555927 3314441	102	5	
14	南副坝	南闸村陈选荣屋后菜地，距截流沟 45 米	555964 3314602	106	6	
15	南副坝	南闸村陈选荣屋后电杆旁，距截流沟 17 米	555931 3314614	108		
16	南副坝	南闸村罗正房屋前 20 米，距截流沟 47 米	555975 3314725		7	罗正房屋距截流沟 30 米
17	南副坝	南副坝求雨台山体边，近公路芭芒内	555742 3314777	116		
18	南副坝	南闸村肖达士开荒地与求雨台边界，距截流沟 45 米	555758 3314808	110	8	

序号	管理单位	界桩界址	坐标	高程/米	界桩号	备注
19	南副坝	求雨台与农户交界界沟边距坝路肩 97 米	555800 3314822	109	9	
20	南副坝	求雨台与农户交界界沟边	555802 3314849	108	10	
21	南副坝	求雨台与农户交界界沟边	555781 3314878	102	11	
22	南副坝	求雨台与农户交界界沟边	555786 3314893	104	12	
23	南副坝	求雨台与农户交界界沟边，距坝区公路边树 82 米	555817 3314944	96	13	
24	南副坝	南闸出口南边，求雨台边	555753 3314974	96		
25	南副坝	南闸村廖书星屋后距截流沟 58 米	555832 3315013	97	14	
26	南副坝	距截流沟 52 米	555877 3315019	99		
27	南副坝	南闸村廖正平屋后距截流沟 56 米	555906 3315015	99	15	
28	南副坝	南闸村陈业春屋后距截流沟 48 米	555999 3315053			
29	南副坝	南闸村廖正民屋后，距截流沟 89 米	555961 3315037			
30	南副坝	南闸村周厚金屋后，距老所公路 60 米	556043 3315072	103	16	
31	南副坝	南闸胡应龙屋旁围墙边，距老所门 71 米	556128 3315077	87	17	
32	南副坝	南闸向选华屋旁	556144 3315074	87	18	
33	南副坝	南闸向选华屋后	556161 3315070	87	19	
34	南副坝	南闸向选华屋角	556149 3315080	87		
35	南副坝	南闸周章云屋后	556173 3315095	95	20	周章云房屋距坝路基 13 米
36	南副坝	南闸周章云北屋角	556193 3315123	86	21	

续表

序号	管理单位	界桩界址	坐标	高程/米	界桩号	备注
37	南副坝	南闸老所屋角	556162 3315157	81		
38	南副坝	南闸老所旁	556166 3315172	82		
39	南副坝	南闸胡大广屋北角	556190 3315184	80	22	
40	南副坝	南闸胡大广屋北角	556197 3315194	80	23	
41	南副坝	南闸胡大广屋后北角	556195 3315205	81	24	
42	南副坝	南闸胡大广屋后北角	556196 3315220	82	25	
43	南副坝	南闸胡大广屋后，南副坝柑橘园边	556193 3315246	84	26	
44	南副坝	南闸胡大广屋后东角，南副坝柑橘园边	556212 3315249	80	27	
45	南副坝	南闸胡大广屋后东角，南副坝柑橘园边	556219 3315231	83	28	
46	南副坝	南闸胡大广屋后东角，南副坝柑橘园边	556228 3315235	83	29	
47	南副坝	南闸胡大广屋后东角，南副坝柑橘园边	556237 3315224	85	30	
48	南副坝	南闸胡大广屋后，南副坝柑橘园边	556261 3315219	86	31	
49	南副坝	南闸肖达能屋后，南副坝柑橘园边	556281 3315240	87	32	
50	南副坝	南闸王昆军屋后，南副坝柑橘园边	556284 3315256	86	33	
51	南副坝	南副坝柑橘园边	556270 3315293	90	34	
52	南副坝	南闸张贤春东屋角，南副坝柑橘园边	556263 3315325	88	35	
53	南副坝	南闸张贤春西屋角	556245 3315358	88	36	
54	南副坝	南闸张贤春西屋角	556241 3315367	88	37	

续表

序号	管理单位	界桩界址	坐标	高程/米	界桩号	备注
55	南副坝	南闸段长安屋东角	556171 3315354	87	38	
56	南副坝	南闸段长安屋东角	556158 3315344			面积测算用
57	南副坝	南闸所屋角	556052 3315364			面积测算用
58	南副坝	南闸雷正平屋角	556069 3315372	91	39	
59	南副坝	码头停车场厕所屋角	556055 3315419			面积测算用
60	南副坝	酒厂北围墙角	556052 3315437			面积测算用
61	南副坝	南闸王钱茂屋前田角边，距坝路基70米	556082 3315468	92	40	
62	南副坝	南闸胡士甲屋角，距坝路基32米	556055 3315524	89		
63	南副坝	南闸胡士甲屋前，距坝路基63米	556083 3315516	90	41	
64	南副坝	南闸胡士甲屋角旁，距坝路基40米	556071 3315533	90	42	
65	南副坝	南闸杜咏梅屋旁，距坝路基53米	556085 3315611	90		
66	南副坝	南闸杨又明屋旁，距坝路基44米	556100 3315672	89		
67	南副坝	南闸杨又明屋旁，距坝路基63米	556111 3315677	43	43	
68	南副坝	小学围墙南边	556083 3315680			
69	南副坝	小学围墙树林边	556108 3315724			
70	南副坝	学校大门前，距坝路基57米	556138 3315794			测算面积
71	南副坝	水厂大门钱，距坝路基28米	556117 3315830			
72	南副坝	学校围墙北角	556171 3315844	44	44	

续表

序号	管理单位	界桩界址	坐标	高程/米	界桩号	备注
73	南副坝	粮管所围墙旁，距截流沟80米	556171 3315850	45	45	
74	南副坝	建筑公司围墙旁，距截流沟39米	556143 3315881			
75	南副坝	管理局至大岩咀中学转角处	556231 3315979	46	46	
76	大坝	养殖场鱼池排水沟边，离坝下公路路基220米	555981 3316981	59	59	250米×200米未确权与麻砂滩交界
77	大坝	养殖场鱼池排水沟边，距便民桥2米处，距坝下公路路基260米	555879 3316482	60	60	与59号界桩相距148米
78	大坝	养殖场鱼池排水沟入尾河槽入口处	555799 3316549	61	61	与60号桩相距92米
79	溢洪道	溢洪道出口处河心，清水冲便民桥上游	554900 3317037	62	62	
80	溢洪道	绿意山庄背后电杆旁距电杆13米（溢洪道2号）	554632 3317122	95		
81	溢洪道	绿意山庄电杆下（溢洪道3号）	554565 3317158	97		
82	溢洪道	西面坡放炮掩体旁（溢洪道5号）	554053 3317213	108		
83	溢洪道	西面坡6-7相距16米（溢洪道6号）	554040 3317217	114		
84	溢洪道	孙家溪西面电杆下（溢洪道7号）	554025 3317219	115		
85	溢洪道	毛屋湾坝下距公路123米	553976 3317327	83	63	
86	溢洪道	沧水农庄前侧距公路20米	553874 3317322	115	64	
87	溢洪道	沧水北闸农庄西侧距公路20米	553693 3317392	113	65	
88	溢洪道	温新元住房西侧距公路20米	554493 3317441	110	66	
89	溢洪道	1+P20变压器处（华南垃圾池旁）	553461 3317487	105	67	
90	溢洪道	撮箕凹左侧移动塔下距公路20米	553297 3317668	106	68	

序号	管理单位	界 桩 界 址	坐标	高程/米	界桩号	备　注
91	溢洪道	2＋750 山体上距公路 20 米	553319 3317878	104	69	
92	溢洪道	学屋湾坝体下距截流沟 70 米处	553330 3318041	86	70	
93	溢洪道	学屋湾坝体下距截流沟 90 米处	553349 3318012	82	71	
94	北副坝	北闸村健身广场，距截流沟 20 米处	553196 3318321	103	72	
95	北副坝	北闸村花园坡，距截流沟 5 米	553168 3318094	93		
96	北副坝	张国华家门前洼地 100 米处	553158 3318107	91	73	
97	北副坝	北副坝 3 千米距截流沟 5 米	552984 3318114	98		
98	北副坝	北副坝 3 千米距截流沟 5 米	553000 3318122	93		
99	北副坝	北副坝 3 千米田边，距截流沟 12 米	553009 3318138	91		
100	北副坝	北副坝 3 千米田边，距截流沟 12 米	553026 3318144	90		
101	北副坝	北副坝 2＋900 处，距截流沟 5 米	553043 3318134	93		2＋930 处 110 米×37 米为确权面积
102	北副坝	北副坝 2＋850 处，距截流沟 10 米	553101 3318122	98		
103	北副坝	北副坝 2＋800 处，距截流沟 12 米	553122 3318084	95		
104	北副坝	北副坝 2＋750 处，距截流沟 8 米	553137 3318079	93		
105	北副坝	北副坝 3 千米路碑前	552949 3318095	102	74	
106	北副坝	肖志明屋后山体，距截流沟 20 米	552840 3318117	100	75	房屋距截流沟 18 米
107	北副坝	卓左新田角，距截流沟 20 米	552797 3318198	93		
108	北副坝	严士显园田角，距截流沟 20 米	552803 3318218	93		

序号	管理单位	界桩界址	坐标	高程/米	界桩号	备注
100	北副坝	卓左新田角，距截流沟5米	552773 3318178	92		
110	北副坝	卓左新对面树林边	552754 3318659	90		
111	北副坝	卓左新鱼塘边距截流沟20米	552737 3318119	92		
112	北副坝	卓左新屋前鱼塘边，距截流沟2米	552751 3318112	86		卓左新房屋距截流沟8米
113	北副坝	严士显屋前，距截流沟60米	552828 3318206	93	76	
114	北副坝	严士显屋后山体上，距截流沟20米	552805 3318283	103	77	
115	北副坝	严兴胜橘园角，距截流沟40米	552869 3318369	94	78	
116	北副坝	麦子湾山体，距副坝路沿25米	552798 3318461	105	79	
117	北副坝	刘家湾山体	552744 3318561	102	80	
118	北副坝	桃树湾北边山体距截流沟20米	552683 3318715	100	81	
119	北副坝	桃树湾樟树林，距截流沟20米	552641 3318327	90	82	距高林舫家96m，可确权面积96米×43米
120	北副坝	高林舫家后山上距离截流沟20米	552621 3318885	102	83	
121	北副坝	纪念碑对面山上，王传家后山距离副坝路沿24米处	552525 3319003	102	84	
122	北副坝	佳源饮品围墙塘边，距离副坝路沿26米处	552481 3319109	96	85	
123	北副坝	所前树林	552278 3319318	91		
124	北副坝	所前树	552276 3319343	92		
125	北副坝	所前树	552259 3319334	94		
126	北副坝	张南平墙边离墙50厘米	552265 3319349	95		

续表

序号	管理单位	界桩界址	坐标	高程/米	界桩号	备注
127	北副坝	李光耀家后，距离副坝路沿20米处	552416 3319198	93	86	
128	北副坝	所后园田	552312 3319394	104	87	
129	北副坝	所后园田	552288 3319411	104	88	
130	北副坝	刘绍春家后山	552245 3319426	107	89	
131	北副坝	刘绍春家后山	552254 3319389	104	90	
132	北副坝	北干渠进水口左侧山体上，距截流沟20米处	552285 3319213	102	91	
133	北副坝	纪念碑广场北边山脚，距离副坝路沿30米处	552445 3319032	100	92	纪念碑距副坝公路沿56米
134	北副坝	高林舫家对面山上距离截流沟20米	552568 3318885	104	93	
135	北副坝	桃树湾南岸山体距截流沟20米	552582 3318723	100	94	
136	北副坝	中华鲟码头，距副坝路沿20米	552667 3318586	102	95	
137	北副坝	梅元凤屋场进口右山体上	552767 3318390	106	96	
138	北副坝	肖家岭山体平台，距截流沟20米	552708 3318023	98	97	肖家岭副坝可确权面积110米×35米，坝高10米
139	北副坝	肖家岭副坝库内，距坝44米	552650 3318162	94		
140	北副坝	谢慈良承包山，距副坝公路路沿30米	552918 3318030	101	98	
141	北副坝	北副坝2+800库内山上，距坝沿20米	553083 3318041	101	99	
142	北副坝	强盗岭山体上距公路20米	553234 3317780	98	100	
143	北副坝	1+800距公路25米	553471 3317382	110	101	
144	北副坝	1-765距公路20米	553525 3317346	110	102	
145	北副坝	沧水北闸农庄前距公路20米（溢洪道11号）	553661 3317264	108	103	
146	北副坝	梦湖山庄大门东侧距公路20米（溢洪道10号）	553806 3317262	112	104	

序号	管理单位	界桩界址	坐标	高程/米	界桩号	备注
147	北干渠渠首	张珂明小河桥边距渠 14 米北岸	522458 3319384	90	1	
148	北干渠渠首	周传勤家小屋边距渠 20 米北岸	552848 3319405	90	2	
149	北干渠渠首	周小雄家旁边距渠 20 米北岸	553202 3319566	91	3	
150	北干渠渠首	彭宏言家旁公路边距渠 20 米南岸	553233 3319510	91	4	
151	北干渠渠首	水厂围墙边距渠 27 米南岸	552664 3319270	90	5	
152	南干渠渠首	李珂耀围墙边距渠 14 米南岸	552439 3319228	90	6	
153	南干渠渠首	廖书星家旁距渠 20 米北岸	555855 3314982	87	1	
154	南干渠渠首	罗应华家前距渠 10 米北岸	555917 3314914	92	2	
155	南干渠渠首	罗远林家前距渠 20 米北岸	555896 3314792	92	3	
156	南干渠渠首	公路桥下 13 米距渠 12 米南岸	556073 3314484	89	4	
157	南干渠渠首	向勇屋旁距渠 20 米南岸	556198 3314407	90	5	
158	南干渠渠首	肖登燕屋前距渠 20 米北岸	556358 3314329	91	6	
159	南干渠渠首	任世元屋前距渠 20 米北岸	556489 3314267	93	7	
160	澧干渠渠首	邓继平屋旁距渠 15 米南岸	556077 3314353	90		
161	澧干渠渠首	澧干渠 0＋150 距渠 20 米南岸	556067 3314298	90		
162	澧干渠渠首	澧干渠测流桥旁距渠 18 米处南岸	556239 3314280	91		
163	澧干渠渠首	澧干渠 0＋400 距渠 20 米南岸	556328 3314232	92		
164	澧干渠渠首	澧干渠 0＋500 距渠 20 米北岸	556406 3314191	95		

注　分布表中序号为界桩顺序号；有界桩号的为该界桩本身所刻号码，为确权划界界线；没有界桩号的仅是确权划界范围内目前实际控制使用界线。

表 6 - 4 　　　　　　　　　　　水库界碑填埋地点一览表

序号	位 置	备 注
1	包祥公司总部旁	
2	碧岛山庄公路边	
3	釉子圆路边	
4	南瓜山对岸	
5	包祥公司总部旁	
6	在兰竹山	胡中荣柑橘山即老十三嘴
7	5 号岛旁边西南方位	老十三嘴
8	5 号岛正南面	7 号、8 号、9 号三岛相邻即老十三嘴
9	5 号岛正南面	7 号、8 号、9 号三岛相邻即老十三嘴
10	5 号岛正南面	7 号、8 号、9 号三岛相邻即老十三嘴
11	老十三嘴最南边第一个岛	
12	老十三嘴最南边第二个岛	11 号岛正西边
13	10 号岛西边	
14	老十三嘴最南边第三个岛	12 号岛西南方位
15	13 号岛西边	
16	中华鲟养殖基地附近	
17	15 号岛西边	
18	李家河养殖场	
19	马脑山包祥公司值勤点	
20	李家河养殖场下游	内库坝对面
21	李家河养殖场上游旁	
22	李家河养殖场上游旁	
23	云台观	王马堰小学对面
24	苗圃对岸高压电杆下	
25	釉子圆对岸	
26	情人岛对面	高压双排杆下
27	欧家峪库汉进口处	潘家嘴对面
28	欧家峪库汉进口处	潘家嘴对面
29	南闸原柑橘山	
30	寨子山包祥公司值勤点	

表 6 - 5　　　　　　　　　　　　**涔水水库库区界桩埋设位置登记表**

桩号	界桩埋设位置描述	界桩位置海拔高程/米
1	樟木村内深田畜禽养殖有限公司牛舍房屋东西方向半山腰间	96.12
2	樟木村内深田畜禽养殖有限公司牛舍对面东南方向半山腰间	96.12
3	山泉村 7 组严克萍住宅东南方向公路旁	96
4	山泉村周文官门前冷水街三岔路公路旁	96
5	伍松村赵永宁责任田路角上，与山泉村交界	95.5
6	伍松村四组周户银责任田	95.5
7	分水岭 2 号台区 258—259 号电杆间公路边	96.12
8	白木洲与油榨口村交界点，风车口旁边往上游 100 米公路坡上	96.12
9	白木洲小学，7 组周启光后屋角，周舒安房前打场边	96.12
10	白木洲村 5 组洞马口桥西公路边	96.12
11	油榨口澧松桥东北角下 2 号电杆下边	96.12
12	罗家冲 1 组黄家湾码头之上、樟树下排水沟旁	96.12
13	响水洞村 4 组刘龙强房屋东面	96.12
14	四方桥村颜将军洞船码头离公路 15 米山坡上	96.12
15	桔秀山庄柑橘山下 100 米处（两山凹间）	96.12
16	肖家岭现梦里水乡房屋对面山坡上（至房屋的小路上）	96.12
17	位于澄松村 5 组孙继次责任田角处	95.5
18	位于澄松村 6 组刘严川责任田坝上	95.5
19	位于白木洲 7 组邹启古住宅旁上坡路边	96.12
20	位于白木洲罗家神交界点	96.12
21	位于罗家冲 1 组黄家湾章博学竹园旁	96.12
22	位于罗家冲 2 组牛角湾孙胜新田坝角上	96.12
23	位于薛家洞村 5 组杨焕平当口田边树下	96.12
24	位于樟木村 4 组高稻冲柑橘园中小路上	96.12
25	位于灵鹫寺柑橘园公路边	96.12
26	位于清水冲情人岛小路上	96.12
27	位于李河村 4 组章玉元柑橘园旁	96.12

表 6 - 6 沧水水库库区界桩编号及界址点

村	编号	位 置	备注
南闸村	1	南闸村原水泥厂纸袋仓库旁，水库清淤砂石堆放料场进出口路边拐角处	原 35 号点
	2	南闸村原大岩嘴水泥厂采石场平台上	原 36 号点
龙王垱村	3	南闸村与龙王垱村交界处高压电杆左侧 100 米处	原 37 号点
	4	原六泉电排站双排电杆左侧 100 米处	
	5	10 组肖显才承包山近库山体坡面上	
	6	李平承包山近库山体高压电杆旁	
	7	李平承包山近库山体养猪场下方低压电杆旁	
	8	李平承包山与王传杰、冉正源承包山交界处山坡上	
	9	9 组王家成承包山近库山体垮坡面上方	
	10	9 组王家成承包山右侧近库山凹坡面上	
	11	9 组王家成屋前方山嘴上	
	12	9 组肖安松房屋右前方 1000 米处，两棵杨树旁	原 39 号点
	13	9 组肖安松房屋前水田边	原 40 号点
	14	王启亚山嘴上，库区第一道拦渔网左岸山头	
	15	百鸽池山嘴李铁虎羊棚下面近库山体坡面上	
	16	龙王垱村 7 组，李家河渔场正对岸山嘴上	
	17	7 组周启全屋后山嘴旁	
	18	7 组周启全屋前侧下河小路边柿子树下	
	19	7 组周时贵屋前旱地边，螺丝坡下周厚华屋右侧	
	20	7 组刘兴华屋旁山嘴近库山体坡面上	
	21	龙王村与王马堰村分界点，位于寨子坡下马达山对岸	原 41 号点
王马堰村	22	8 组周书坊房屋左侧山嘴近库山体上	
	23	8 组周书明房屋左侧山坡上	
	24	8 组周书权屋前电杆下	
	25	8 组周书盟屋前承包山，进白庙冲左侧山坡上	
	26	8 组周世平屋旁，原南岸人渡码头	
	27	陈家湾山嘴上双排高压电杆下	
	28	张家湾渡船码头候船亭边	
	29	8 组唐汇美房屋左侧小路边	
	30	王马堰村 8 组章学新屋前公路边	原 42 号点
	31	7 组周章艳房屋对面山洼中	原 43 号点
	32	7 组周章艳屋前大树下	原 44 号点

续表

村	编号	位　　置	备注
	33	7组张珂明新屋旁山体坡面上	
	34	张家湾码头对岸山体上	陈家大堰背面
	35	陈家大堰库汉进口左侧山体坡面上	
	36	陈家大堰渔坝右侧山坡上	严爱青承包库汉
	37	陈家大堰进口右岸山体山坡上	
	38	7组周传云屋旁山坡上	叫花子坟山对岸
	39	7组肖安玲屋旁田边	
	40	7组周传华房屋下方200米处，油渣湾山嘴上	
	41	分水岭1号台区带变压器高压电线杆对岸，无名山嘴上	
	42	分水岭1号台区变压器对岸，肖达琪房屋西边山嘴上	
	43	7组肖达琪屋旁山嘴上（分水岭1台区高压电线杆下库汉内山注中）	原45号点
	44	分水岭1号台区双排高压电线杆所在山体下游山嘴上	
	45	7组周世平房屋对面，原分水岭人工渡船码头山嘴上	
	46	7组周平屋前山注200米处山坡上	
王马堰村	47	7组陈道新房屋西南方向200米处山坡上	
	48	白庙冲出口左侧山嘴上	
	49	大库进白庙冲进口处右侧第一个山注中坡面上	
	50	7组周启军屋旁柑橘园边山嘴上	
	51	三口堰进口左侧7组周远超屋后承包山坡上	
	52	7组周书军房屋东侧100米处，三口堰库汉坝头右侧山体上	原47号点
	53	7组周远超承包山头上	三口堰进口右侧山体
	54	7组刘新义承包山头近库左侧山体上	
	55	帐篷山对岸山坡风景树下	
	56	梳渣坡船码头山坡上	
	57	与27号岛相邻的周书涛承包山山嘴上	
	58	7组周书涛承包山嘴，毛家湾进口右侧山坡上	
	59	7组周世桥屋前下河小道边柑橘园内	
	60	7组周明承包山头新栽树旁	
	61	7组周明屋旁下河小道边	
	62	欧家峪进口左侧第二库汉进口右侧山坡上	
	63	欧家峪进口左侧第三小库汉进口右侧山坡上	

村	编号	位　　置	备注
	64	7组周厚树屋旁，欧家峪第四小库汊内原渔坝左侧山坡上	
	65	和尚桥南侧公路边	原48号点
	66	李绍英屋旁公路边电杆下（2～16号）	
	67	雷打桥山注中，三岔路（进欧家峪乡村公路）路边	
	68	欧家峪库汊内，6组周传卫屋前下河小道边（泡楼湾）	
	69	欧家峪库汊内，刘龙高书记屋旁山注过桥100米路边	
	70	欧家峪库汊内，张池元屋前	
	71	欧家峪库汊内，章贤平屋前坝旁	
	72	欧家峪库汊内，李家坡李绍芝屋前山注，柑橘树边	
	73	欧家峪库汊内，2组肖安胜与章学云之间山注下河小道边	
	74	欧家峪养殖基地旁，和尚桥北岸30米处	原50号点
	75	欧家峪张世全屋旁山洼右侧山坡上	
	76	欧家峪进口右侧第二山洼山体桃园地中	
	77	大库到欧家峪进口右侧山上田边	
	78	腊树湾张学进与肖安华房屋间下河小道上	原52号点
王马堰村	79	2组张学超门前左侧下河小道边	
	80	大库进欧家峪右侧，2组肖安全屋后300米山嘴上	
	81	2组张新平屋前路旁	清水堰山洼内
	82	1组刘主权屋旁柑橘园内	刘家河码头
	83	刘家河黄毛嘴山体上	忠祥渔业公司捕鱼居住点旁边
	84	1组张学云责任山下河路边	
	85	1组张贤东承包山山体上	原55号点
	86	1组张学齐承包山山坡旱地边	
	87	1组周孙章屋前承包山体上	
	88	羊牯岭张贤春承包山体上	坟山岗边
	89	张玉汉屋后田角上	
	90	1组周章江田坝下	周士兵屋旁老提水站，白鹤岭对岸
	91	1组沈继云屋旁柑橘园内	白鹤岭
	92	1组沈继华屋西侧金家溶台渠边	
	93	2组张玉平屋前下河小道旁	
	94	2组周文书责任田边	王马堰雨量站旁

续表

村	编号	位置	备注
王马堰村	95	2组张国成房屋西边路旁电杆下	原59号点
	96	2组张国喜屋旁三岔路路边，移民后扶项目碑旁	
	97	原王马堰小学后墙角柑橘园边	原60号点
	98	周成屋后侧张兴旺屋前柚子树下	原61号点
	99	3组张小红屋旁下河路边山坡上	
	100	3组周厚元屋后山嘴上	
	101	3组周章新屋前下河小道边	
	102	花桥峪进口左岸山坡上	
	103	3组沈继元屋旁下河路边	
	104	4组张芯园屋对面剪刀洼山坡上	
	105	4组罗德权屋旁山洼中	
	106	4组罗观权屋后禾场边，桃花岛正对岸	原62号点
	107	4组刘兴爱屋前竹林边，原忠祥公司值勤点旁	原63号点
	108	4组刘志银屋旁下河小道边	
	109	4组孙圣军屋前堰角田边	高山庙原64号点
	110	4组张学员屋前下河小道边	
	111	4组杨焕炳屋前下河小道边	
	112	4组夏孔兰屋前下河小道边	三渡口
	113	5组陈军屋前下河小道边	
	114	5组陈才军屋前下河小道边	肖家坪
	115	5组周厚池屋旁右侧田坝边	燕儿窝
	116	道士坡公路边	
	117	5组孙和平屋前侧公路边	
	118	张玉正屋前侧公路边	
	119	王马堰村与澧松村交界处上坡小路边	马蹄口，原65号点
澧松村	120	湖南省澧县火连坡镇澧松村3组章恩平屋前侧（六合桥）公路边	原66号点
	121	澧松村3组孙圣福屋旁下河小道边	
	122	澧松村（冷水街）3组严克平屋旁公路边	原67号点
	123	3组周启富与周启荣两屋之间小道边	原68号点
	124	2组孙维佳屋前侧公路边	原69号点
	125	皮士贵鱼池角上，裴德元家门前至鱼池路边	原70号点
	126	原三泉村与武松村交界处，赵永宁责任田田角边	原71号点
	127	澧松村4组赵永平责任田边	原72号点

村	编号	位　　　置	备注
	128	4 组赵兴芝责任田田角边	原 73 号点
	129	5 组周启银田边，离公路 5m 处堰边大树下	原 74 号点
	130	5 组孙昌群菜地角上	
	131	原武松与遭阳村交界处，孙继华屋前堤边	原 75 号
	132	6 组高学镇屋侧孙继志责任田田角边点	原 76 号
	133	孙志忠与高志平两屋之间电杆下	
	134	7 组长风火排水沟路边	
	135	7 组土地庙旁孙圣斌责任田田坝上	原 77 号点
	136	7 组周家屋场菜园边	
	137	澧松大桥下，刘斌川责任田田坝上油榨口村（24 个）	原 78 号点
	138	澧松大桥北岸桥边	原 1 号点
	139	6 组周章亮水田下田角边	
	140	6 组易家坝抽水站旁小路边	
	141	5 组寨子岭抽水站旁边山嘴上	
	142	5 组桑家河孙继斌门前水田旁边	
	143	风车口上游下河小道上，靠公路边	原 2 号点
澧松村	144	南河口 4 组张珂喜公路边旱地田角，转角电杆下	
	145	4 组周章海屋旁下河路边电杆下	
	146	4 组刘龙培屋前公路边	
	147	3 组周家喜旱地田坝边	
	148	3 组孙继琴屋旁公路边洼地内	原 3 号点
	149	3 组周家斌屋旁小路上电杆下	
	150	原南天希望小学后墙角路边	原 4 号点
	151	3 组周厚清屋旁山坡路边	
	152	3 组周启胜屋旁围墙边	
	153	3 组周爱民屋前空地边	
	154	3 组周厚民屋旁屋场空地边	
	155	1 组颜华为屋旁下河小道边水田角上	
	156	1 组颜福平旱地，下河小道边	
	157	颜家湾山嘴旱地田坝上	
	158	1 组金钟同屋前下河小道菜园边	
	159	1 组颜家湾颜移松屋旁颜学朗田边	
	160	1 组颜移松旱地边	
	161	1 组颜福义屋旁公路边	原 5 号点

村	编号	位　置	备注
张山堰村	162	6组周平章屋前下河小道边	
	163	6组张池云屋前下河小道边	
	164	陈俊超屋前三岔路口向西公路边	
	165	5组陈德全屋旁三岔路口，向南公路边	
	166	6组周建国屋前公路边	
	167	1组颜道生屋前下河小道边	
	168	1组颜道龄责任田田角公路边	
	169	1组连伍冲与油榨口村岔口交界处	友平和道望养鱼库汊内
油闸口村	170	1组颜福树屋旁下河小道边	
	171	1组颜道望屋旁公路边	
	172	1组颜世全屋旁电杆下，洞马口桥边	原6号点
	173	洞马口严世全屋前坡上	
响水洞村	174	1组沙子坡山洼右侧山坡上	原7号点
	175	牛角冲山洼林场小道边	
	176	1组牛角冲孙胜新旱地旁下河小道边	原8号点
	177	1组马达溪孙继华屋前下河小道旁	
	178	1组刘华平屋前下河小道边	马达溪庙嘴上
	179	1组张思平门前下河小道上，黄家湾码头边	原9号点
	180	4组桃花岛码头台阶旁	原11号点
	181	刘龙强老屋旁	原12号点
	182	刘兴佳屋右侧电杆下	大月口山洼
	183	进大月口山洼右侧山体坡面上	桃花岛后
	184	钱家嘴钱兴银屋前下河小道边	原13号点
	185	6组刘爱民屋前小道边	原14号点
	186	6组高林为屋前下河小道边	
	187	2组周汉章屋后旱地边，后山脊山洼中	
	188	7组张珂友屋旁，金堂湾山洼中	原15号点
	189	猴子岭山脚下	原16号点
薛家洞村	190	6组杨焕正屋前田边树下	原17号点
	191	泡桐湾6组张珂平屋旁山地里	原18号点
	192	6组曾庆喜屋前下河小道边	原19号点
	193	浑水堰山洼山嘴上	正对云台观

村	编号	位　　置	备注
薛家洞村	194	清潭湾向西山嘴柑橘园内	
	195	清潭湾5组张家华门前柑橘园内	
	196	龙须桥山嘴，5组张玉波屋旁下河小道边	
	197	5组章玉炎柑橘园内	原20号点
	198	龙须桥对岸山洼中，施珂贵柑橘山上	
	199	寨子山大山头对岸山体，5组张江波柑橘山上	
	200	野人冲进口左侧靠大库山体山坡上	
	201	浪子口3组张玉亭屋前下河小道边	
	202	浪子口黄生平屋前下河小道边	
	203	野人冲进口右侧第二个山体近库坡面上	
樟木溪村	204	野人冲出口横湾子山嘴上	
	205	7组张玉元柑橘园中，浪子口山嘴上	原21号点
	206	7组张玉福屋前空地边	
	207	潘家嘴4组周章华屋旁果子树下	
	208	王湾山洼尽头周章桂屋旁下河小道边	
	209	王湾库汉进口右侧山嘴上	樟木溪村计划建桥处
	210	炳家冲8组刘新权屋前山嘴上	
	211	渔坝湾山嘴上，晒纸塔、小河与李成鱼库坝体拐角处	
薛家洞村	212	原万福桥边，李成养鱼屋对岸山体上	公路边
	213	黄生平屋右侧，张国军屋前对面山洼旱地边	
	214	自生碑边3组张国孝屋旁下河小道边	
	215	3组张国忠屋旁柑橘园内	
	216	3组张玉德屋前山坳中	
	217	3组张珂新屋旁旱地山坡上	
	218	颜将军洞周春平屋前责任田边	原22号点
	219	张珂耀屋前公路边	
樟木溪村	220	原万福桥，李成养鱼屋旁公路边	原23号点
	221	颜将军码头公路边山坡上	原24号点
	222	5组严美霞屋前	金竹湾
	223	金竹湾进口右侧靠小河河心山体山坡上	
	224	6组陈茂清屋前	
	225	军座湾底靠小河河心山体坡面上	

村	编号	位　　　置	备注
	226	小河中段转角处右侧山嘴上	
	227	哑巴湾刘全忠屋前	
	228	进入小河的第五个山嘴上	
	229	进入小河的第二个山嘴上	
	230	四斗湾进口右侧山嘴上	
	231	军座湾6组张正华屋旁柚子树下	
	232	军座湾进口右侧第六个山嘴山坡上	
	233	军座湾内进口右侧第二个山嘴山坡上	
	234	于军座湾药公嘴山体山坡上	
	235	药公嘴后，张家湾对面山嘴上	
	236	橘秀山庄养猪场对岸山洼山嘴上	
	237	橘秀山庄对岸大洼内周家冲正面山嘴上	
	238	孙家湾山嘴，周章成屋旁果园内	原25号点
	239	刘新国屋旁小屋对岸的山嘴上	
	240	月亮湾对岸的山洼里	
樟木溪村	241	5组刘新权屋旁，张珂佳库汉坝体山坡边	
	242	张珂佳屋旁	
	243	李家湾对岸山嘴上	
	244	张松民禾场旁	原26号点
	245	月亮湾"福"字楼张珂池门前山嘴上	
	246	月亮湾山嘴上，刘新国对岸	
	247	章应雄祖坟后山坡上	
	248	养牛场后侧山坡上	原27号点
	249	刘新国屋后山体近库山坡上	
	250	5组刘新国屋旁小洼中	
	251	周传富屋旁左侧山体上	
	252	5组周建华屋前山上电杆旁	
	253	养牛场后陈志寿承包山上	
	254	橘秀山庄住房对岸山腰上	
	255	橘秀山庄养猪场山嘴下河小道边	
	256	橘秀山庄尽头两小山之间的山嘴上	
	257	橘秀山庄末端靠河心侧山嘴上	
	258	于橘秀山庄末端抽水房后侧低压电杆旁	

村	编号	位　　置	备注
樟木溪村	259	橘秀山庄张家山屋场电杆下	
	260	橘秀山庄抽水房高压电线转角处	
	261	1组黎风章屋后山体山坡上	
	262	养牛场山洼进口左侧山坡上	
	263	养牛场对岸老当铺山嘴上	
	264	1组周传美屋旁下河小道边	
	265	下斩将冲1组陈德训屋门口空地边	
	266	云盘岭东侧原粮食部门承包山头抽水房旁	
	267	云盘岭进口，原粮食部门大门左侧山坡上	原28号点
	268	村部右侧1组张新秀屋前相橘地里	
	269	村部后面对岸柑橘山山坡上	
	270	老关帝庙冲黄培友屋前	原29号点
	271	樟木溪与北闸村交界山体上	
北闸村	272	张新伟房屋右侧下河小道边	
	273	刘才利屋旁公路边	
	274	覃先为屋旁下河小道边	
	275	张卫国房屋右侧对面山洼右侧山坡上	
	276	黎风章屋对岸山嘴上	
	277	永国山洼底进口右侧山坡上	
	278	九岭岗纪念碑后山坡上	
	279	娃哈哈取水点趸船左侧对岸山坡边	
	280	原中华解码头路旁	
	281	肖家岭窑山山坡边	
	282	梦里水乡住房旁边小路路肩上	
	283	梦里水乡对岸准备修码头山坡上	
	284	谢慈良承包山靠北副坝所一侧山坡通讯电杆下	
	285	谢慈良桃子树承包山靠严世平一侧山坡上	
	286	强盗岭山体靠严世平一侧山坡上	
	287	强盗岭靠河中心侧山嘴上	原30号点
	288	强盗岭靠左侧山坡上	
	289	沧水明珠塔山下北面靠严万全房屋一侧山坡上	
	290	灵鹫寺大雄宝殿进口公路旁	原31号点

续表

村	编号	位　　置	备注
	291	情人岛上岛台阶旁，双板桥边	原32号点
	292	情人岛旁，立打鱼拉杆的山体山嘴上	原33号点
	293	灵鹫寺往倪意华承包山进口公路边	原34号点
北闸村	294	灵鹫寺山嘴与渔场柑橘山交界处，倪意华承包山入口旁	
	295	严万军屋前山洼右侧山体上，块石浆砌护堤上方	
	296	梦湖山庄左侧山体靠库中心侧山坡上	
	297	梦湖山庄靠河中心侧山嘴上，高压电杆F下100米处	
	298	梦湖山庄靠溢洪道柑橘场一侧山坡上	起鱼点对面
	299	梦湖山庄门房进口左侧山坡，流水人家山洼右侧山坡上	

　　2011年6月，为加强洈水灌区管理点及基地管理，进一步明确灌区管理和生产、生活用地权属与界线，水政大队在灌区各管理单位的支持和配合下，完成了灌区所有单位管理和生产、生活用地的边界清理和界桩埋设工作。在灌区无围墙管理用地及生产基地共埋设界桩109个。其中：快活岭段尤坪周边山林埋设界桩9个；杨林市段管理范围内埋设界桩31个，其中台山段前水田周边4个，段后山林周边4个，杨林市段旁山林边2个，段旁涵管厂周边6个，段后围墙外1个，段对面老杉树林周边4个，伍学文屋旁旱地周边6个，夏柏春屋后松树林周边4个；白马山段老洛河段周边12个；茶市段管理范围内埋设界桩37个，其中段意杨林边上6个，段旁山林边3个，唐家洼老段周边19个，唐家洼水田周边9个；碾盘段管理范围内埋设界桩20个，其中老碾盘段周边5个，老碾盘段对面水田边2个，北河老管理段周边7个，北河老段对面2块水田周边6个。

第七章

水库旅游发展及体制变更

洈水水库地处松滋市西南部，为长江三峡、荆州古城和湖南武陵源三个国家级风景名胜区的中心部位，地理位置十分优越。水库自然风光优美，山清水秀，景色宜人；水库大坝巍峨壮观，绵延万千米宛若巨龙；库区水面烟波浩渺，渔舟唱晚，波光粼粼；库中百岛错落有致，水上迷宫曲径通幽；溶洞成群各具特色，诗情画意，风光无限。

洈水水库旅游资源得天独厚，建成伊始就吸引了无数文人墨客的目光，百姓们也经常三五成群，结伴观赏游玩。改革开放以后，特别是 20 世纪 90 年代中期以来，随着国家经济飞速发展，人民生活日渐富足，大家对于旅游的需求也是快速增长。基于此，管理局和当地政府都认识到发展水库旅游业的重要性和紧迫性，迅速付诸实施，先后建成了环库公路等一批基础设施，筑巢引凤，招商引资。20 多年来，累计投资近 4 亿元，合理开发建设了一批旅游景点和接待设施，形成了日接待 3000 名游客的能力。目前，洈水旅游业仍在加速发展和不断完善，以适应游客快速增长的大好局面。

第一节　洈水水库旅游资源

洈水，古称油水，因其水流入公安县油江口而得名。

洈水，后称洈水，因水中有镇河山名曰"洈山"而得名。

洈水有两个源头，南支为湖南石门县太平镇川山，调之南河；北支为湖北省五峰县唐黄坪，也称南河。两支在湖北省松滋市卸甲坪乡两河口交汇，方称洈水。

洈水流域风光旖旎，景物奇特。上游重峦叠嶂，林木森森；下游沃野千里，河渠纵横。流域全长 201 千米，洈水水库工程居中而建。从 1958 年初建至 1980 年加固工程竣工，历经 22 载得以建成。全长 8968 米的水库大坝犹如一座巍峨的丰碑，而这座丰碑是由参与建设的松滋、公安和澧县两省三县数万民工的辛勤汗水和为建设水库而迁移他乡的库区移民付出的牺牲凝结而成的。这座宏伟的工程也为后来的旅游开发奠定了坚实的基础。

而今的洈水水库，宛如一颗璀璨的明珠，坐落于鄂西南大地，熠熠生辉。水库大坝蜿蜒曲折，恰似巨龙横亘，蔚为大观；2 座永久溢洪道、3 座灌溉输水闸、1 座坝后式水电站错落有致，点缀其间；巨大的洈水水库湖光山色美不胜收，妖娆多姿引人入胜。水库总库容 5.12 亿立方米，正常蓄水时水面面积 37 平方千米。清澈的湖水，微波荡漾；时遇雨天，烟雾袅袅，泛舟其间，恍若人间仙境；水库两岸，南大山、北大山相对而立，郁郁葱葱，四季常青，两岸青山吻白云，一泓碧波映蓝天。

水库建成后，库区形成了 150 余座岛屿，其中最大的李家河岛总面积 1 万余亩，环岛行舟其间，犹如穿行迷宫，此情此景，叫人流连忘返，不由发出"山重水复疑无路，柳暗花明又一村"的感叹。

除水库建成后形成的工程人文景观外，库区周边也有许多自然与人文旅游资源。

以北大山林场为核心的森林景观是当地人民群众长期封山育林而形成的林海，总面积 50 余平方千米，森林覆盖率在 70% 以上。林区动植物种类繁多，犹如天然氧吧，十分适宜人们休闲养生。

库区周边山地属喀斯特地貌，溶洞成群，现已发现的就有 10 余处，其中已经开发的新神洞（1996 年 5 月开放）、颜将军洞（2001 年 4 月开放）各具特色，吸引了大批游客旅游探秘。

库区人文景观丰富，不仅风土人情浓郁，而且文物古迹、历代传说众多，如东周楚墓群、三国古烽火台遗址，以及灵隐寺、云台观等寺庙遗址，其中：九岭岗起义纪念碑是为纪念松滋首任县委书记黄杰（徐向前夫人）1928 年初领导的九岭岗农民起义，弘扬先烈精神，鼓舞教育后人，由松滋县人民政府 1988 年设立；灵鹫寺于 1999 年 5 月移址重建，千年古刹重放异彩。

洈水水库作为我省重要的旅游目的地，区位优势十分明显，这里西望巴蜀大地，南接武陵潇湘，北临荆州古城。枝柳铁路距水库大坝仅 5 千米，与松滋境内两条高速公路交接点的距离 30 余千米，三峡大坝和荆州古城距此均为 100 千米，前往湖南张家界也不足 3 小时路程。得天独厚的地理位置和便利快捷的交通为洈水旅游的快速发展创造了十分优越的条件。

第二节   旅游业初期发展

20 世纪 90 年代以来，随着国家各项改革不断深入，国民经济发展水平快速提升，人民群众生活逐步走向富足，人民精神文化需求也逐年增加，前来洈水水库观光旅游的游客也与日俱增。为了抓住这一发展机遇，我们充分利用水库得天独厚的自然资源和人文景观，为发展水库旅游，壮大水利经济，同时带动库区周边群众脱贫致富，开展了一系列工作。

一、建立专门班子，明确发展目标

1994 年，经管理局党委研究并报上级批准，组建了"荆沙市洈水水库旅游开发公司"，与管理局合署办公，管理局局长兼任经理，公司以当时的洈水宾馆与随后改建的卓家山庄为基础形成日接待 150 人的住宿能力，计划在三年内，引进外来资金，兴建各类旅游设施，达到日接待 400 人的住宿规模，旅游业综合收入达到 700 万元。水库自身收入达到 200 万元。

二、兴建基础设施

1. 公路

1970年水库建成以后，由于不通公路，库区与外界联系主要是水上交通，进出十分不便。为了改变这一状况，库区各级干部群众致力修通公路，一直奋斗不止。20世纪80年代后期，管理局认真落实上级关于扶持库区脱贫致富的政策，将历年扶贫资金重点用于环库公路建设，经过多年努力，到1996年，已修通干、支公路共108.7千米，打通环库公路，不仅为库区人民带来便利交通，也为后来的旅游开发打下了基础。

2. 宾馆

1996年，管理局向湖北省水利厅借款60万元，自筹资金20万元，将原水电站办公楼改造成宾馆，定名"卓家山庄"。内设床位46张，并配套建有会议室、餐厅、娱乐室等。

1999年，管理局自筹资金300万元，对原洈水宾馆进行了翻修改造，同时新建了可同时容纳近300人开会和进餐的多功能综合楼。

1995年，协议引进荆州市国税局在溢洪道管理所内兴建"憩园山庄"。

1996年，协议引进资金，在溢洪道管理所内兴建宾馆，定名"碧岛山庄"，加上随后开发的别墅群，可容纳300余人住宿、进餐。

1997年，协议引进资金建成"梦湖山庄"别墅群。

2000年，管理局与松滋市地税局达成协议，在溢洪道管理所内建设培训中心，后定名"瀚泉村"。

3. 码头

1996年，管理局自筹资金50万元，在南副坝兴建渔港码头，同时方便旅游船只停靠，由洈水水库渔政船检港监管理站负责安全与签证管理。该码头于1998年经国家农业部农渔函〔98〕22号文确认公布。

渔港码头旅游船只安全及签证管理于2004年移交给交通部门。

2001年，引进海联投资公司"中华鲟养殖"项目，租用水面3000亩，由于多种原因，2003年停办。

2007年，水利部授予洈水水库"水利风景区"铭牌。

水库所在的松滋县（1996年撤县建市）十分重视洈水旅游开发。

1995年，荆沙市政府批准设立"洈水风景区管理委员会"，成员单位含市县两级有关部门和管理局，负责洈水旅游的管理和规划。

1996年年初，成立"洈水旅游开发区管理委员会（副县级）"，专门负责旅游开发相关事宜，付良全为书记兼主任。在付良全同志的带领下，开发区一帮人奋力作为，先后引进资金，开发了一批旅游设施和配套项目，取得了较大成果。

1997年，与管理局协商，借用北副坝兼修公路，将18余千米的洈水环库公路南路改造敷油，连接颜将军洞、新神洞等重要景点，2000 年竣工。

　　1996 年，由松滋市投资建设的新神洞景区建成。

　　1997 年，引进资金建成桃花岛景区。

　　1997 年，湖北省政府批准洈水风景区为省级风景名胜区。

　　1998 年，仙女井、滨湖公园景区建成。

　　1999 年，灵鹫寺移址重建竣工。

　　1999 年，"洈水国家森林公园"由林业部授牌。

　　2001 年，颜将军洞温泉景区建成。

　　1999 年，"松滋市西斋镇"更名为"松滋市洈水镇"；2005 年，洈水开发区并入该镇，合署办公。

　　由于旅游景点的不断增多，前来观光度假的游客也逐年增长，水库周边的群众抓住这一机遇，先后建起多家餐馆、旅店和农家乐，有效带动了库区经济发展，促进了库区人民尽快脱贫致富。

　　10 多年来，当地政府和水库管理局共同发力开发旅游业，洈水旅游业逐步兴起，影响力逐年增加，成为湖北旅游的重要组成部分。

第三节　"两保三共同"原则

　　管理局的主要职责是确保水工程的安全与完整，依法依规合理调度运用水资源。旅游业是水库的一项重要功能，也应该尽力而为。自 1995 年后，随着洈水旅游逐步开发，如何正确处理水工程和水资源保护与水库旅游发展的关系摆上重要议事日程。松滋市洈水旅游开发区管委会（以下简称"管委会"）组建成立入驻洈水后，积极招商引资，形成了一股开发热潮。然而，如何与之建立良好的工作关系，积极支持地方政府发展旅游业，同时又避免管理与开发"两张皮"所产生的矛盾与摩擦，形成既有利于水工程的管理与保护，又有利加快旅游业的建设与发展，最终实现合作共赢的良好局面。这些问题引起了管理局党委的高度重视。经过认真研究，管理局党委提出了"两保三共同"的开发管理原则，即"确保水工程安全与完整，确保水土不流失、水质不污染的前提下，管理局与管委会共同开发、共同管理、共同受益"，付良全表示完全赞同。随后，松滋市委、市政府有关领导也予以认同。

　　在管理局与管委会工作会商中，还统一了以下意见。

　　1. 划定开发红线

　　水库主体工程（含主坝、副坝、溢洪道、输水闸等）及禁脚、保护区内不得进行旅游开发。

　　水库 96.12 米及以下消落区权属归管理局所有，不得进行旅游开发。

水库工程留用地的旅游开发应报请上一级水行政主管部门批准同意后方可进行。

2. 管控游船规模

双方确定近期游船数量控制在 30 艘以内，如需增加，须经双方同意。

3. 控制水体污染

在水库周边兴建旅游设施，特别是宾馆、饭店和公厕，污水原则上一律向库外排放，不具备外排条件的，也需经过多级沉淀，经环保部门检测合格方可排放。

4. 建立会商机制

双方商定，建立定期会商制度，遇有特殊情况，可随时会商。同时双方办公室负责人为联络人，随时互相通报工作情况，交换意见。

由于"两保三共同"原则的提出和会商机制的建立，在 10 多年的旅游开发建设过程中，管理局和管委会互相配合，互相支持，基本保证了旅游开发合法、有序进行。在管理局引资开发的碧岛山庄及别墅群、憩园山庄、瀚海村和梦湖山庄都做到了污水外排设施同步设计，同时在施工过程中，管理局派专人现场监督，做到房屋与排污管道建设同步施工，同时竣工。1997—1998 年，管理局在库区巡查时发现个别投资商在正常高水位以下兴建围墙以及不经允许投放旅游船只等，遂向管委会通报情况，并当即制止和纠正。

第四节 "两圈一带"战略与洈水旅游

一、"两圈一带"战略

2004 年以来，湖北省委、省政府统筹考虑，全盘谋划全省总体发展，先后提出了建设武汉城市圈、鄂西生态文化旅游圈和加快湖北与长江经济带开放开发的战略构想，其中，武汉城市圈于 2007 年批准为"全国资源节约型和环境友好型社会建设综合配套改革试验区"。2008 年 11 月，湖北省委、省政府印发《中共湖北省委、湖北省人民政府关于建设鄂西生态文化旅游圈的决定》。2009 年 7 月，湖北省委、省政府印发《关于加快湖北长江经济带新一轮开放开发的决定》。至此，湖北"两圈一带"总体战略形成。"两圈一带"是一个有机的整体，既要统筹考虑，整合资源，又要彰显三个板块的个性特色。

1. 武汉城市圈

武汉城市圈即"1＋8"城市圈，包括武汉、黄石、鄂州、黄冈、孝感、咸宁、仙桃、天门、潜江。其中武汉为中心城市，黄石为副中心城市。

武汉城市圈的规划重点是构建"一核一带三区四轴"的区域发展格局和"一环两翼"的区域保护格局。

一核：武汉都市发展区；一带：鄂州、黄石、黄冈城市组群发展区；三区：仙桃、潜江、天门，孝感应城、安陆、咸宁赤壁、嘉鱼三个城镇密集发展区；四轴：四条区域发展轴线。

一环两翼：建设武汉主城区周边50千米环状生态区域；以大别山脉、幕阜山脉为主体的两大生态区域。

2. 长江经济带

长江经济新一轮开放开发的主要目的在于依托长江黄金水道，最大限度发挥长江的综合运输效益。规划的重点是：立足于长江港口，依托长江黄金水道、高速公路、铁道、航空等交通干线，实现多种运输方式间的客运"零换乘"和货运"无缝衔接"，促进长江水道与纵向、横向出省快速通道相连接，此举对于我省乃至中部地区经济社会发展都具有重大意义。

3. 鄂西生态文化旅游圈

鄂西生态文化旅游圈的基本内涵是"以丰富的生态文化资源为基础、以发达的旅游业为引擎，推动区域联动、资源整合、整体开发、互利共赢，促进鄂西地区又好又快发展，加快湖北省全面建设小康社会的进程，努力构建促进中部地区崛起的重要战略支点。"

鄂西生态文化旅游圈发展的基本原则是：

（1）统筹规划，有序发展；

（2）政府主导，市场运作；

（3）改革体制，创新机制；

（4）突出特色，打造精品；

（5）资源共享，开放合作；

（6）保护优先，和谐发展。

鄂旅投于2009年5月正式挂牌运行。公司注册资本金为10.2亿元，由湖北省政府和宜昌、襄阳、十堰、荆州、荆门、恩施、随州、神农架等8市（自治州、林区）以及中国长江三峡集团公司、中国建筑第三工程局有限公司、湖北宜化集团、湖北鸿信资产管理有限公司共同出资，湖北省政府控股。公司首任党委书记、董事长马清明。

2009年是鄂旅投建设的开局之年，当年投资56亿多元，动工建设35个项目，实现旅游总收入338.7亿元，同比增长31.38%，年底，鄂旅投资产总额达到27亿元，实现利润300万元，取得了当年筹建、当年挂牌、当年建设、当年盈利的成绩。截至2015年年底，鄂旅投资产总额已突破50亿元。

二、湖北浠水旅游发展有限公司成立与运作

由于浠水水库体制问题，鄂旅投暂时先行运作浠水旅游开发。2010年12月，鄂旅投注入货币资本1700万元成立了全资子公司——湖北浠水旅游发展有

限公司。2011 年 11 月 8 日，公司正式成立，鄂旅投党委书记、董事长马清明、荆州市副市长刘曾君出席成立大会并为公司揭牌。湖北省国资委、省水利厅、省旅游局、荆州市政府和鄂旅投等部门相关负责人出席。

洈水旅游发展有限公司首任董事长由鄂旅投派员兼任，管理局党委书记、局长王联芳出任总经理。公司内设综合、财务、工程、营销等部门，工作人员除鄂旅投下派少数人员外，主要由管理局从所属各单位抽调精干力量充任。

2012 年 4 月，王联芳从管理局调往鄂旅投，任洈水旅游发展有限公司董事长，陈飞任总经理。

2014 年，王联芳改任他职，鄂旅投荆旅集团董事长吴昌银兼任洈水公司董事长，管理局党委书记、局长廖光耀为副董事长。

洈水旅游发展有限公司自成立以后，在规划编制、项目开发、旅游管理等方面做了大量工作，取得了一定成效：

（1）编制中长期旅游发展规划，制定近期工作目标。

（2）整治渔港码头，将民营游船全部作价收购，淘汰老旧船舶，先后打造两艘大型游艇、一艘趸船，组建专门机构从事经营管理。

（3）兴建南山观景台及其附属设施。

（4）兴建李家河生态旅游景点，定名"生态岛"。

（5）兴建办公大楼。

（6）兴建洈水假日酒店。

在洈水旅游发展有限公司的努力下，洈水旅游呈现出快速发展的良好局面，游客人数逐年递增。2012 年为 1.23 万人次，2013 年为 18 万人次，2014 年为 24 万人次，2015 年达到 28 万人次。

2012 年 9 月 19 日，成立松滋佳园房地产开发有限公司子公司。

2015 年 7 月 9 日，成立湖北洈水旅游发展有限公司假日酒店分公司。

2015 年 5 月，洈水假日酒店建成开业后，接待量远超预期，截至当年年底，共完成营业收入 319.06 万元，实现开门红。

第五节　洈水水库体制变更

鄂旅投挂牌运行以后，随即对洈水工程管理进行了调研，并初步摸清水库运行管理、资产结构、人力资源等基本情况。由于诸多因素所限，管理局一直维持原管理体制。到 2014 年，湖北省国资委决定将洈水水库整体上收到鄂旅投，在征得有关各方一致认同后，于 2016 年 3 月，鄂旅投与荆州市政府签定协议，洈水水库整体划转到鄂旅投。

一、开展调研，摸清底数

2009 年 5 月鄂旅投成立后，为充实公司国有资本金，壮大资产规模，使其更好地履行投融资平台职能，湖北省政府下发了《省人民政府办公厅关于印发三库五场两宾馆国有资产资本划转方案的通知》（鄂政办函〔2009〕91 号），将洈水水库非经营性资产 2.29 亿元和经营性资产 3879.63 万元的资产整体划转到鄂旅投。

同年 6 月 11 日，湖北省国资委会同省水利厅专程到洈水开展调研活动，主要了解洈水水库纳入鄂西生态文化旅游圈有关资产划拨、管理体制等相关情况。管理局领导向调研组汇报了水库运行管理体制、资产规模、人员结构等情况，明确提出：解决好洈水水库管理体制问题是划转资产的前提条件，应该将洈水水库等同于漳河水库，交由省水利厅管理，由省财政按政策将事业编制内人员经费纳入省财政预算，水库旅游开发交由鄂旅投管理。

2013 年，管理局向荆州市水利局行文《关于要求理顺管理体制的请示》。荆州市水利局转文向荆州市政府请示，荆州市政府支持洈水水库有关意见，并向湖北省政府行文报告。湖北省政府回复：要求管理局充分发扬民主，广泛征求全局干部职工意见。但由于省直有关部门明确表示不同意荆州市政府意见，此次资产划转工作暂时告一段落。

二、《关于理顺洈水水库管理体制的请示》

随着洈水旅游业的迅猛发展，洈水水库体制问题逐渐成为制约发展的瓶颈。如不尽快解决，将难以充分利用现有资源和资产建成促进旅游发展的投融资平台，使得旅游开发后继乏力。为有效应对这一难题，2014 年 8 月，鄂旅投向湖北省政府行文《关于理顺洈水水库管理体制的请示》（〔2014〕158 号），提出将洈水水库整体上收到鄂旅投，同时将这一设想通报给湖北省国资委、省水利厅、省编办和荆州市政府，广泛征求意见。

得知这一情况后，管理局党委书记、局长廖光耀和局党委一班人以高度负责的态度，认真慎重进行了研究。大家意识到，洈水整体划转到鄂旅投是一件十分重大的事情，必须谨慎对待。一是要充分权衡整体划转的利弊得失，预见由此可能产生的问题和矛盾，谋划应对措施；二是要认真听取职工意见，集思广益；三是要尽力争取荆州市政府及有关部门的大力支持。

随后，廖光耀率人多次前往湖北省政府和荆州市政府及有关部门反映问题，据理力争，陈述管理现状以及划转利弊得失，谋求最佳解决问题的办法。同时，先后几次参加省政府和市政府专题协调会，付出艰苦努力，最大限度争取全局干部职工利益。

同年 12 月 29 日，廖光耀主持召开全局干部职工代表座谈会，通报有关情况。与会人员积极讨论发言，形成如下综合意见：

（1）局党委及干部职工代表原则上同意将洈水水库整体上收至鄂旅投。

（2）妥善处理职工养老保险。建议采取"老人老办法、新人新办法"的原则，对已进入荆州市事业养老保险的职工保持原有性质不变，对未进入事业养老保险的职工或新进职工，按企业养老保险予以保障。

（3）切实保障干部职工待遇。干部岗位职级、技术职称参照事业单位管理，工资、福利待遇不低于现有标准。

三、有关回复意见

鄂旅投向湖北省政府请示报告并通报给湖北省国资委、省水利厅、省编办和荆州市政府后，以上各单位均引起高度重视，回复如下。

1. 省国资委意见

洈水水库国有资产2010年划入鄂旅投后，由于资产权属、人事管理和职工的利益保障脱节，使鄂旅投一直不能有效开发利用洈水水库旅游资源。2015年1月，根据省政府对荆州市政府要求将洈水水库上收省管报告的批示意见，省国资委和鄂旅投与省编办、省财政厅、省水利厅就相关事项进行了沟通，洈水工程管理局就职工身份转换问题征求了洈水水库职工意见。

为了彻底解决鄂旅投对洈水水库旅游资源开发利用存在的问题，应尽快理顺洈水水库管理体制。我委建议省政府同意将洈水水库人、财、物整体划转给鄂旅投，划转后，水库公益性职能的管理职责仍保持不变，省市财政拨付水库的相关经费保持原有渠道和来源不变。

2. 省水利厅意见

我厅拟同意将洈水水库人、财、物统一划转给鄂旅投。

洈水水库现无确定的事业经费、维修养护经费，以后若有此项经费，我厅将根据中央和省级财政专项资金安排情况，按相关管理办法分配下达至荆州市，具体分配给洈水水库的经费渠道和来源是否变更由荆州市确定。

3. 省编办意见

我办对洈水水库人、财、物整体划转至鄂旅投无不同意见。关于荆州市政府提出的"整体划转后，保留洈水工程管理局牌子和现有在编人员编制关系，维持洈水工程管理局的公益二类事业单位性质不变"等具体事项应由荆州市按照政府职能转变、事业单位分类改革等政策精神，结合实际研究确定。同时，建议荆州市在划转工作中，要按照"事企分开"原则，科学划分洈水水库的经营性职责和公益性职责，经营性职责由鄂旅投公司承担，防汛抗旱、协调调度等公益性职责由荆州市政府承担。

4. 荆州市政府意见

同意将洈水水库人、财、物整体划转给鄂旅投，建议整体划转后，保留洈水工程管理局牌子和现有在编人员编制关系，维持洈水工程管理局的公益职责及公益二类事业单位性质不变。公益性经费由鄂旅投负责解决，业务工作由省水利厅负责管理。

妥善处理职工养老保险、工资及福利待遇等。建议职工养老保险采取"老人老办法、新人新办法"原则，对现已进入荆州市事业养老保险的职工保持原有性质不变，继续执行事业单位养老保险政策；对未进入事业养老保险的职工或新进职工，按企业养老保险标准予以保障。

5. 省政府意见

鄂旅投报请省政府支持将洈水水库人、财、物统一划转给该公司，并对洈水水库现已落实的事业经费、维修养护经费保持原有渠道和来源不变。

省编办、省水利厅、省国资委、荆州市政府经研究，同意将洈水水库人、财、物统一划转给鄂旅投。省编办提出，整体划转后保留洈水工程管理局牌子和人员编制关系、维持其公益二类事业单位性质等具体事项由荆州市研究确定。省水利厅提出，洈水水库现无确定的事业经费、维修养护经费，以后若有此项经费，将按相关管理办法分配下达至荆州市。省国资委建议，划转后，水库公益性职能的管理职责保持不变，省市财政每年拨付水库的相关经费保持原有渠道和来源不变。荆州市政府建议，划转后，保留洈水工程管理局牌子和现有在编人员编制关系，维持其公益职责及单位性质不变，公益性经费由鄂旅投负责解决，业务工作由省水利厅负责管理，并妥善处理职工养老保险、工资及福利待遇等。

经衔接，建议同意将洈水水库人、财、物统一划转给鄂旅投，对洈水水库现已落实的事业经费、维修养护经费保持原有渠道和来源不变，超出部分由鄂旅投负责，请省水利厅、荆州市政府继续给予积极支持；关于洈水水库业务管理问题，建议请荆州市政府与省水利厅协商确定。

四、洈水水库整体划转

在各方形成一致意见的情况下，洈水水库整体划转前期工作进入实质操作阶段。经由鄂旅投牵头组织的洈水水库经营资产核算，水库总资产为 279554.69 万元，其中土地资产为 250271.70 万元，净资产为 276757.02 万元。

2016 年 3 月 29 日上午，管理局整体移交鄂旅投签约仪式在洈水假日酒店隆重举行。签约仪式由荆州市委副书记施政主持。湖北省国资委副主任胡铁军，鄂旅投党委书记、董事长马清明等领导与会。荆州市委副书记、市长杨智与鄂旅投党委副书记、总经理刘俊刚签订《荆州市洈水工程管理局整体移交协议》，协议如下：

（1）荆州市人民政府同意将荆州市洈水工程管理局所属的人、财、物整体移交至鄂旅投。鄂旅投应充分利用洈水水库旅游资源，依法对库区周边区域进行旅游开发。旅游功能服从防洪、调蓄、灌溉、抗旱、水资源管理工作。

（2）荆州市人民政府同意继续保留荆州市洈水工程管理局机构，维持荆州市洈水工程管理局的公益职责及公益二类事业单位性质不变。移交后，荆州市洈水工程管理局与鄂旅投全资子公司湖北洈水旅游发展有限公司合署办公，实行"局司一体""两块牌子、一套班子"的管理模式。荆州市洈水工程管理局主要负责人的任免由鄂旅投与荆州市委组织部、荆州市水利局沟通，由鄂旅投进行任免。

（3）荆州市洈水工程管理局原涉及的业务工作仍由荆州市水利局负责管理。荆州市水利局、农业局继续委托荆州市洈水工程管理局洈水水库水政监察大队和洈水水库渔政船检港监管理站，分别负责洈水流域水政执法和洈水库区渔政执法。

（4）荆州市人民政府同意荆州市洈水工程管理局职工养老保险实行"老人老办法，新人新办法"，荆州市洈水工程管理局与职工签订的原劳动合同继续执行，对现已进入荆州事业单位编制的 273 名职工保持原有机关事业保险性质不变，对未进入事业单位编制的职工或新进职工，按企业养老保险政策执行。

（5）荆州市人民政府对荆州市洈水工程管理局部门预算等经费支出以每年 200 万元为基数，实行定额核补。2016 年荆州市人民政府另行列支专项资金 47 万元。荆州市洈水工程管理局一次性向市财政归还世行贷款 713749.20 元。荆州市人民政府继续支持荆州市洈水工程管理局向上申报项目，经费的争取工作按原渠道、原程序不变，荆州市洈水工程管理局项目所需配套资金由鄂旅投负责解决。

（6）由鄂旅投牵头，荆州市洈水工程管理局参与成立整体交接工作专班，按照制定的《洈水水库人、财、物整体接收工作实施方案》，结合荆州市国资委 2010 年下达的洈水水库划转资产确认及资产评估核准意见（荆国资发〔2010〕75 号）实施移交，移交的人、财、物以荆州市洈水工程管理局 2015 年 12 月 31 日财务决算报告反映的情况为准。

至此，管理局与鄂旅投全资子公司——湖北洈水投资发展集团有限公司合署办公，实行"局司一体""两块牌子、一套班子"的管理模式，洈水水库亦正式成为鄂旅投的重要成员，以全新的面貌展现在世人面前。可以预见，"洈水投资发展集团有限公司"必将会创造出更加辉煌的业绩，奔向更加美好的明天！

第八章

组织机构

20 世纪 90 年代中期，洈水水库事业逐渐进入稳步发展阶段，经荆州市委多次调整、充实，管理局体制不断明确，机构逐步完善，并于 1998 年被荆州市编委明确为正县级事业单位，隶属荆州市水利局领导，实行党委领导下的局长分工负责制。至 2016 年 3 月，全局在册职工 485 人，其中在职 295 人，离退休 190 人。

第一节 机 构 沿 革

一、1998 年定编

1998 年，荆州市实行事业单位机构改革，荆州市编委以《关于印发〈荆州市洈水工程管理局机构改革方案〉的通知》（荆机编〔1998〕187 号）文件规定，管理局为正县级事业单位，隶属荆州市水利局领导，核定事业编制 450 名，所需人员经费自收自支。局领导 6 名（其中局长 1 名、书记或副书记 1 名、副局长 3 名、纪委书记 1 名），科级领导职数 70 名（正科 30 名，副科 40 名）。内设机构 27 个，其中机关科室 10 个（办公室、政工科、工程管理科、通讯科、计划财务科、综合经营办公室、水政水资源监察大队、松滋市渔政船检港监管理站洈水分站、设计室、保卫科），工程管理单位 8 个（大坝管理所、南副坝管理所、溢洪道管理所、北副坝管理所、快活岭管理段、金星管理段、杨林市管理段、金星灌溉试验站），生产经营单位 10 个（电站、供电所、建安公司、养殖场、特养场、洈水宾馆、培训中心、物业中心、供水站和加油站）。

二、2005 年定编

2003 年，水利部针对全国水利工程管理单位人员经费、维修养护经费和公用经费无法落实的现状，根据《国务院办公厅转发国务院体改办关于水利工程管理体制改革实施意见的通知》（国办发〔2002〕45 号），发起水利工程管理单位体制改革，真正解决水管单位体制不活、机制不顺、编制落实和经费保障难等问题。管理局因改革的复杂性和艰巨性被纳入省、市改革试点单位，历经 2003 年启动、2005 年定编、2008 年验收、2009 年落实部分经费等过程。荆州市编委以《中共荆州市委编制委员关于印发〈管理局机构改革方案〉的通知》规定，管理局为准公益性事业单位，机构级别相当正县级，隶属市水利局领导，核定事业编制 260 名，人员经费纳入财政预算，近期由财政监管实行以收抵支。局领导 6 名，其中局长（兼书记）1 名，副局长 3 名，副书记兼纪委书记 1 名，总工程师 1 名，工会主席由一名副局长兼任（2007 年荆州编委以〔2007〕50 号文件增配专职工会主席职数 1 名）。科级领导 60 名（正科 25 名，副科 35 名）。内设机构 21 个，其中机关科室 8 个（办公室、计划财务科、工程管理科、信息中心、人事劳动科、经营管理办公室、党群办公室、政策法规科），直属单位 13 个（大坝管理所、溢洪道管理所、南副坝管理所、北副坝管理所、快活岭管理段、金星管理段、杨林市管理段、金星灌溉试验站、台山管理段、水政水资源监察大队、渔政船检港监管理站、水利工程维修队、后勤服务中心）。此次改革实行事企分离，生产经营单位和人员退出事业机构与编制，实行人员分流。尽管完成了单位定性定编和人员分流，但关键经费问题因荆州财政困难未得到落实，未能实行编制实名制，湖北省水管体制改革督导组多次到荆州检查落实，荆州市编办以《中共荆州市编委办公室关于管理局有关机构编制问题的通知》规定，管理局核定机关29名全额预算事业编制，另水政水资源监察大队4名、渔政站6名事业编制实行定额补助。尽管经费较少，但洈水第一次被纳入荆州市财政预算，得到经费保障，是一个较大的进步。

三、2009年北干渠整体移交定编

2009年松滋北干渠整体移交管理局，根据《中共荆州市委编委办公室关于管理局北干渠机构设置和人员编制的批复》（荆编办〔2009〕8号）文件精神，设置白马山、茶市、培里桥、碾盘四个正科级管理段，新增事业编制16名，新增科级领导职数8名（正科4名，副科4名）。

四、2014年定编

根据《中共中央、国务院关于分类推进事业单位改革的指导意见》（中发〔2011〕5号）文件精神，所有事业单位实行分类改革。荆州市编委以《中共荆州市编制委员会关于市直党政机关编制调整和事业单位类别划分及改革意见等事项的通知》（荆编〔2014〕14号）对全荆州市所有事业单位进行分类定性，确定管理局为公益二类事业单位，相当正县级，核定事业编制45名，实施事企分开改革，按保留15%的管理人员核定事业编制。

第二节 内 设 机 构

一、现有机构

按照荆编〔2005〕35号文件，内设机关科室8个，直属单位13个，另外还有未列入事业编制生产经营单位5个。

二、有关机关科室变更

政工科：为和上级保持一致，2015年更名为人事劳动科。

派出所：1998年松滋市公安局以松公发15号文件撤销松滋市内14个企事业公安机构，包括洈水水库派出所，并上收印章、警械警具和执法用具。派出所撤销后，荆机编〔1998〕187号批准设立保卫科，行使内部保卫和维稳、法制职能。2005年撤销保卫科，设立政策法规科，主要职能为社会管理综合治理、法律法规宣传教育、执法部门管理等。

计划财器科：1998 年更名为计划财务科。

通讯科：根据实际需要和科技进步，2005 年更名为信息中心。职能除水雨情预测预报、气象预报、水文情报外，增加通信、灌区自动化测控、有线电视和局域网建设等。

综合经营办公室：1998 年划归总公司业务部，1999 年仍为管理局综合经营办公室，2005 年更名为经营管理办公室，作为机关专门服务生产经营单位的部门。

水政室：1998 年撤销水政室，成立水政水资源监察大队，受水利局水政支队委托执法。

渔政站：松滋市渔政船检港监管理站洈水分站原在洈水水库派出所下面开展渔政执法工作，1999 年按照湖北省水产局鄂渔检监 50 号文件，更名为荆州市洈水水库渔政船检港监管理站。2005 年作为管理局二级单位确定机构级别为正科级，受荆州市水产局委托执法。

设计室：2005 年撤销设计室。

三、党群组织

1. 局党委

1996 年 6 月，管理局党委班子成员调整，雷正立任党委书记。

2005 年 9 月，管理局作为荆州市委组织部试点单位，举行第一届班子成员选任聘任大会，也是荆州市第一次实行班子竞聘上岗，当时荆州市水利局系统多家单位来洈水观摩学习。王联芳任党委书记。

2009 年 5 月，管理局举行第二届班子成员选任聘任大会，王联芳任党委书记。

2013 年 5 月，管理局举行第三届班子成员选任聘任大会，廖光耀任党委书记。

管理局历任党委成员、局领导见表 8 - 1。

表 8 - 1　　　　　　　管理局历任党委成员、局领导一览表

党委书记	党委成员	行政职务	任命时间	任命机关	备 注
雷正立	裴德华	局长	1996 年 6 月	荆沙市委组织部	刘英杰（1996 年 4 月被水利局任命为局长助理）
	邹法享	副局长	1992 年 10 月	荆沙市委组织部	
	黎孔明	副局长	1994 年 6 月	荆沙市委组织部	
	陈能武	副局长	1994 年 6 月	荆沙市委组织部	
	李选胜	纪委书记	1996 年 6 月	荆沙市委组织部	
	王联芳	副局长	2000 年 6 月	荆州市委组织部	
	陈能武	工会主席	2000 年 6 月	荆州市委组织部	

续表

党委书记	党委成员	行政职务	任命时间	任命机关	备　注
雷正立	王联芳	局长	2002 年 10 月	荆州市委组织部	裴德华（任调研员）
	李选胜	党委副书记（兼）	2002 年 10 月	荆州市委组织部	
	廖光耀	副局长	2002 年 10 月	荆州市委组织部	杨传顺（2000 年 11 月助理调研员）
	郭培华	副局长	2003 年 1 月	荆州市委组织部	
王联芳（兼局长）	李选胜	副书记、纪委书记	2005 年 9 月	荆州市委组织部	肖习猛（2005 年 9 月被水利局任命为局长助理）
	廖光耀	副局长	2005 年 9 月	荆州市委组织部	
	郭培华	副局长、工会主席	2005 年 9 月	荆州市委组织部	
	庚少东	副局长	2005 年 9 月	荆州市委组织部	
	曾 平	总工程师	2005 年 9 月	荆州市委组织部	
	朱 峰	党委委员	2005 年 9 月	荆州市委组织部	
王联芳（兼局长）	李选胜	副书记、纪委书记	2009 年 11 月	荆州市委组织部	
	廖光耀	副局长	2009 年 11 月	荆州市委组织部	
	郭培华	副局长	2009 年 11 月	荆州市委组织部	
	庚少东	副局长	2009 年 11 月	荆州市委组织部	
	曾 平	总工程师	2009 年 11 月	荆州市委组织部	
	肖习猛	工会主席	2009 年 11 月	荆州市委组织部	
廖光耀（兼局长）			2012 年 5 月	荆州市委组织部	
	郭培华	副书记、纪委书记	2013 年 5 月	荆州市委组织部	
	庚少东	副局长	2013 年 5 月	荆州市委组织部	
	曾 平	总工程师	2013 年 5 月	荆州市委组织部	
	肖习猛	工会主席	2013 年 5 月	荆州市委组织部	
	陈卫东	副局长	2013 年 5 月	荆州市委组织部	
	陈明红	副局长	2013 年 5 月	荆州市委组织部	

　　管理局历来实行党委统一领导下的分工负责制，党委根据生产实际情况下设若干党支部，严格实行"三会一课"制度和民主评议党员制度。2016 年设立党支部 9 个：机关党支部、直属党支部、枢纽党支部、渠道党支部、建安党支部、电站党支部、供电党支部、多经党支部、老年党支部，中共党员合计 195 人，其中在职党员 116 人，离退休党员 79 人。

　　机关科室、直属单位历任主要负责人见表 8-2。

　　管理局组织架构见图 8-1。

表 8 - 2

机关科室、直属单位历任主要负责人一览表

任职时间	办公室	人事劳动科（政工科）	工程管理科	信息中心	计划财务科	经营管理办公室	党群办、工会	政策法规科	建设科	水政大队	渔政站	物业中心	派出所	备注
1996年4月	李选胜	李选胜	彭发茂	彭发茂	李开星	肖元国	杨光仲						胡圣权	胡圣权（指导员）
1997年1月	李成名					陈隆斌	喻昌杰							喻昌杰（纪委副书记）
1998年5月	肖元国				雷体福									
1999年1月			廖光耀											
1999年5月		陈隆斌								胡圣权				
2000年8月				庹少东								龚才典		
2001年7月							李成名				朱先红			
2002年2月							龚才典					成德万		
2002年6月						黄佑帮				向阳				
2003年2月			庹少东 曾平			张天锋								
2006年3月	陈明红		向敏 彭发茂	孙青桥	胡兴武	朱峰 江心林		向阳		陈祖明	胡守超	吴值权		陈明红（副科主持） 彭发茂（设计室主任） 孙青桥（副科主持） 江心林（主任工程师） 肖元国（主持党群办工会）
2009年12月	陈明红	陈华明	陈祖明	孙青桥	路光军	路光军	杜世平		黄少华 向敏	揭勇军				向敏（副总工）
2014年1月	张天锋		孙青桥	吴林松		揭勇军	夏训道			朱峰	张虎			夏训道（工会副主席） 张虎（副科主持）

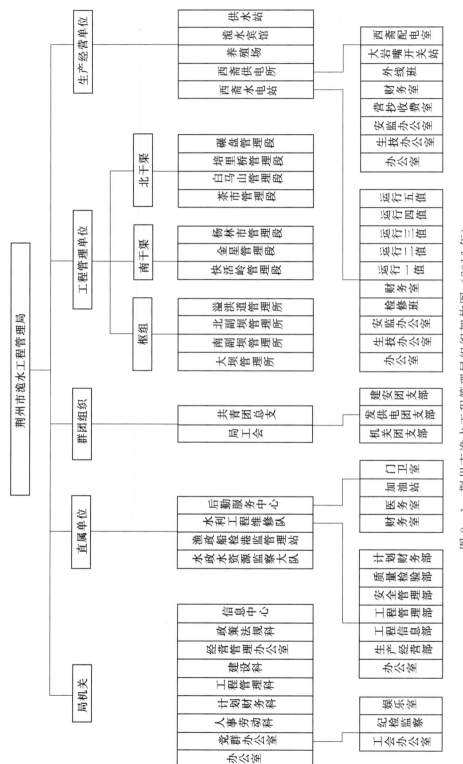

图 8－1　荆州市漳水工程管理局组织架构图（2016 年）

2. 纪律检查委员会

1996 年 6 月，李选胜任管理局纪委书记，喻昌杰任纪委副书记；2005 年 9 月，李选胜任党委副书记兼纪委书记，肖元国、陈隆斌任纪委委员；2013 年 5 月，郭培华任党委副书记兼纪委书记，肖元国、陈隆斌任纪委委员。

3. 群团组织

（1）工会。1996 年 4 月，杨光仲任工会主席。2004 年，荆州编委以荆编〔2004〕13 号发文同意增设工会主席职数 1 名，级别待遇按单位副职同等对待。2005 年 6 月，郭培华任副局长兼工会主席。2009 年 11 月，肖习猛任工会主席。截至 2016 年，共有会员 473 人，下设 22 个工会小组。

（2）共青团。1998 年 5 月，共青团荆州市市直机关工作委员会以荆直团〔1998〕5 号发文批准成立荆州市沮水工程管理局团委，团委下设机关团支部、电站团支部、供电所团支部、工加建团支部、旅游团支部、种养团支部。第一届团委书记由王联芳担任，朱峰、庹少东任副书记。2001 年 7 月，庹少东任团委书记，朱峰任副书记。2006 年 3 月，朱峰任团委书记，孟小芳任专职团委副书记。2009 年 12 月，黄少华任团委书记。

第三节　二　级　单　位

一、枢纽管理单位

根据其管理范围，枢纽工程管理机构设置南副坝管理所、大坝管理所、溢洪道管理所、北副坝管理所 4 个工程管理单位，全部为正科级建制。

二、渠道管理单位

1. 南干渠

1971 年 10 月，组建杨林市管理段、尤坪管理段，负责管理松滋境内干渠渠道。公安段南干渠渠道由公安县相关部门负责日常管理。

1981 年 3 月，成立快活岭管理段、金星管理段。尤坪管理段编制保持，工作并入快活岭管理段。由于尤坪管理段离快活岭管理段距离较远，属快活岭管理段渠道的尾端，且有尤坪渡槽、尤坪泄洪闸等重要建筑物，改尤坪管理段为承包户管理模式，工作上受快活岭管理段领导，并纳入快活岭管理段管理考核。后在台山渡槽设立了台山管理段，也采用承包户管理模式，并纳入杨林市管理段管理。

2. 北干渠

1971 年 10 月，成立洛河管理段、唐家洼管理段、碾盘管理段。

1982 年 4 月 15 日，北干渠交松滋县管辖后，成立北干渠管理总段，下设办公室、器材组、工程组、多经组。工程管理设白马山、洛河、茶市、唐家洼、培理桥、北河、碾盘等管理机构。

　　2009 年 10 月，北干渠移交管理局管理，设立 4 个管理段，分别为白马山管理段、茶市管理段、培理桥管理段、碾盘管理段。

三、生产经营单位

　　为充分发挥水库自身优势，创造良好经济效益，管理局内设如下生产经营单位：电站、供电所、建安公司、养殖场、特养场、沧水宾馆、培训中心、物业中心、供水站和加油站。其中，西斋水电站、西斋供电所、建安公司为正科级建制。

　　生产经营单位历任主要负责人见表 8-3。

表 8-3　　　　　　　生产经营单位历任主要负责人一览表

任职时间	电站	供电所	养殖场	建安公司	供水站	沧水宾馆	培训中心	加油站	特养场	结晶硅厂	备　注
1996 年 4 月	杨传顺	余以松 江心林	杜世平	喻昌杰 王联芳		胡国清			黄佑帮		杨传顺（书记） 余以松（书记） 江心林（所长） 杜世平（场长、书记） 喻昌杰（书记） 王联芳（经理） 胡国清（书记）
1997 年 1 月					向家雄	陈启雄		伍发元			
1997 年 3 月			肖元国	成德万							肖元国（场长） 成德万（书记）
1998 年 5 月	龚才典 杨传顺	江心林 余以松					许汝春	胡东平	黄佑帮		龚才典（书记） 杨传顺（站长） 江心林（书记） 余以松（所长） 许汝春（书记）
1999 年 5 月			杜世平			吴值泉	向　阳				
2000 年 8 月	肖习猛			成德万		向　阳	严红娟				肖习猛（站长） 成德万（经理）
2001 年 3 月		吴值泉									吴值泉（所长）
2002 年 2 月			余召林 胡守超	向　敏		廖小云	赵吉胜				余召林（书记） 胡守超（场长） 向　敏（副科主持）
2003 年 2 月		胡兴武				陈卫东					
2006 年 3 月	陈卫东	陈文军	张天锋	赵吉胜	肖　健						
2009 年 12 月	张天锋 肖元国	陈卫东 陈隆斌		杨　蒙 吕德巨		韦德雄					张天锋（站长） 肖元国（书记） 陈卫东（所长） 陈隆斌（书记） 杨　蒙（经理） 吕德巨（书记）
2014 年 1 月	陈祖明	胡兴武	胡守超		黄自力						

第四节 职 工 队 伍

建库以来，管理局党委一直把打造一支政治素质过硬、业务技能精湛的干部职工队伍作为队伍建设核心，始终坚持"以人为本"，从思想上、工作上、生活上加强教育与引导，确保干部职工发扬浍水精神，保持自力更生、艰苦创业的革命本色。

一、人员规模与人员招录用

从 20 世纪 90 年代起，随着生产经营项目不断增多，人员不断增加，到 2000 年达到顶峰，以后因为事业单位编制控制严格以及工资负担日益加重，人员录用逐步减少。

1996—2016 年，管理局进人以职工子女为主，招录大中专毕业生为辅，兼以少量退伍军人和调入。曾于 1996 年、2006 年、2011 年等到大中专院校大批量招人，但由于地理位置偏僻、待遇较差等原因陆续辞职一半以上。1996—2016 年职工人数统计见表 8-4。

表 8-4　　　　　　　1996—2016 年职工人数统计表

年度	在职人员		退休人员	年度	在职人员		退休人员
	合计/人	女职工/人			合计/人	女职工/人	
1996	348	96	54	2007	353	107	119
1997	359	98	43	2008	339	105	133
1998	363	102	65	2009	329	101	141
1999	370	107	73	2010	331	101	161
2000	380	112	84	2011	323	99	164
2001	363	107	88	2012	311	100	185
2002	377	103	98	2013	302	97	186
2003	369	101	97	2014	294	95	193
2004	379	114	96	2015	303	103	195
2005	366	110	109	2016	313	112	195
2006	359	108	117				

二、专业技术人员与工勤技能队伍

专业技术人员质量提升和数量不断增长，在水利、建筑、电力、农业、通信、财会等各个专业领域大放异彩，工勤技能人才逐步向更高层次攀登，取得国家认证的执业资格人才持续增加，为浍水各项事业发展提供了人才支撑和智力保障。专业技术人员和工勤技能人员统计见表 8-5。

表 8-5　　　专业技术人员和工勤技能人员统计表（截至 2016 年）

专业技术人员					工勤技能人员				
高级工程师	中级工程师	助理工程师	技术员	合计	技师	高级工	中级工	初级工	合计
10	43	54	2	109	60	61	26	3	150

第五节　内　部　改　革

多年来，管理局党委一直坚持以改革为抓手，不断探索事业单位发展新模式，大力促进内部管理水平提高和经济效益提升。

一、1998 年事企分开改革

1998 年，管理局对管理体制进行了较大调整，成立荆州市沮水水利产业总公司，与管理局"两块牌子、一套班子"，管理局局长裴德华任总经理。总公司下设综合部、财务部、业务部，管理的生产经营单位有电站、供电所、建安公司、养殖场、特养场、沮水宾馆、培训中心、物业中心、供水站、加油站。总公司综合部陈隆斌任部长，业务部王联芳任部长，财务部胡兴武任部长。总公司实行竞争上岗和效益工资制。

1999 年，沮水水利产业总公司科室与管理局科室整合合并。2000 年，荆州市沮水水利产业总公司更名为荆州市沮水供电公司。

二、局领导班子聘任选任

（1）2005 年管理局领导班子聘任选任。为加快推进事业单位人事制度改革，荆州市委组织部根据《荆州市市直事业单位领导人员聘任选任管理暂行办法》（荆组〔2004〕1 号）在沮水进行领导班子聘任选任试点，荆州市直水利系统所有单位全部参加观摩。本次聘任选任打破以往上级党委和组织部门直接任命班子成员的惯例，以聘任选任大会为重心，采取报名、审查、演讲、投票、当场宣传拟聘人选的程序进行，对班子成员、党委成员和纪委成员进行选举投票，空缺职位实行差额，其他职位实行等额。2005 年 9 月 7 日，荆州市委组织部和水利局在沮水召开竞聘大会和党员大会，选举出了新一届党委班子、行政领导班子和纪委班子，庹少东、曾平进新一届领导班子。

（2）2009 年管理局领导班子聘任选任。根据领导班子聘期和班子现状，荆州市委组织部决定在沮水举行第二届领导班子成员聘任选任大会，采取民主测评、民主推荐、组织考察、集体审查、竞聘演讲、投票、宣布结果、签订聘书的程序进行。2009 年 6 月 25 日，荆州市委组织部在沮水召开中层干部大会，进行选任聘任动员和民主推荐。2009 年 10 月 17 日，荆州市委组织部和水利局在沮水召开竞聘大会和党员大会，选出新一届党委、行政领导和纪委班子，肖习猛进新一届领导班子。

（3）2013年管理局领导班子聘任选任。第三届聘任选任程序基本类似第二届，2013年3月20日，荆州市委组织部和水利局在沮水召开中层干部大会，进行聘任选任动员和民主推荐。2013年5月10日，荆州市委组织部和水利局在沮水召开竞聘大会和党委大会，选出新一届党委、行政领导和纪委班子，陈卫东、陈明红进新一届领导班子。

三、中层干部竞聘

在管理局领导班子聘任选任的基础上，管理局党委积极推进事业单位人员聘用制度改革，打破身份与待遇界限，形成人员能进能出、职务能上能下、待遇能升能降，优秀人才能脱颖而出、充满生机与活力的用人机制，从2006年起实行干部竞聘上岗为主的岗位任职模式，形成了较好的人才选拔机制。

（1）2006年人事制度改革。2006年人事制度改革方案在得到荆州市人事局正式批复下迅速启动，按照确定岗位职责职数、中层干部全部免职、公开竞争上岗报名、资格审查、竞聘演讲、投票、宣布结果的程序进行。2006年3月，荆州市人事局、水利局在管理局举行竞聘大会，市水利系统多家单位参与观摩，大会现场宣布全局中层干部竞聘结果。2006年4月，全局所有中层以下职工进行了笔试和实际操作的竞争上岗，确定工人岗位等级。第一次全员签订事业单位聘用合同。

（2）2009年中层干部调整与竞聘。2009年对全局中层干部岗位竞聘工作不再实行全部干部免职、全部竞聘演讲方式，推行以正副科级干部先平级调整、空缺岗位竞聘相结合的方式。全部中层岗位包括正科岗位32个（含专兼职党支部书记）和副科岗位36个，竞聘前经管理局党委考察任命正科岗位21个，副科岗位22个。2009年12月4日和6日，分别举行正科岗位和副科岗位竞聘大会，大会经竞聘演讲、测评宣布结果等程序，确定提拔聘用正科岗位11个，副科岗位14个。

（3）2013年中层干部调整与竞聘。2013年调整与竞聘的中层岗位包括正科岗位35个（含专兼职的党支部书记）和副科岗位35个，管理局党委调整任命正科级岗位31个，副科级岗位21个。2013年12月25日、27日，分别举行正科岗位和副科岗位竞聘大会，提拔聘用正科岗位4个，副科岗位12个。

四、专业技术和工勤技能岗位竞聘

2010年事业单位实行岗位设置审核制以来，管理局专业技术岗位包括高级8名、中级24名和初级48名，工勤技能岗位包括技师9名、高级39名、中级工113名和初级工30名。岗位设置后，用人单位不得突破岗位设置上限，除管理岗位需要编委核定职数组织任命外，专业技术和工勤岗位的高级岗位显得非常稀缺，特别是管理局长期以来以工人为主，高级工长期100名以上，已拿到技师等级证书的人员达到48人，远远不能满足实际需求。

为解决职工待遇，管理局积极向上级人事部门和主管部门反映问题，经荆州市人社局同意实施《管理局专业技术和工勤技能岗位竞聘实施方案》。2014年7月31日，召开竞聘大会，市人社局、水利局参加，通过竞聘演讲、现场打分、公布结果等程序，竞聘专业技术岗位副高级2名、中级22名，工勤技能岗位技师8名，另取得时间较长即2010年前取得技师职务的直接聘用。通过竞聘上岗，较好化解了岗位设置与人才需求之间的矛盾，解决了职工特别是工龄较长技术工人的工资待遇问题。

第九章

党建工作

　　根据荆州市编委《关于印发〈荆州市沮水工程管理局机构改革方案〉的通知》的精神，管理局为正县级事业单位，实行中国共产党荆州市沮水工程管理局委员会集体领导下的局长分工负责制。多年来，管理局党委为全面、正确贯彻执行党的民主集中制，根据《中国共产党党章》和党的有关组织原则，结合实际制定《党委会议事和决策规则》和《重大决策征求意见制度》等一系列规章制度，全面加强党委班子自身建设，努力完善党委议事与决策规则，切实保证科学决策、民主决策、依法决策，为沮水事业蓬勃发展提供了强大的领导基础和组织保障。

第一节　下设党支部及历任书记一览表

　　下设党支部及历任书记见表 9-1。

表 9-1　　　　　　　　　　下设党支部及历任书记一览表

党支部	书记	任职时间	党支部	书记	任职时间
机关党支部	杜世平	2000 年 2 月	电站党支部	杨传顺	1996 年 4 月
	肖元国	2006 年 4 月		江心林	2000 年 2 月
	肖习猛	2009 年 1 月		肖元国	2010 年 2 月
	夏训道	2014 年 1 月	修制厂党支部	赵吉胜	1996 年 1 月
老龄党支部	镇真广	2000 年 2 月	供电所党支部	余以松	1996 年 4 月
	李成名	2001 年 3 月		龚才典	1998 年 5 月
	杜世平	2002 年 3 月		吴值泉	2000 年 2 月
	张远波	2014 年 1 月		陈隆斌	2010 年 2 月
枢纽党支部	马德文	1996 年 4 月	养殖场党支部	杜世平	1996 年 4 月
	刘家德	1998 年 5 月		余召林	2000 年 2 月
	陈代祥	2001 年 3 月	旅游公司党支部	胡国清	1996 年 4 月
	伍法元	2006 年 4 月		许汝春	1998 年 5 月
灌区党支部	彭发茂	2000 年 2 月		向　阳	2000 年 2 月
	朱　峰	2010 年 2 月		廖小云	2001 年 3 月
	陈文军	2014 年 2 月	结晶硅厂党支部	黄佑帮	1999 年 12 月
	伍法元	2015 年 3 月	物业党支部	龚才典	2000 年 2 月
建安党支部	喻昌杰	1996 年 4 月		成德万	2002 年 3 月
	成德万	1997 年 3 月	多经党支部	赵吉胜	2006 年 2 月
	许汝春	2000 年 2 月			
	向　敏	2002 年 3 月			
	吕德巨	2010 年 2 月			

第二节　党　建　工　作　内　容

在党的建设中，制度建设是更带有根本性、全局性、稳定性、长期性的建设，不断提高制度建设的科学化水平，这是保持和发展党的先进性、巩固党的执政地位的重要保证。为此，管理局党委结合自身工作实际，采取有针对性的措施，大力建章立制，努力提高制度建设的科学化、民主化和法制化水平，使党的建设有据可依、有章可循，并不断促进党建工作跃上新台阶。

（1）党委会议事和决策规则。为加强党委班子自身建设，全面、正确贯彻执行党的民主集中制，进一步完善党委议事与决策规则，根据《中国共产党章程》和党的有关组织原则，结合实际制定。

（2）党员领导干部民主生活会制度。为加强领导班子建设，加强对党员领导干部的教育与监督，促进领导干部民主生活会的规范化、制度化，根据《中国共产党章程》《中国共产党党内监督条例（试行）》和其他有关规定制定。

（3）党委中心组理论学习制度。为切实加强领导干部的理论学习，努力提高素质，适应新形势新任务的需要，根据上级党委的有关要求，结合管理局实际制定。

（4）党组织"三会一课"制度。为进一步加强党支部建设，充分发挥党支部的战斗堡垒作用和党员的先锋模范作用，根据《中国共产党章程》有关规定，结合实际制定。

（5）党员发展工作制度。为深入贯彻党的十七大精神和荆州市委"实抓党建"的要求，夯实党建工作基础，根据《中国共产党章程》和《中国共产党发展党员工作细则》制定。

（6）党员教育培训制度。为了加强党员教育，全面提高党员队伍素质，增强党组织的凝聚力和战斗力，结合实际制定。

（7）党组织和党员服务承诺制度。为进一步做好公开承诺，不断加强党内监督和群众监督力度，贯彻落实先进性建设的长效机制，更好发挥党员的先锋模范作用，更方便于接受群众监督，结合管理局实际制定。

（8）党员联系和服务群众工作制度。为进一步密切党群干群关系，巩固党执政的群众基础，促进社会主义和谐社会建设，根据《中国共产党章程》和党内有关规定，按照中央、省委、市委关于做好党员联系和服务群众工作的意见，结合管理局实际制定。

（9）党务政务公开制度。为进一步转变工作作风，改进服务质量，提高工作效率，切实维护职工切身利益，加强党风、政风、行风建设，完善监督制约机制，推动洮水事业协调快速发展，结合实际制定。

（10）重大决策征求意见制度。为认真贯彻民主集中制原则，进一步提高管理局党委科学决策、民主决策、依法决策水平，根据《中国共产党章程》及党内有关规定，结合实际制定。

（11）党内工作情况通报制度。为加强党内监督，提高党务工作的透明度，切实保障党员的知情权、参与权、建议权、批评权、监督权，使广大党员积极参与党内事务，实现对党内的有效管理和积极监督，根据《中国共产党章程》和《中国共产党党内监督条例（试行）》制定。

（12）党内工作情况述职述廉制度。为进一步规范管理局党员领导干部述职述廉工作，加大党内监督力度，根据《中国共产党党内监督条例（试行）》的有关规定，依据《中国共产党领导干部述职述廉暂行规定》制定。

（13）领导干部个人重大事项报告制度。为加强对领导干部的管理和监督，促进领导干部党风廉政建设和思想作风建设，依据有关规定制定。

（14）诫勉谈话制度。为切实加强对领导干部的教育、监督与管理，促进干部依法自律，有效防范违纪现象的发生，根据有关实行党风廉政责任制的规定制定。

（15）基层党组织"五个基本"建设工作考核评价实施办法（试行）。为认真抓好《管理局党的基层组织建设工作规划》的落实，根据有关精神制定。

（16）民主评议党员制度。为进一步贯彻党要管党、从严治党方针，切实加强对党员的经常性教育、管理和监督，把开门受教育、民主评议党员工作经常化和制度化，始终保持共产党员的先进性，根据中共中央组织部《关于建立民主评议党员制度的意见》精神，按照《中国共产党章程》《中国共产党党内监督条例（试行）》《中国共产党纪律处分条例》《中国共产党党员权利保障条例》等有关规定制定。

第三节 党 建 活 动

多年来，管理局党委认真学习贯彻中央、省、市各级党委部署，坚持以丰富多彩的活动引领党建工作不断走向深入，取得丰硕成果，并以此永葆局党委的先进性。

一、学习贯彻"三个代表"重要思想

管理局党委把"三个代表"重要思想作为党委理论中心组学习、党课和职工政治的学习重点。以党的十六大报告、党章以及江泽民同志《论"三个代表"》《论党的建设》《"三个代表"重要思想学习纲要》等作为教材，通过专题辅导、集中学习轮训、岗位自学等多种形式，组织党员干部全面系统学习"三个代表"重要思想。将学习情况列入经责制考核范围，增强党员干部学习的自觉性和主动

性，确保学习不走过场。还组织中层干部"三个代表"重要思想学习班，观看中央党校副校长李君如的讲座，加深党员干部对"三个代表"重要思想的理解。

"三个代表"重要思想学习教育活动的开展，取得了一定效果。一是全局党员干部提高了认识，在重大问题上统一了思想，一致认为重点抓好干部职工思想政治建设和作风建设、努力提高干部队伍整体素质是长期的战略任务。二是明确了努力方向，并对查摆出来的突出问题制订了整改措施。三是振奋了精神，转变了干部职工工作作风增强了妥善处理工学矛盾的能力，以共同把"三个代表"学习教育推向深入。

二、开展党的先进性教育

为认真学习贯彻中共中央关于开展党的先进性教育的通知精神，管理局党委采取三种强有力措施：一是重点学习江泽民关于"三个代表"和"以德治国"的重要论述；二是组织党员干部认真观看电视剧《一代廉吏于成龙》；三是充分发挥舆论作用，利用板报开辟专栏，大力宣传报道先进性教育的成果。

通过开展党的先进性教育实践活动，全局党员干部皆有所获：一是坚定了理想信念，澄清了模糊认识；二是端正了指导思想，提高了学习与工作的主动性、针对性；三是统一了思想，增强了干部职工干事创业的精神。

三、学习贯彻科学发展观重要思想

2009年3—8月，管理局学习贯彻科学发展观重要思想实践活动围绕"党员干部受教育、科学发展上水平、人民群众得实惠"的总目标，分学习调研、分析检查、整改落实3个阶段进行。

通过深入开展学习实践科学发展观活动，全局党员干部对科学发展观的理解达到了新的高度，思想和行动真正统一到了科学发展观的要求上来，具体有四个方面：一是全局树立起以人为本、科学发展的理念，统筹兼顾、协调发展的理念，又好又快、可持续发展的理念；二是推进科学发展思路得到了新的拓展，在坚持快速发展的同时确保速度、质量、效益、安全的统一，发展业务与员工素质提高的统一，单位自身发展与地方经济发展的统一；三是竞争发展能力得到了新的提升，建立了民主科学决策机制、能上能下的用人机制、科技支撑业务发展机制；四是制度建设实现了新的突破，管理局党委从改进班子自身工作作风做起，精文简会，坚持和完善调查研究制度，有效带动良好作风形成。

四、深入开展党的群众路线教育实践活动

管理局开展党的群众路线教育实践活动着眼于自我净化、自我完善、自我革新、自我提高，以"照镜子、正衣冠、洗洗澡、治治病"为总要求。主要任务是聚焦作风建设，集中解决形式主义、官僚主义、享乐主义和奢靡之风"四风"问题。

通过学习教育实践活动，全局党员干部深刻认识到，"四风"是违背我们党

的性质和宗旨的，是当前群众深恶痛绝、反映最强烈的问题，也是损害党群干群关系的重要根源；"四风"问题解决好了，党内其他一些问题解决起来也就有了更好条件。通过活动转作风，全局党员干部把开展活动与完成本部门单位的目标任务紧密结合起来，把活动中激发出来的工作热情和进取精神转化为做好工作的动力，扎实促进单位和谐发展。

五、切实开展政风行风评议

民主评议政风行风工作启动以来，管理局把行评作为深化队伍作风建设、提高依法履职监管能力、提升服务水平的重要契机和抓手，打出内外组合拳，不断优化政风行风。盯不作为，找履责缺失；盯慢作为，找效能低下；盯假作为，找敷衍塞责；盯乱作为，找顶风违纪。采取一系列措施，对自身政风行风突出问题认真查纠整改。

该活动的开展，有效提高了全局干部职工对加强政风行风建设重要意义的认识，增强了为民办事、服务库区、灌区人民的意识和自觉性，提升了依法管理、服务人民的能力。

六、扎实开展"两学一做"

为认真开展好"两学一做"学习教育活动，管理局党委从四个方面着手：一是找准学习教育的"切入点"，坚持学习与工作紧密结合，在统一思想、凝聚人心、调动积极性上下功夫，多集中学习，多讨论交流、多有效载体，以各党员干部易于接受、贴近心声的方式，使学习教育活动更接地气、富有生气、收到实效；二是创新教育活动方式，在以往活动的基础上，开展漫画比赛，歌咏比赛、座谈会等方式进行；三是将课程内容重点要点提炼，图文并茂；四是拓展传播教育方式方法，除传统的纸质媒介，还利用电视、微信、微博和论坛等渠道，以更加快速有效全面覆盖干部职工的日常生活。

通过"两学一做"学习教育活动，管理局把全面从严治党要求落实到每个支部乃至每名党员，使全局党员干部牢记并恪守全心全意为人民服务的根本宗旨，以优良作风和人民群众紧紧凝聚在一起，为决胜全面建成小康社会、实现第一个百年奋斗目标而努力拼搏。

第十章

精神文明建设

为贯彻落实党的十四届六中全会精神，认真执行《中共中央关于加强社会主义精神文明建设若干重要问题的决议》，1996年，管理局将"两个文明"建设纳入"九五规划"重要任务，成立专项工作领导小组，设立专门创建机构，始终坚持两个文明建设一起抓的方针，确保"两手抓，两手硬"，使文明创建进入常态化管理模式。历年来，由于管理局党委高度重视，创建专班努力工作，全体职工积极参与，文明创建工作围绕"工程管理是重点，经济建设是中心，队伍建设是关键"的主线深入开展，努力提高全员综合素质。同时不断培育文明细胞工程，创建园林式工程、花园式单位、文明服务窗口和青年文明号等，努力拓展企业文化，立约立规，精心打造洈水精神，使文明创建工作得以纵深发展，实现了一年一个新起点、一届一级新台阶的既定目标。

因为上下联动，干群同心，坚持不懈，齐抓共管，管理局文明创建工作成果丰硕：

1996—1998年，被湖北省委、省政府授予文明单位称号；

1999—2000年，被荆州市委、市政府授予文明单位称号；

1999—2012年，连续七届被湖北省委、省政府授予最佳文明单位称号；

2013—2014年，被湖北省精神文明建设委员会授予文明单位称号；

2013—2014年，被荆州市委、市政府授予文明单位称号；

1998年，被湖北省水利厅授予花园式单位、园林式工程称号；

2003年，被水利部农村水利司、人事劳动教育司、精神文明建设指导委员会办公室授予全国大型灌区精神文明建设先进单位称号；

2003年，洈水供电公司西斋供电所被湖北省水利厅授予全省农村水电行业文明服务示范窗口称号。

第一节 职 工 队 伍 建 设

精神文明建设是一项长期的系统工程，管理局党委始终以职工队伍建设为抓手，不断推进创建工作深入持久开展。

为提升全员整体素质，管理局长期以来组织了多层面的学习教育活动。一是深入实施社会主义荣辱观、社会公德、家庭美德、职业道德、爱国主义、集体主义、社会主义以及形势教育，使职工树立正确的荣辱观和道德观。二是修订完善各种职业道德操守，规范行为准则，使干部职工言行讲规范、办事有标准。三是学习英模人物事迹，培养和宣传好的典型，兴起学习先进、争创先进、赶超先进的热潮，形成"知荣辱、讲文明、促和谐"的良好风气。四是大力普及文明常识、礼仪知识、教育干部职工自觉遵守各项劳动纪律和规章制度，从我做起，从点滴做起，努力提升文明素养。五是大力倡导健康文明的生活方式，讲求艰苦奋斗，勤俭节约，移风易俗，争做奉献，少讲索取。六是采取"送出去、请进来"的方式，有计划组织职工业务学习与培训，不断改善职工队伍知识结构，提高职工科技文化水平和业务技能，年均选送 5 名职工入校脱产参加专业理论学习，并鼓励职工根据自身工作性质对口报名参加在职函授学习，年均参学人数 25 名，局职能科室和局属单位按行业要求积极组织职工业务培训，编制年度计划，拟定培训教材，聘请专技教员，并按工管、财会、发供电、建筑安装等专业分批轮训，逐年实施，职工年均受训率达 80％，受训时间为 3～7 天，有效提高了职工整体业务水平。

管理局党委注重班子自身建设和个人修为，率先垂范，团结协作，形成强有力的领导集体。首先，建立健全《管理局党委会议事和决策规则》《管理局党委领导干部民主生活会制度》《管理局党委中心组理论学习制度》等一系列规章制度，带头开展理论学习，经常反思工作中的得失，每遇局内重大事项必经党委集体讨论决定。其次，明确《管理局领导班子成员党风廉政建设岗位职责》，班子成员自警自律、勤政廉政，不断增强党委凝聚力和战斗力，为稳步推进职工队伍建设提供坚强的组织保证。

1996 年，管理局班子成员 6 名，中层干部 43 名，专业技术人员 35 名（其中高级 1 名、中级 15 名、初级 19 名）；2016 年，局班子成员 7 名，中层干部 50 名，专业技术人员 71 名（其中高级 2 名、中级 24 名、初级 45 名），工人技师 37 名。经过二十年的不懈努力，干部和专技人员队伍在稳定的前提下不断发展壮大，职工整体综合素质显著增强。

第二节　群　团　组　织

在文明创建全过程中，管理局工会、团委充分发挥桥梁纽带和助手作用，组织带领广大职工和团员青年热心投身文明创建，经常开展群体活动，大力营造文明和谐氛围，为文明创建工作做出了积极努力。

每年年初，局党委以文件形式下达《管理局文明创建规划要点》，工会与团委根据党委部署具体研究实施方案，适时举办各类大型集体活动。年内主要活动内容为：元旦迎春长跑、职工乒乓球、羽毛球赛、"三八"妇女节庆祝活动、职工知识竞赛、职工演讲比赛、国庆文艺演出或游艺活动，团委组织团员青年举办"五四"庆祝会、骑自行车环库游。为更加丰富活动内涵，工会和团委不断给活动注入新的元素，如利用"三八"国际妇女节评选表彰"五好家庭""优秀女职工"，利用"五四"庆祝大会对"青年文明号""青年岗位能手"进行表彰。通过系列活动的开展，广大职工主人翁意识和集体主义观念更加增强，广大团员青年积极向上、不断进取的热情得以进一步激发，文明创建人人参与、个个有责、局兴我荣、局衰我耻的文明新风在全局蔚然形成。

工会把做好离退休老同志的工作作为文明创建的重要环节来抓。一是定期组织老同志政治学习，学习国家方针政策、上级文件精神和时事政治，介绍洈水建设与发展情况，使广大老同志及时知晓国家大政方针，了解本局发展现状，对洈水明天更加充满期待。二是每年举办九九重阳节座谈会，让老同志们欢聚一堂，畅所欲言，回顾过去工作历程，展望洈水未来前景，共享改革开放成果；每年还组织老同志参观洈水工程建设现场或旅游开发景点，举办一至两次老年门球赛，使老同志体会到幸福感和单位凝聚力。三是切实做好对离退休老同志的服务工作，每逢春节前夕，工会都组织专班，逐一登门慰问老同志，把单位的温暖送达老同志身边，但凡老同志生病住院，工会及时派员到医院探视，使广大老同志感受到老有所学、老有所养、老有所乐的浓浓亲情。四是积极组织开展爱心慈善活动，累计向"98"洪灾和"5·12"地震灾区捐款捐物5次，向荆州市水利系统和本局困难职工捐款5次，大力弘扬了中华民族的传统美德。

群团组织卓有成效的工作，一定程度提高了广大职工参与文明创建的积极性和自觉性，从而确保了群众参与率逐年稳步提升。讲文明和谐，树文明新风，正在成为洈水人的自觉行为。

第三节　职　工　福　利

管理局始终坚持"两手抓、两手都要硬"的文明创建方针，在致力抓好精神文明建设的同时，狠抓物质文明建设。多年来，努力发展水利经济，充分发挥单位效益，积极兴办民心工程，使全局职工生活水平和福利待遇得到不断提高。

随着社会经济的发展，职工工资标准逐年增加，离退休老同志越来越多，从长远角度考虑，确保职工工资及时足额到位势必给单位造成较大的经济压力，根据国家《社会基本养老保险办法》，管理局党委研究决定：想方设法自筹资金，全员一次性进入社会基本养老保险，切实解决干部职工后顾之忧。2002年，管理局组建专班，多次与荆州市社保局联系，了解国家政策精神，咨询参保必备手续，明确养老金缴费标准。在此基础上，根据国家政策规定，单位按职工基本工资的20％、职工按个人工资的8％标准，对全局在册职工逐个进行缴费数额测算，统一建立个人缴费账户。同年12月，单位一次性缴纳职工社会基本养老保险金1050万元，使全员顺利进入社会养老保险。仅2016年，管理局缴纳养老金464万元。

2003年10月，管理局与松滋市资管中心联系，洽谈洈水在职职工缴纳住房公积金事宜，按照国家政策允许范围，依据洈水经济运行现状，最终决定：单位和职工均按职工个人基本工资的10％提交住房公积金，历年缴纳的金额全部计入职工个人账户，自 2004 年 1 月起，全局在职职工开始享受住房公积金待遇。当年，管理局为职工一次性缴纳住房公积金 28 万元，2016 年年缴金额增至 260 万元。管理局开源节流，增收节支，强化管理，确保资金筹集缴纳到位，维护了职工切身利益。

2008 年以前，管理局职工看病就医一直沿用门诊医药费由个人承担、大病住院由单位按费用比例审核报销的办法。管理局遵从医疗保险属地管理原则，积极与松滋市医保局联系，最终经双方商定：自 2008 年 1 月，管理局全员进入医疗保险，参加基本医疗保险和大病住院保险两个险种，缴费基数则是依据国家有关政策，按职工基本工资标准 8% 由单位承担、2% 由个人承担，一并按年度缴纳到医保局，2008 年缴纳医保金 16.2 万元，2016 年缴纳 160 万元。多年来，职工医疗保险金全部由单位承担，按年缴清，从未出现拖欠现象，职工则按照医保政策正常享受门诊医药费和大病住院费比例报销待遇。

2003 年，管理局党委正视逐年招录新职工以及部分职工子女长大成家导致职工住房紧张的现实情况，研究决定：采取单位自筹与职工集资相结合的办法兴建职工住宅楼。历时一年，由本局建安公司负责施工的 110 套职工住宅楼按期落成，有效缓解了住房紧张的矛盾。

近几年，为更加丰富职工业余文化体育生活，管理局陆续兴建了职工娱乐中心、篮球场、羽毛球场、门球场，在住宅小区添置了健身器材和设施。

第四节　洈　水　精　神

要全面开展文明创建工作，首先必须着力打造单位文化，因为单位文化从一个侧面展现了职工的精神风貌，昭示了单位的奋进目标，更营造了文明创建氛围。

1996 年，管理局党委研究确立了洈水精神，即"团结奋进、改革创新、科学管理、实干兴库"，并号召全局职工认真学习洈水精神，积极宣传洈水精神，大力弘扬洈水精神。2000 年，为赋予洈水精神更加丰富的内涵，时任党委书记雷正立对四句话 16 个字进行了提纲挈领的诠释：

团结奋进——讲文明，扬正气，坚持原则，顾全大局，职工邻里，相互学习，谦为高和为贵，长相知不相疑，同心同德，乐于无私奉献，勇于开拓进取；

改革创新——识时务，抓机遇，思想解放，认识统一，推陈出新，除弊兴利，以市场为导向，以改革为动力，再接再厉，依靠现有基础，创造崭新业绩；

科学管理——学业务，用科技，规范操作，加强管理，功在平日，贵在坚持，靠科技求发展，向管理要效益，群策群力，增强整体素质，提高工作效率；

实干兴库——说实话，办实事，敬业爱岗，讲求实际，勤奋节俭，廉洁自律，强化工程管理，努力发展经济，共兴共荣，振兴沦水事业，发挥综合效益。

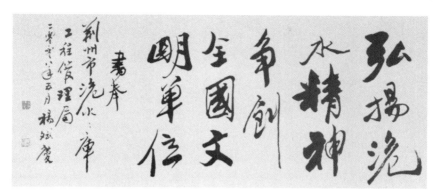

图 10 - 1 湖北省政协副主席杨斌庆题词

沦水精神是沦水人几十年团结向上的经验总结，也是沦水优良作风的美好传承，她将继续引领沦水人开拓进取，克难攻坚，扬帆猛进，创造更加光辉灿烂的明天。

管理局大力弘扬沦水精神，十分重视文明创建基础工作，坚持从细微入手，从基础抓起。一是加强创建工作的组织领导，每年根据部分职工岗位变动情况，及时调整文明创建领导小组成员和创建专班，年初以党委文件形式出台文明创建年度规划，适时向上级指导部门申报创建资料。二是加强文明细胞建设，在全局扎实开展文明单位、文明科室、文明班组、文明楼栋、文明家庭创建活动，制定文明细胞评比考核细则，每年有计划地组织考核评比。三是加强制度建设，建立健全、修订完善各类规章制度、操作规程、劳动纪律、道德规范130种，并装订成册，下发每个职工人手一本。四是加强创建氛围建设，在办公场所、生活小区、休闲场地制作布置"文明单位十条标准""八荣八耻""公民道德规范""沦水精神"等宣传标牌。五是加强创建档案建设，按照文明单位考核验收细则要求，八个方面的创建资料立档齐全，各种文字、音像、图片资料随时收集，准确分类，规范整理，及时存档。

历年来，管理局党委始终把文明创建工作摆在重要的议事日程，长计划，短安排，带领职工踏实工作，不断创新，确保了文明建设工作持续有序地深入开展。

附　　录

附录一　灌区工程、水库加固等大型工程获批文件

水 利 部 文 件

水规计〔2001〕514 号

关于全国大型灌区续建配套与
节水改造规划报告的批复

各省、自治区、直辖市水利（水务）厅（局），各计划单列市水利（水务）局，
新疆生产建设兵团水利局：

为贯彻落实中共中央关于"把节水灌溉作为一项革命性措施来抓"的重要指示，实现水资源的可持续利用，国家决定对大型灌区进行以节水为中心的续建配套和技术改造。为此，我部有关单位组织完成了《全国大型灌区续建配套与节水改造规划报告》，并召开了由有关各方面专家参加的审查会，对该规划报告进行了审查。根据专家审查意见，又对规划报告做了进一步的修改，正式提出了规划成果。经商国家计委，我部基本同意该规划报告，现批复意见如下。

湖 北 省 水 利 厅

鄂水利建复〔2005〕177 号

关于同意浠水水库除险加固工程主体
工程开工的批复

荆州市水利局：

　　你局《关于我市浠水水库除险加固工程》（荆水利库〔2005〕62 号）收悉，经研究，批复如下：

　　浠水水库除险加固工程初步设计已经主管部门审查批准，投资计划已由国家计委、水利部及省相关部门下达，荆州市政府已批准组建该项目的项目法人。该项目采用公开招标方式选择了湖北大禹水利水电建设有限责任公司为 2004 年度项目施工承包单位，通过招标选择了湖北华傲水利水电工程咨询中心、荆州市荆楚水利水电工程监理中心为施工监理单位，设计单位为湖北省水利水电工程勘测设计院，工程现场施工准备等外部条件能够满足主体工程开工需要，工程已具备开工条件。经审查，同意主体工程正式开工。

　　该项目的项目法人单位应加强施工期的建设管理，确保工程的工期、质量和投资效益。

　　　　　　　　　　　　　　　　　　　　　　二〇〇五年九月三十日

水利部长江水利委员会文件

长建管〔2004〕95 号

关于《湖北省荆州市洈水水库除险加固工程
初步设计报告》的批复

湖北省水利厅：

你厅报送的《关于审批洈水水库除险加固工程初步设计报告的请示》（鄂水利文〔2003〕235 号）已收悉。2004 年 1 月 6—8 日，我委在洈水水库主持召开了湖北省荆州市洈水水库除险加固工程初步设计报告审查会。与会专家及代表查看了水库除险加固工程现场，听取了湖北省水利水电勘测设计院关于《湖北省荆州市洈水水库除险加固工程初步设计报告》的汇报，对报告进行了认真审查。会后，设计单位根据审查意见对初步设计报告进行了修改和补充。经审查，基本同意该报告及审查意见。洈水水库除险加固主要工程项目为主坝加固、副坝加固、泄水建筑物加固、输水建筑物加固、金属结构及机电设备更换、防汛公路及工程管理设施改建等，审核初步设计概算总投资为 12032.34 万元，审查意见详见附件。

请你厅按照国家有关规定和初步设计审查意见要求，严格控制建设标准和工程规模，进一步完善和优化设计，并严格实行项目法人制、招标投标制、建设监理制和合同管理制，切实加强质量、安全和投资控制，确保工程建设质量、工期和施工期安全，发挥投资效益。

特此批复。

二〇〇四年二月二十七日

附录二　沱水供电台区总容量平面图

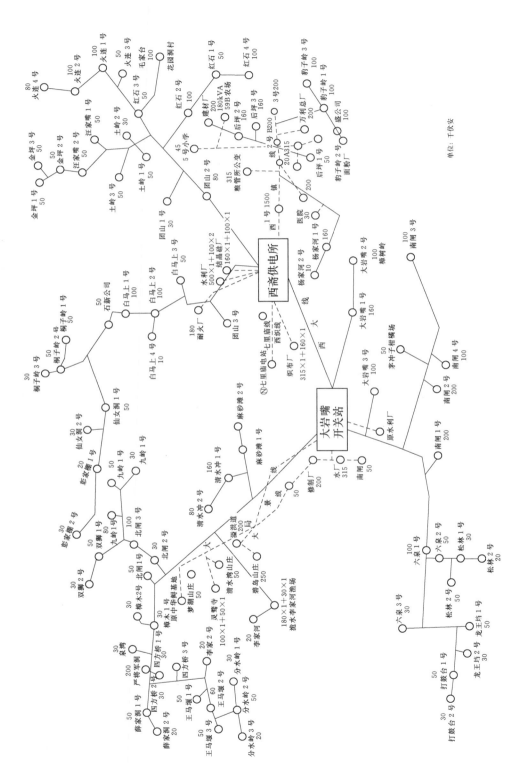

单位：千伏安

附录三　沩水流域电站分布及主要参数一览表

附表 3-1　　　　　　　　　　沩水流域电站分布及主要参数一览表

电站名称	所在行政区划	水库		电站				备注
		库容/万立方米	坝高/米	装机容量/千瓦	多年平均发电量/万千瓦时	设计引用流量/立方米每秒	最大引用流量/立方米每秒	
沩水水库上游								
清水湾	五峰清水湾乡	9	10	1600	500	0.9	0.9	翻板闸门
鸿扬	五峰清水湾乡	130	35.8	320	100	1.02	1.68	滚水坝
麒麟观一级	五峰仁和坪镇	1270.12	77	6400	2579.48	10	10	混凝土坝
麒麟观二级	五峰仁和坪镇	15	15.1	11000	5300.5	12	12	滚水坝
母珠漂一级	五峰仁和坪镇	96	8	5600	2400	13.5	13.5	滚水坝
母珠漂二级	五峰仁和坪镇	30	4	1260		11.5	11.5	滚水坝
纱帽尖	松滋卸甲坪乡	60	21	2400	900	25.95	25.95	翻板闸门
汇水	石门子良坪乡	0.9	2	250	50	4		滚水坝
中村	澧县甘溪乡		2.5	1700	120			滚水坝
娘山	澧县甘溪乡			110	30	3	3	滚水坝
边山河	澧县火连坡乡	64.08		1445				翻板闸门
太青水库	澧县太青乡	1005	37	375				土坝
沩水水库下游								
沩水水库	松滋沩水镇	51160	42.95	12400	4000	48.8	56	
七里庙	松滋沩水镇	140	4.5	1950	420	48	48	翻板闸门
伍家滩	松滋沩水镇	170	8.5	1890	642.26	47.4	47.4	翻板闸门
芭芒滩	松滋万家乡	140	4.2	1500	500	48	48	翻板闸门
石牌	松滋街河市镇	228	8.85	3780	1222.56	69	67.5	翻板闸门

附录四　鄂旅投相关文件

荆州市洈水工程管理局

会　议　纪　要

（2016 年 1 期）

洈水工程管理局办公室　　　　　　　　　　　　　2016 年 3 月 30 日

荆州市洈水工程管理局整体移交
工作会议纪要

2016 年 3 月 29 日，荆州市洈水工程管理局整体移交工作会议在洈水召开，会议主要内容纪要如下：

一、会议由荆州市委副书记施政主持。

二、会上，省国资委产权管理处张顺来处长宣读省政府办公厅《关于理顺洈水水库管理体制的回复意见》（秘三字〔2015〕726 号）。

意见指出：一是湖北省人民政府支持将洈水水库人、财、物统一划转给鄂旅投公司，并要求对洈水水库现已落实的事业经费、维修养护经费保持原有渠道和来源不变。

二是省编办、省水利厅、省国资委、荆州市政府同意将洈水水库人、财、物统一划转给鄂旅投公司。同时，省编办提出，整体划转后保留洈水工程管理局牌子和人员编制关系、维持其公益二类事业单位性质等具体事项由荆州市研究确定。省水利厅提出，洈水水库现无确定的事业经费、维修养护经费，以后若有此项经费，将按相关管理办法分配下达至荆州市。省国资委建议，划转后，水库公益性职能的管理职责保持不变，省市财政每年拨付水库的相关经费保持原有渠道和来源不变。荆州市政府建议，划转后，保留洈水工程管理局牌子和现有在编人员编制关系，维持其公益职责及单位性质不变，公益性经费由鄂旅投公司负责解决，业务工作由省水利厅负责管理，并妥善处理职工养老保险、工资及福利待遇等。

三是建议同意将洈水水库人、财、物统一划转给鄂旅投公司，对洈水水库现已落实的事业经费、维修养护经费保持原有渠道和来源不变，超出部分由鄂旅投公司负责，关于洈水水库业务管理问题，建议荆州市政府与省水利厅协商确定。

三、荆州市政府市长杨智在会上讲话。杨智指出：沧水水库担负沧水灌区52万亩农田灌溉和263公里干渠管理维护；建库50余年来，沧水局党委承载国家和人民重托，秉承水利人"献身、负责、求实"的行业精神，始终发扬"功在平日、贵在坚持"的优良传统，充分发挥了水库的综合功能，从根本上改变了下游松滋、公安及湖南澧县等乡镇的生产、生活条件，减轻了沧水河、松滋河的防汛压力，为流域经济社会的发展作出了巨大贡献。

杨智要求：一是要严格按照市委、市政府的部署和安排，继续履行水库防汛抗灾、生产灌溉、生活供水的社会职责，服从行业主管部门的统一调度和指挥，确保地方生产生活正常有序；二是要继续抓好工程管理和养护，积极争取项目资金扶持，确保水工程安全，运行可靠；三是合理开发沧水旅游资源，稳步推进水利经济发展，确保国有资产不流失，水土不流失；四是注重生态发展，践行新时期治水理念，确保山水共欢，人水和谐；五是积极争取地方政府的关心和支持，优化景区产业配置，为更好地服务地方工农业发展、提高人民生活水平作出更大贡献。

四、鄂旅投公司党委书记、董事长马清明在会上讲话。马清明指出：沧水水库拥有亚洲第一土坝，是一座有着近50年历史的大型水利工程，具有防洪、灌溉、发供电、水产养殖、供水、旅游等综合功能。近年来，沧水工程管理局在荆州市委、市政府的领导下，立足防汛抗旱，大力发展水利经济，取得了社会效益和经济效益的双丰收。

马清明强调：下一步，鄂旅投公司将本着讲政治、讲大局、讲感情的原则，按照整体接收方案，迅速完成沧水工程管理局和沧水旅游开发公司人财物的整合，着力打造一个"体制更优、规模更大、效益更好、竞争力更强"的市场主体，在继续承担好公益职能的同时，抢抓机遇，加大投资力度，做大做强沧水旅游，不负各级领导和各界人士的重托。在"十三五"规划中，围绕文化旅游、金融服务、商贸物流、新型城镇建设四大产业板块，重点布局39个重点项目，沧水风景区的滨水运动休闲度假基地项目位列其中。从提高旅游产品的有效供给出发，充分挖掘沧水的特色旅游资源，投资10亿元以上，加快推进风情小镇、旅游码头、游客中心、水上运动休闲、汽车营地、汽车影院等项目，进一步完善配套设施，丰富旅游产品，提升经营效益，将沧水打造成国内一流的户外运动休闲目的地。

五、省国资委副主任胡铁军在会上讲话。胡铁军要求：一要精心组织，平稳交接，加快双方的战略融合、管理融合、文化融合，真正实现"1＋1＞2"的整合效应；二要抢抓机遇，加快发展，提升国有资产经营效益；三要借鉴经验，乘势而上，破解"三库五场"资产划转和经营发展中的体制难题；四要争取支持，履行职能，实现经济效益和社会效益"双丰收"。

六、会上，鄂旅投公司刘俊刚总经理与荆州市政府杨智市长签订了《荆州市沧水工程管理局整体移交协议》。协议如下：

（一）荆州市人民政府同意将荆州市洮水工程管理局所属的人、财、物整体移交至鄂旅投公司。鄂旅投公司应充分利用洮水水库旅游资源，依法对库区周边区域进行旅游开发。旅游功能服从防洪、调蓄、灌溉、抗旱、水资源管理工作。

（二）荆州市人民政府同意继续保留荆州市洮水工程管理局工程管理局机构，维持荆州市洮水工程管理局的公益职责及公益二类事业单位性质不变。移交后，荆州市洮水工程管理局与鄂旅投全资子公司湖北洮水旅游发展有限公司合署办公，实行"局司一体"、"两块牌子、一套班子"的管理模式。荆州市洮水工程管理局主要负责人的任免由鄂旅投与荆州市委组织部、荆州市水利局沟通，由鄂旅投进行任免。

（三）荆州市洮水工程管理局原涉及的业务工作仍由荆州市水利局负责管理。荆州市水利局、农业局继续委托荆州市洮水工程管理局洮水水库水政监察大队和洮水水库渔政船检港监管理站，分别负责洮水流域水政执法和洮水库区渔政执法。

（四）荆州市人民政府同意荆州市洮水工程管理局职工养老保险实行"老人老办法，新人新办法"，荆州市洮水工程管理局与职工签订的原劳动合同继续执行，对现已进入荆州事业单位编制的 273 名职工保持原有机关事业保险性质不变，对未进入事业单位编制的职工或新进职工，按企业养老保险政策执行。

（五）荆州市人民政府对荆州市洮水工程管理局部门预算等经费支出以每年 200万元为基数，实行定额核补。2016 年荆州市人民政府另行列支专项资金 47 万元。荆州市洮水工程管理局一次性向市财政归还世行贷款 713749.20 元。荆州市人民政府继续支持荆州市洮水工程管理局向上申报项目，经费的争取工作按原渠道、原程序不变，荆州市洮水工程管理局项目所需配套资金由鄂旅投负责解决。

（六）由鄂旅投牵头，荆州市洮水工程管理局参与成立整体交接工作专班，按照制定的《洮水水库人、财、物整体接收工作实施方案》，结合荆州市国资委 2010 年下达的洮水水库划转资产确认及资产评估核准意见（荆国资发〔2010〕75 号）实施移交，移交的人、财、物以荆州市洮水工程管理局 2015 年 12 月 31日财务决算报告反映的情况为准。

出席：胡铁军　张顺来　李　璇　马清明　刘俊刚
　　　陈华志　吴昌银　杨　智　施　政　陈　斌
　　　吴必武　徐仲平　伍昌军　廖光耀　郭培华
　　　庹少东　曾　平　肖习猛　陈卫东　陈明红
　　　蒋晓毛　李湘红　安生永　李　颖　骆　威
　　　於少林　巩　敏　孙　毅　向　强　陈　飞
　　　王　平

相关部门：荆州市水利局、荆州市财政局、荆州市国资委、洮水工程管理局中层干部及机关人员。

湖北省人民政府办公厅文件处理签（A类）

来文单位	省编办、省水利厅、省国资委、荆州市政府	秘密等级		非密	紧急程度	
文件编号	秘三字〔2015〕726号续	收文日期			2015年11月16日	
文件标题	关于理顺洈水水库管理体制的回复意见					
承办处室	秘书三处	承办人	周诚	电话	35579	

处理意见：

　　鄂旅投公司报请省政府支持将洈水水库人、财、物统一划转给该公司，并对洈水水库现已落实的事业经费、维修养护经费保持原有渠道和来源不变。

　　省编办、省水利厅、省国资委、荆州市政府经研究，同意将洈水水库人、财、物统一划转给鄂旅投公司。省编办提出，整体划转后保留洈水工程管理局牌子和人员编制关系、维持其公益二类事业单位性质等具体事项由荆州市研究确定。省水利厅提出，洈水水库现无确定的事业经费、维修养护经费，以后若有此项经费，将按相关管理办法分配下达至荆州市。省国资委建议，划转后，水库公益性职能的管理职责保持不变，省市财政每年拨付水库的相关经费保持原有渠道和来源不变。荆州市政府建议，划转后，保留洈水工程管理局牌子和现有在编人员编制关系，维持其公益职责及单位性质不变，公益性经费由鄂旅投公司负责解决，业务工作由省水利厅负责管理，并妥善处理职工养老保险、工资及福利待遇等。

　　经衔接，建议同意将洈水水库人、财、物统一划转给鄂旅投公司，对洈水水库现已落实的事业经费、维修养护经费保持原有渠道和来源不变，超出部分由鄂旅投公司负责，请省水利厅、荆州市政府继续给予积极支持；关于洈水水库业务管理问题，建议请荆州市政府与省水利厅协商确定。

　　请用文同志阅示，请秘书四处阅。

秘书三处/郑会军 2015年12月2日
秘书四处/孙建刚 2015年12月4日

　　已阅。
　　拟同意所拟。呈祥喜、江文同志阅示。

程用文 2015年12月4日
吕江文 2015年12月7日
王祥喜 2015年12月7日

　　请呈振鹏同志阅示。
　　已阅。

请二月日之前反馈意见。反馈意见时，请注明此文件处理单编号

荆州市人民政府
常务会议纪要

（3）

荆州市人民政府办公室　　　　　　　　　　　　　　2016 年 2 月 6 日

市政府常务会议纪要

2 月 4 日，市长杨智主持召开市政府常务会议，传达省"两会"和省政府全体（扩大）会议精神，研究 2015 年度市政府嘉奖和浠水水库整体划转鄂旅投有关工作，审议废止第二批规范性文件清单。现纪要如下：

一、传达省"两会"和省政府全体（扩大）会议精神

会议强调，省"两会"是在新常态、新理念、新起点背景下召开的一次重要会议。各地各部门要认真贯彻落实好省"两会"精神，把广大干部群众的思想和行动统一到省"两会"和省政府全体（扩大）会议精神上来，增强战略定力，坚定发展信心，抓住"十三五"时期乘势而上、赶超跨越的黄金机遇期，咬定发展目标，聚焦对标，深入查找思想上、工作上以及政策措施上存在的不足和差距，明确努力方向，使精力更集中，措施更聚焦，重点更突出，抓重点、攻难点、破难题，确保"十三五"各项发展目标和任务如期实现。

会议要求，各地各部门要以五大发展理念为根本遵循，把五大发展理念贯穿到经济社会发展的各个领域、各个环节和全过程，将本地区本单位的目标措施与中央、省委、市委的决策部署，与省、市"两会"确定的奋斗目标进行对接，把各项目标任务具体化、项目化、责任化。要把结构优化、质量提升、转型升级作为主攻目标，着力在转变发展方式上下功夫，更好地适应、把握和引领经济发展新常态，确保"十三五"开好头、起好步，促进荆州跨越发展。

二、研究 2015 年度市政府嘉奖工作

会议指出，2015 年，各地各部门按照"稳中求进"的总基调和"竞进提质、升级增效"的总要求，积极应对经济下行压力，服务大局、主动作为，为我市经济平稳较快发展作出了积极贡献。其中，监利县政府在"东方之星"号客轮翻沉事件中，及时展开应急处理，有序、有力、有效地开展各项工作，充分彰显了"大义大爱""小城大爱"精神，赢得了各级领导和社会各界的一致好评。人行荆州市中心支行、银监会荆州监管分局着力优化金融服务、维护金融稳定，圆满完成金融全覆盖建设任务，农发行荆州市分行以农业农村基础设施建设、做大基金投资项目为重点，全力支持新农村建设，贷款投放额比年初计划增长两倍，三家金融机构为组织存款，实现荆州贷款余额突破千亿大关作出了较大贡献。市国税局、市地税局履职习责敢担当，税费收入实现逆势增长，收入总量和增量再创历史新高，在全省排名位次持续前移。各地各部门要以他们为榜样，履职尽责，敢于担当，为"壮腰工程"十年大振兴做出新的更大贡献。

会议研究同意，以市政府名义对监利县政府、人行荆州市中心支行、银监会荆州监管分局、农发行荆州市分行、市国税局、市地税局六个工作突出的单位予以通令嘉奖。

三、研究洈水水库整体划转鄂旅投有关问题

会议研究决定，洈水水库人、财、物整体划转至鄂旅投公司后，继续保留洈水工程管理局机构，与鄂旅投全资子公司——湖北洈水旅游发展有限公司实行"局司一体""两块牌子、一套班子"的运作方式。一是维持洈水工程管理局的公益职责及公益二类事业单位性质不变，旅游功能服从防洪、调蓄、灌溉、抗旱、水资源管理工作。明确公益职能为：管理洈水水库、枢纽九大建筑物、灌区 3 条263 公里渠道，保证工程安全运行；保证水库及下游松滋、公安 26 万人口、32万亩农田、枝柳铁路等安全度汛；保证下游 52 万亩农田适时灌溉。二是洈水工程管理局主要负责人的任免由鄂旅投和市委组织部、市水利局沟通后，由鄂旅投进行任免，报市委组织部备案。三是洈水工程管理局原涉及的业务工作仍由市水利局负责管理。洈水流域水政执法仍由市水利局委托洈水工程管理局水政监察大队负责。洈水库区渔政执法仍由市水产局委托洈水工程管理局渔政船检港监管理站负责。四是洈水工程管理局职工养老保险原则上采取"老人老办法、新人新办法"，对现已进入事业单位养老保险的职工 273 人保持原有性质不变（将来如果干部职工愿意，也可以自主选择进入企业养老保险）；对未进入事业单位保险的职工或新进职工，按企业养老保险标准执行。对洈水工程管理局历年欠缴的养老保险费 688 万元、失业保险 32 万元，先由省鄂旅投负责承接。如今后政策有调整，与市直其他事业单位同等对待。五是洈水工程管理局事业经费以 2015 年财政补助为基数，由市财政负责安排。洈水水库的项目争取工作按原渠道、原程序不变，所需配套资金由鄂旅投负责落实。

四、审议废止第二批规范性文件清单

会议指出，按照依法行政的要求，及时对市政府规范性文件进行清理，既是保证社会主义法制统一的客观要求，也是中国特色社会主义法律体系建设的必然要求。要从建立和完善中国特色社会主义法律体系、建设法治政府的高度，对规范性文件进行及时清理，维护法制统一，保障政令畅通。要根据清理结果，按程

序对需要修改的规范性文件及时进行修改，对需要废止的规章和规范性文件予以废止，将有效的规章和规范性文件目录向社会公布，接受公众监督，推进依法行政。

会议审议通过了废止第二批规范性文件清单，由市政府法制办负责及时向社会公布。

出席：曹　松、王守卫、吕晓华、徐朝平、袁德芳、
　　　蒋　鸿、陈　斌。

请假：雷奋强。

列席：欧阳德鑫、吴必武、王志强、冯　斌、邓　勇、
　　　余剑平、王统怡、张长青、李启斌、钟　浩、
　　　汪　刚、辛巍巍、彭忠林、田新华、熊善泉、
　　　陈儒华、张少华、黄　君、郝永耀、李云清、
　　　何良才、刘身用、周宏智、徐德艳、陈道发、
　　　瞿青萃、向永虎、廖光耀等。

分送：各县、市、区人民政府，荆州开发区，荆州纪南生态文化旅游区，市政府有关部门。
　　　市委办公室。
　　　市人大常委会办公室，市政协办公室，市法院，市检察院。

荆州市人民政府办公室　　　　　　　　　　　2016 年 2 月 6 日印发

洈水水库人、财、物整体接收工作实施方案

根据《关于理顺洈水水库管理体制的回复意见》（秘三字〔2015〕726号续），为确保洈水水库人、财、物整体接收工作平稳有序进行，结合工作实际需要，特制定本实施方案。

一、组织领导

公司成立洈水水库人、财、物整体接收工作领导小组。小组组长：鄂旅投公司副总经理陈华志；副组长：洈水工程管理局局长廖光耀、荆旅集团董事长吴昌银、鄂旅投公司资产管理部部长蒋晓毛。

接收工作领导小组下设工作专班。专班成员包括：人力资源部副部长李湘红、计划财务部副部长李颖、综合办公室副主任安生永、资产管理部部长助理刘霞，洈水旅游公司总经理陈飞、荆旅集团总经理助理吴博。

二、工作程序

（一）组织动员。一是传达《关于理顺洈水水库管理体制的回复意见》（秘三字〔2015〕726号续）；二是听取洈水工程管理局工作汇报，做好与省水利厅、荆州市政府的沟通协调，落实业务管理领导及职工养老保险等政策，明确水库移交后的经费额度和渠道。

（二）清理核查。洈水工程管理局以2015年12月31日24：00为基准点，对人、财、物等资料和资产进行清理，按移交清册要求做好准备工作。

1. 需提前准备的文字材料：单位历史沿革、单位领导班子情况、人员编制及工资福利情况、水库相关经费来源和使用情况介绍，单位社会职能定性文件及公益性经费来源说明文件，组织机构情况（含内设机构和下设机构），体制改革情况。

2. 需清理的事项：近三年相关经费（事业经费、维护经费等）收支报表；2015年12月31日财务报表和说明、流动资产明细、无形资产明细、债权债务明细、固定资产及在建工程明细等，近三年财政补贴情况、预算批复，其他对公单位可能产生重大影响的事项。

3. 移交前财务部室要及时结清相关账户，对已发生的业务，尚未填制会计凭证、未登记账目的，要按规定全部办理完毕，结出余额，并在最后一笔余额后加盖经办人印章。结账后应做到账账、账证、账实相符。

（三）资料、资产移交

1. 综合类资料。包括：单位历史沿革、单位领导班子情况、人员编制及工资福利情况、水库相关经费来源和使用情况介绍，单位社会职能定性文件及公益

性经费来源说明文件，组织机构情况（含内设机构和下设机构）、体制改革情况；《房产证》（复印件）、《土地证》（复印件）、单位公章（印模）；在经营活动中签订的建设、承包、租赁等协议，诉讼案件相关资料；房屋《建筑施工总图和装修图》（含已建、在建工程的图纸、工程建设的各类审批文件、证件等）；对外投资、担保及诉讼等重大事项说明；资产状况及规划；其他对单位可能产生重大影响的事项。

2. 财务资料。包括：银行开户情况统计表、银行存款和现金余额明细表、银行存款余额调节表、固定资产明细表、在建工程明细表、往来账款明细表、融资情况统计表、纳税申报表、会计凭证分年度统计表、会计账册分年度统计表、单位财务专用章（印模）、会计信息数据库。会计凭证、账簿、报表和其他会计资料、工程类资料必须完整无缺，不得遗漏。如有短缺，应查明原因，并在移交清册上注明，由资产移交单位负责。

3. 人事资料。包括：干部职工花名册（含在职、离退休职工、"五险一金"缴纳情况）、近两年人员情况统计报表、用工协议、劳动合同、聘用文件等，单位领导班子及中层干部简历。

接收工作专班指派专人按照《资产移交清册》逐项办理接收手续，对所有移交的会计资料要逐项核对，对账账、账证、账实不符的，要查明原因，并在《资产移交清册》中注明，由移交单位负责调整后办理移交手续。接收工作组负责人、接收单位在所移交的清册上签字、盖章。

移交单位应对移交的会计凭证、会计账簿、会计报表和其他会计资料的合法性、真实性承担法律责任，对隐瞒真实情况，未如实填报报表，提供虚假会计资料，接收工作组应及时将有关情况上报。

三、时间安排

1. 2015 年 12 月 31 日，召开接受工作动员会，听取浠水工程管理局工作汇报，安排部署相关工作。

2. 2016 年元月 4—10 日，工作专班赴浠水工程管理局衔接接收工作，协助并督促浠水工程管理局完成移交资料的清理准备工作。

3. 元月中旬至 2 月中旬，接收工作领导小组率工作专班与荆州市政府、湖北省水利厅沟通协调，落实业务管理领导及职工养老保险等政策，明确水库移交后的经费额度和渠道等具体问题，并形成相关政策文件。

4. 2 月底，完成资料、资产的移交和接收。

5. 3 月初，召开浠水水库人、财、物整体接收大会。

四、有关注意事项

1. 全体工作人员要本着对工作负责和吃苦耐劳的精神，在规定时间内完成各自的工作任务。

2. 坚决按照《关于理顺滃水水库管理体制的回复意见》精神执行，不乱指挥、乱表态。

3. 遵守工作纪律和廉洁纪律。

荆州市人民政府办公室收文处理单

552

来文单位	省编办、省水利厅、省国资委、荆州市政府		密级		份数	1
文件编号		收文日期				
	秘三字〔2015〕726号续		2015.12.14			
文件标题	关于理顺危水水库管理体制的回复意见					
分办意见	请秘书四科承办。　　阅文室　　14/12					

处理意见：

请吴秘书晨阅示。
秘书四科 12.14

送福局长、局长、袁局、陈秘
书长阅知。传沧水管理局。
16/12　　袁沙成 12.14,
12.19.

周 崇点.16

已阅
陆州
19/12

湖北省人民政府办公厅文件处理签（A类）

来文单位	省编办、省水利厅、省国资委、荆州市政府	秘密等级	非密	紧急程度	
文件编号	秘三字〔2015〕726号续	收文日期		2015年11月16日	
文件标题	关于理顺漳水水库管理体制的回复意见				
承办处室	秘书三处	承办人	周诚	电话	35579

处理意见：

　　鄂旅投公司报请省政府支持将漳水水库人、财、物统一划转给该公司，并对漳水水库现已落实的事业经费、维修养护经费保持原有渠道和来源不变。

　　省编办、省水利厅、省国资委、荆州市政府经研究，同意将漳水水库人、财、物统一划转给鄂旅投公司。省编办提出，整体划转后保留漳水工程管理局牌子和人员编制关系、维持其公益二类事业单位性质等具体事项由荆州市研究确定。省水利厅提出，漳水水库现无确定的事业经费、维修养护经费，以后若有此项经费，将按相关管理办法分配下达至荆州市。省国资委建议，划转后，水库公益性职能的管理职责保持不变，省市财政每年拨付水库的相关经费保持原有渠道和来源不变。荆州市政府建议，划转后，保留漳水工程管理局牌子和现有在编人员编制关系，维持其公益职责及单位性质不变，公益性经费由鄂旅投公司负责解决，业务工作由省水利厅负责管理，并妥善处理职工养老保险、工资及福利待遇等。

　　经衔接，建议同意将漳水水库人、财、物统一划转给鄂旅投公司，对漳水水库现已落实的事业经费、维修养护经费保持原有渠道和来源不变，超出部分由鄂旅投公司负责，请省水利厅、荆州市政府继续给予积极支持；关于漳水水库业务管理问题，建议请荆州市政府与省水利厅协商确定。

　　请用文同志阅示，请秘书四处阅。

　　　　　　　　　　　　　秘书三处/郑会军 2015年12月2日
　　　　　　　　　　　　　秘书四处/孙建刚 2015年12月4日
　　已阅。
　　拟同意所拟。呈祥喜、江文同志阅示。
　　　　　　　　　　　　　　程用文 2015年12月4日

12.11

　　请呈振铎同志阅示。
　　　　　　　　　　　　　　吕江文 2015年12月7日
　　已阅。
　　　　　　　　　　　　　　王祥喜 2015年12月7日

　　请二月之前反馈意见。反馈意见时，请注明此文件处理单编号

湖北省机构编制委员会办公室

省编办关于理顺洈水水库
管理体制问题的意见

省政府办公厅：

　　转来《鄂旅投公司关于理顺洈水水库管理体制的请示》及省水利厅、国资委和荆州市政府就此问题提出的回复意见收悉。经研究，我们的意见如下。

　　我办对洈水水库人、财、物整体划转至鄂旅投公司无不同意见。关于荆州市政府提出的"整体划转后，保留洈水工程管理局牌子和现有在编人员编制关系，维持洈水工程管理局的公益二类事业单位性质不变"等具体事项应由荆州市按照政府职能转变、事业单位分类改革等政策精神，结合实际研究确定。同时，建议荆州市在划转工作中，要按照"事企分开"原则，科学划分洈水水库的经营性职责和公益性职责，经营性职责由鄂旅投公司承担，防汛抗旱、协调调度等公益性职责由荆州市政府承担。

　　以上意见，供参考。

湖北省机构编制委员会办公室

2015 年 11 月 27 日

湖 北 省 水 利 厅

省水利厅关于理顺洈水水库管理
体制的意见

省政府办公厅：

贵厅以秘三字〔2015〕726号转来《关于理顺洈水水库管理体制的请示》（鄂旋投文〔2015〕244号）收悉。经研究，现提出如下意见：

一、我厅拟同意将洈水水库人、财、物统一划转给鄂旅投公司。

二、洈水水库现无确定的事业经费、维修养护经费，以后若有此项经费，我厅将根据中央和省级财政专项资金安排情况，按相关管理办法分配下达至荆州市，具体分配给洈水水库的经费渠道和来源是否变更由荆州市确定。

湖北省水利厅

2015 年 11 月 6 日

荆州市人民政府

荆州市人民政府
关于鄂旅投整体上收洈水水库意见的报告

省人民政府：

鄂旅投公司《关于理顺洈水水库管理体制的请示》（鄂旅投文〔2015〕244号）收悉，经研究，现提出以下建议：

一、同意将洈水水库人、财、物整体划转给鄂旅投公司。建议整体划转后，保留洈水工程管理局牌子和现有在编人员编制关系，维持洈水工程管理局的公益职责及公益二类事业单位性质不变。公益性经费由鄂旅投公司负责解决，业务工作由省水利厅负责管理。

二、妥善处理职工养老保险、工资及福利待遇等。建议职工养老保险采取"老人老办法、新人新办法"原则，对现已进入荆州市事业养老保险的职工保持原有性质不变，继续执行事业单位养老保险政策；对未进入事业养老保险的职工或新进职工，按企业养老保险标准予以保障。

2015 年 11 月 16 日

湖北省人民政府国有资产监督管理委员会

省国资委关于理顺
洈水水库管理体制问题的回复意见函

省政府办公厅：

转来鄂旅投公司《关于理顺洈水水库管理体制的请示》（秘三字〔2015〕726号）收悉。经研究，回复意见如下：

洈水水库国有资产2010年划入鄂旅投公司后，由于资产权属、人事管理和职工的利益保障脱节，使鄂旅投公司一直不能有效开发利用洈水水库旅游资源。2015年1月，根据省政府对荆州市政府要求将洈水水库上收省管报告的批示意见，省国资委和鄂旅投公司与省编办、省财政厅、省水利厅就相关事项进行了沟通，洈水水库管理局就职工身份转换问题征求了洈水水库职工意见。

为了彻底解决鄂旅投公司对洈水水库旅游资源开发利用存在的问题，应尽快理顺洈水水库管理体制。我委建议省政府同意将洈水水库人、财、物整体划转给鄂旅投公司，划转后，水库公益性职能的管理职责仍保持不变，省市财政每年拨付水库的相关经费保持原有渠道和来源不变。

湖北省国资委

2015年10月21日

修　志　始　末

2018 年是滟水水库建库 60 周年，60 年尤其是近 20 年来，滟水化害为利，涅槃重生，水库各项事业取得长足进步，成为水利行业的一面旗帜。2016 年 3 月，滟水水库整体移交湖北省文化旅游投资集团有限公司，管理体制发生重大变化。为记述历史，不忘初心，总结过去，开创未来，经滟水集团公司党委研究决定，对原《滟水水库志》予以续编，时间节点为 1996 年 1 月—2016 年 3 月。

2017 年 1 月，开始续编工作筹备，主要是组建 3 人编修班子并制定编修班子岗位职责。2—3 月，成立包括主任、副主任、顾问和委员在内的续编委员会；制定编修方案，主要是初定目录、大事记及有关章节的编写内容及撰稿单位和撰稿人、初稿（电子文档）收集时间、初审及终审时间与参审人员、出版机构和出书时间。4—6 月，以公司名义发文，阐述续编意义，明确各自责任，提出具体要求。7 月，召开续编工作动员会，进行工作部署与任务分解，并号召：以党的十八大和十八届五中、六中全会精神为指针，以资政、存史、教化三大功能为准绳，以观点正确、实事求是、要素完整、文风端正为原则，全公司动员，干群合力，上下同心，人尽其才，各显神通，撸起袖子加油干，甩开膀子拼命战，写出好书，编成精品，向建库 60 周年献厚礼、添光彩。

由此，各单位、各部门按各自任务撰写有关章节，续编工作正式拉开序幕。2018 年 1 月，自审、修改。2—3 月，初印送审稿。4—6 月，初审。7—9 月，对初审提出的各种意见进行精心修改。10 月，送湖北省水利厅、荆州市水利局等专家评审，并整理修改，形成正式文稿。12 月，联系出版社印刷出版。

《滟水水库志（续）》之所以得偿所愿顺利成书，乃系全公司干部、职工团结协作、和衷共济使然。

（1）公司党委班子以强烈的政治责任感和崇高的历史使命感高度重视续编工作，自始至终数次召开专题会议，认真审稿并提出宝贵修改意见。

（2）编撰专班牢记重托，恪尽职守，不辱使命，一以贯之，呕心沥血——拟定篇目，八方求教；查抄资料，沉坐斗室；不辞辛劳，艰苦采访。

（3）各单位、各部门干部、职工树立精品、大局意识，端正负责、认真态度，发扬奉献、勤奋精神，胸怀忠诚，饱含情感，尽心尽力撰写稿件，分别为：

欧阳锋　大事记；

张圣东　概述；

孙青桥、吴林松　第一、第二章；

黄少华、吴林松、张天峰　第三章；

揭勇军、李海东、胡兴武、杨蒙、黄自力、胡守超　第四章；

骆光军　第五章；

张圣东、李华　第六章；

肖元国、张圣东　第七章；

陈华明　第八章；

陈华明、张圣东　第九章；

陈隆斌　第十章。

同时，图片除由各相关单位搜集整理外，部分图片由欧阳锋、陈丽、张圣东、黄锐、佘龙和严世军拍摄提供。

（4）以原党委书记、局长廖新权为代表的顾问本着对历史负责、对后人负责的精神认真参加续编工作，竭诚尽智，不遗余力，或以当事人身份修正核实，不厌其烦，或不顾高龄体弱，亲力亲为。

续编工作得到了湖北省水利厅、荆州市水利局领导和专家的指导。经湖北省江河志办同意，《洈水水库志（续）》评审为函询方式。各位特约评审在万忙中对评审稿逐章审修，对篇目、体例及文字推敲做了详尽的指导，提出了很多宝贵的意见。

部分文字来自松滋市洈水旅游开发区管委会王国治同志的《洈水风光揽胜》及洈水镇诸运素同志的《洈水流域志》。

对以上各单位、各部门和各级干部、职工的大力支持与辛苦付出，表示最衷心的感谢及最崇高的敬意。

尽管努力之至，但终为遗憾的是续编所涉资料有缺漏，以致志述未为完备。加之编者水平所限，此书错讹在所难免，挂一漏万抑或有之，敬请读者宽宥。

编　者

2018 年 12 月